住房城乡建设部土建类学科专业"十三五"规划教材
高等学校城乡规划学科专业指导委员会规划推荐教材

城市地理学（中英双语教材）

彭翀 等 编著

中国建筑工业出版社

图书在版编目（CIP）数据

城市地理学：汉英对照 / 彭翀等编著 . —北京：中国建筑工业出版社，2019.9（2025.8 重印）
住房城乡建设部土建类学科专业"十三五"规划教材
高等学校城乡规划学科专业指导委员会规划推荐教材
ISBN 978-7-112-24259-7

Ⅰ.①城…　Ⅱ.①彭…　Ⅲ.①城市地理学 – 高等学校 – 教材 – 汉、英
Ⅳ.① C912.81

中国版本图书馆CIP数据核字（2019）第217200号

本教材是住房城乡建设部土建类学科专业"十三五"规划教材、高等学校城乡规划学科专业指导委员会规划推荐教材，主要包括绪论、城市的起源与发展、城镇化理论与实践、城市结构和土地利用、城市内部典型地域结构、经济活动与城市职能、区域城镇体系结构与规划、城市问题与适宜居住的城市、城市与区域空间分析方法和技术等内容。

本书可作为城市规划及相关专业学生进入专业课程学习阶段的教材和教学辅导，也可以为城市规划及管理等相关专业人员提供参考借鉴。

为更好地支持本课程的教学，我们向使用本书的教师免费提供教学课件，有需要者请与出版社联系，邮箱：jgcabpbeijing@163.com。

责任编辑：杨　虹　牟琳琳
责任校对：李美娜

住房城乡建设部土建类学科专业"十三五"规划教材
高等学校城乡规划学科专业指导委员会规划推荐教材

城市地理学（中英双语教材）
彭翀　等　编著
＊
中国建筑工业出版社出版、发行（北京海淀三里河路9号）
各地新华书店、建筑书店经销
北京雅盈中佳图文设计公司制版
建工社（河北）印刷有限公司印刷
＊
开本：787毫米×1092毫米　1/16　印张：$17\frac{1}{2}$　字数：388千字
2019年12月第一版　2025年8月第四次印刷
定价：49.00元（赠教师课件）
ISBN 978-7-112-24259-7
（34766）

序　言

城市地理学是中国人文—经济地理学领域年轻和发展最快、从业人数最多的分支学科，伴随快速的中国城镇化进程和城乡规划学科的转型发展而不断壮大，也为解决中国城乡规划领域现实问题不断深入开拓研究领域。因此，城市地理学课程也越来越成为中国的地理学和城乡规划学科建设最重要的课程之一。这是国内第一本城乡规划专业本科生中英双语教学的《城市地理学》教材，由华中科技大学建筑和城市规划学院彭翀博士主编，凝聚了一批勇于创新、进取和国际化 80 后学者们的心血和智慧，我想特别推荐这本教材。

这本《城市地理学》中英双语教材，主要结合城乡规划专业学生从事城乡规划设计需要，重点介绍城市地理学中关于城市总体规划研究的重要议题，即：城市的起源与发展动力、城镇化理论和历程、城市空间结构和土地利用形式、城市圈层和典型功能区、城市经济活动和职能分析方法、城镇体系结构与规划、宜居城市等城市发展问题以及城市与区域空间分析方法和技术，为本科学生学习城市总体规划编制打下扎实的理论和应用基础。

改革开放 40 多年来，中国的城乡规划教育发生了翻天覆地的变化，从学习苏联、英美的城市规划传统到借鉴德法澳、葡西日等规划实践经验，再到今天的中国城乡规划转型和扎根非洲等发展中国家和地区，中国城乡规划理论和方法的全球化和国际化已蔚然成风，这些都从国家需求和实践要求中国的城乡规划教材走向国际化和双语化。彭翀主编的这本《城市地理学》中英双语教材正好满足了这些需求。全书针对中国经济全球化和城乡规划编制"走出去"的实际，不仅将世界城市、巨型城市、巨型区域、全球城市、后福特主义城市、全球化城市体系等理论研究成果尝试编写到教材之中，而且重点介绍诸如城市区域理论、中国城市设置标准、城镇体系规划、经济技术开发区、自由贸易区等中国特色的城市地理学基本概念，同时也关注了气候变化对城市交通和土地利用的影响。一般来说，本科教材的编写注重学科的知识普及和传授，这本《城市地理学》中英双语教材在编写过程中，还对人本主义、理性主义、行为主义、马克思主义、后现代主义等城市地理研究方法论进行了初步介绍，也介绍了遥感、地理信息系统等城市地理学研究方法在城市空间结构分析、土地利用潜力评价等。总之，可以认为这本《城市地理学》中英双语教材的知识点覆盖度高，反映面广，特色鲜明。

这本《城市地理学》中英双语教材还有自身的个性特色，采用编写团队模式进行，主要参与教师多数具有英、美、日等国专业教育背景，熟悉国外大学相关教材和教学内容，编写内容也采用纸质书和电子书结合的方式，通过 Box、Reading material、Glossary、Index、Further reading、Discussion topic 等直接引入了大量国外教材与研究成果，使学生通过本教材的学习也能够了解国外相关课程的教学内容和要求，也为部分本科生出国学习打下良好的基础。

虽然本书编写充分满足了城乡规划专业本科生城市地理学教学需要，但课程选题丰富，因此也适合人文地理学专业、城市社会学、城市和区域规划、城市研究、城市政策和公共管理等相关专业使用。

城市地理学是一个理论和实践相结合的学科，参与实践、注重实地调查、进行空间和现状分析，都是培养学生认识、理解和应用知识解决问题能力培训的重要方面，希望本书在教学中重视实践环节，在日后的修编中增加相关的内容。

是为序。

前　言

—Preface—

当代世界是一个城市的世界。不可否认，城市给人类带来了空前丰富的物质财富和精神财富，在社会经济发展中的地位日益突出，但它同时也给人类带来诸多麻烦，因其社会问题和环境问题丛生而令人困惑。城市在迅猛发展中所表现出来的这些两面性，吸引了各个学科和各种观点学者的注意，城市地理学是城市科学大家庭中毫不逊色的一员。地理学家以其空间地域性、系统综合性的独特视角和以人为中心的人地关系观念来研究城市，并以此区别于其他城市学科。

城市地理学是一个相对新兴的学科。早期的工作主要集中在气候和地理条件如何影响城市中心的发展。第二次世界大战以后，城市地理学获得长足进展，对城市研究做出了贡献，并在学科的相互融合和渗透中，从经济学、社会学、心理学等学科吸收了必要的营养，又采用了数量方法、计算机、遥感以及地理信息系统等现代手段，成为地理学中最活跃的人文地理分支之一。城镇和城市的研究是社会科学的一个中心要素，包括地理学，它为城市环境的研究提供了独特的视角和视角。城市地理学的范围和内容是广泛的，包括城市外部空间的研究和城市内部结构的研究。城市地理学专业分区地吸引在城市环境方面特别感兴趣的研究者（如种群动态，城市经济，政治和治理，城市社区，住房和交通问题）。

城市地理学已经发展到包括多种方法来解决各类问题。这是一般的社会科学思想发展的结果。例如，一个广泛的"定量革命"已经发生在城市地理学甚至整个社会科学。促进了这场革命的发展。两个重要的发展促进了这场革命，其一，国家和政府的人口和住房普查，为研究提供了大量可靠的经济数据。其二，在新的数字技术和地理信息系统（GIS）的使用，这些方法被广泛地应用于分析和塑造信息的工具。现代分析和建模技术为社会科学做出了决定性的贡献。它们使得城市地理学家看得更远、更清晰，并为判断城市化的相关理论提供了手段。

城市本身的变化和城市化的性质也有助于城市地理学的方法的演变。正如我们已经意识到城市的变化的，并在这些变化中更密切地关注这些变化细节，新的研究主题已经出现了。当然，我们无法把城市地理学作为一个学科全部演变的细节都呈现在这本书里。本教材编写重点面向以城乡规划专业为代表的土建类专业本科生和硕士研究生，主要关注引导学生认识城市地理学基本理论与方法与城乡建设与规划的关系，对于其他相关专业亦可作为教材和参考书使用。本书共分为九章，结构力求完整。第1章介绍城市地理学的相关概念与理论基础；第2章介绍了城市的起源与发展，包括国内外的城市发展历程及全球化对城市发展的影响；第3章介绍了城镇化原理，包括城镇化的定义、城镇化发展过程、城镇化发展周期及城镇化机制，并简要概括了世界城镇化进程的特点、发展中国家的城镇化特征和中国城镇化特点；第4章介绍了城市不同种类的结构和土地利用方式，包括各类城市结构和土地利用模型、各种思潮对城市结构的影响以及政策对土地利用的影响等；第5章介绍了城市内部几种典型的地域结构，详细介绍了其分布和演化特征，并提出了未来发展的策略等；第6章介绍了城市职能与产业布局，包括城市职能分类方法与产业布局理论，并提出了产业布局的未来趋势；第7章介绍了城镇体系结构与规划，包括城镇体系的三结构与规划的核心理论以及典型区域空间结构模式等；第8章介绍了城市发展中面临的核心问题，包括土地资源、环境、住房、交通、社会和可持续发展等几大方面；第9章介绍了城市地理分析的核心技术和方法，并基于几个典型案例将常见的城市地理分析技术与方法应用到城市与区域规划中。

全书体现出如下特点：第一、努力反映最新研究成果。近二十年以来，关于城市地理学的研究飞速发展，为不同空间尺度上的研究，提供了不同的可能性。本书借鉴吸收了国内外相关教材和著作的优秀成果，除了关注经典理论外，对国内外新的理论发展和理论应用给予高度关注，如全球化、新区域空间模式、后现代主义的影响、新时期的城市问题、城市与区域定量分析研究等。第二、重视突出中英双语应用。本教材在双语教学的基础上，开展了国际化的有益尝试，体现在：①本书编写团队主要参与教师多数具有英、美、口等国专业教育背景；②教材重视介绍世界城市地理学的经典理论与国际经验，编写过程中也引入了大量国外教材与研究成果作为参考文献；③编写上采用中英双语，并结合国际教学讲义特点，设计了Box、Reading material、Glossary、Index、Further reading、Discussion topic等。第三、注重理论与实际结合。在各章主要理论之后增加了与案例对接的拓展性内容。如第三章中世界和中国的城镇化，第七章和第八章中关于城市结构和典型模式的论述，第九章城市与区域空间分析中的应用案例等，使学生更容易理解地理学中的原理，也更易于结合实际对理论加以应用。

本书基于华中科技大学本科生双语课程《城市地理学》的教学成果，并在住房城乡建设部土建类学科专业"十三五"规划教材立项的资助下完成。具体编著分工如下：全书策划和大纲内容，彭翀、邹祖钰、李楚；全书统稿和定稿，彭翀、邹祖钰、顾江、刘合林、曾文、李新延；全书总校对，彭翀、林樱子、陈思宇、王鹤婷、王梦圆、李月雯、陈浩然、王强；前言，彭翀、张晨；第1章，彭翀、柯磊；第2章，彭翀、刘合林、邹祖钰、胡冰寒、孙月、梁禄全；第3章，顾江、彭翀、邹祖钰、胡冰寒、孙月、武冠甲；第4章，刘合林、彭翀、张梦洁、邹祖钰、张晨、许璇璇、武冠甲；第5章，彭翀、李婷、钟正、邹祖钰；第6章，曾文、刘合林、郭祖源、任白霏；第7章，曾文、袁敏航、张乐飞、李婷；第8章，顾江、沈苏皖、彭翀、林樱子、张潇、余纯；第9章，李新延、周恺、沈苏皖、董锟、林樱子、王静、舒齐冠、钱芳芳、邹宇。

本书出版得到多位专家和老师们的无私帮助。特别感谢顾朝林教授在策划和编写中所提的宝贵建议，并为此书作序！感谢华中科技大学建筑与城市规划学院领导及城市规划系多位教授和老师对本书所给予的建议与帮助；感谢在"十三五"期间，学院参加《城市地理学》双语课程学习和教材意见征集的城市规划、景观学 2011—2018 级本科生、城市规划与设计专业硕士研究生和城市与区域规划专业博士研究生们对本书编写给予的建议与帮助！感谢中国建筑工业出版社编辑在出版工作中的无私帮助！

最后，正是由于来自学生们对知识的渴望，华中科技大学近十年来在推进本科生双语教学工作中所作的指引，以及各界人士的关心与帮助，才不断激励我们集思广益、群策群力，努力探索双语教学模式与方法，最终形成了本书。诚然，由于诸多原因，本书仍会存在一些不足，甚至错误之处，在此恳请大家不吝赐教，编写团队将在未来的工作中不断改进完善。

彭翀
2019 年 9 月于武汉喻家山

目 录

—Contents—

第1章 绪论
Chapter 1 Exordium

在首次涉足城市地理学时，掌握这一学科的概念、学科定位、发展历程与趋势是十分有益的。本章内容主要包括：(1) 城市地理学的概念与研究对象、研究任务与内容。城市地理学是研究在不同地理环境下，城市的形成发展、组合分布和空间结构变化规律的科学，主要是揭示和预测世界各国、各地区城市现象发展变化的规律性，研究涉及区域和城市内部空间两个层次；(2)研究方法，如传统的区位、城市形态学方法和现代的实证主义、行为主义、人文主义、结构主义等方法；(3) 学科定位，即城市地理学与地理学与城市学科中各类分支学科的关系；(4) 城市地理学的发展历程与趋势，研究正朝着视角多维化、内容综合化和方法计量化方向发展。

1.1 什么是城市地理学
1.1 What is urban geography

1.1.1 城市地理学的概念与研究对象
1.1.1 The concept and study object of urban geography

地理学旨在描述和解释人类赖以生存的地球上各个角落复杂多样的特征[1]；

城市地理学则是以地理学原理为依据，以城市和城市地域为对象进行研究的学科，涵盖了城市和城市地域的空间分布、行为活动、职能等多方面的内容[2]。简言之，城市地理学是研究在不同地理环境下，城市形成发展、组合分布和空间结构变化规律的科学[3]。

城市是城市地理学的研究对象。从地理学的角度来理解，城市是有一定人口规模，并以非农业人口为主的居民集居地，是聚落（Settlement）的一种特殊形态，也是一个时空复杂的大系统。

（1）时间复杂性。城市作为人类文明的代表，是几千年来经济、社会、科学、文化的渊薮和焦点，集中了整个社会生活、整个时代所具有的各种矛盾。它的兴起和发展受到自然、经济、社会和人口等多方面因素的影响。不同的历史时期，不同的地区，不同的人口分布和迁移特点，不同的社会经济发展水平，都对城市的性质、规模、发展速度、空间组织等产生影响[3]。

（2）空间复杂性。城市在地球表面占据着一部分土地，虽然面积不大，但却是人类创造文明和集聚财富主要地域，同周围广大区域保持着密切的联系，具有控制、调整和服务等功能。城市是一个"面"，它的内部存在各种构成要素的演变和组合问题；同时，城市也是一个"点"，几乎每个城市都是一个地区的政治、经济或文化中心，每个城市都有自己的影响区域。尽管因城市的规模差异，其影响区的范围有所不同，各城市影响区之间也可能有叠加或交错，但每个城市都是其影响区域内的焦点或核心。

为了更好地理解城市地理，可以从内部和外部两个视角审视城市，并研究从全球到地方（The Global-local Continuum）各个层面中的城市变化发展所涉及的众多复杂因素。这里，"分析层次"的概念为我们提供了一个有效的组织框架，通过此框架可以简化现实世界的复杂性，阐明在不同空间尺度中备受关注的一些城市地理学问题。根据研究对象规模的大小，可以划定五个不同的层面，即邻里、城市、区域、国家城市体系和世界城市体系（知识盒子1-1）。

 知识盒子 1-1

城市地理学研究对象的五个层面（Levels of analysis in urban geography）

1.The neighborhood（邻里）

The neighborhood is the area immediately around one's home ; it usually displays some homogeneity in terms of housing type, ethnicity or socio-cultural values. Neighborhoods offer a locus for the formation of shared interests and development of community solidarity.Issues of relevance to the urban geographer at this level include the processes of local economic decline or revitalization, residential segregation, levels of service provision and the use of neighborhood political organizations as part of the popular struggle to control urban space.

（邻里是围绕住房并与其直接相邻的地域，往往体现出住房类型、种族或社会文化价值观等方面的同质性。邻里为社区共同利益的形成和社区团结的实现提供场所。城市地理学在邻里层面的议题包括地方经济的衰退或振兴的过程、居住隔离、公共服务供给水平以及社区政治团体作为公众参与手段在城市空间管治中的作用。）

2.The city（城市）

Cities are centres of economic production and consumption，arenas of social networks and cultural activities，and the seat of government and administration.Urban geographers examine the role of a city in the regional，national and international economy，and how the city's socio-spatial form is conditioned by its role.The differential socio-spatial distribution of benefits and disbenefits in the city is also an important area of investigation in urban geography.

（城市是经济生产和消费活动的中心，社交网络和文化活动的舞台，以及政府管理部门所在地。城市地理学家研究城市在区域、国家乃至国际经济活动中的作用以及城市职能对城市社会空间形态的作用机制。此外，城市中"得利"或"失利"集团的不同社会空间分布也是城市地理学中的一个重要考察领域。）

3.The region（区域）

The spread of urban influences into surrounding rural areas and，in particular，the spatial expansion of cities have introduced concepts such as urban region，metropolis，metroplex，conurbation and megalopolis into urban geography.Issues appropriate to this level of analysis include the ecological footprint of the city，land-use conflict on the urban fringe，growth management strategies and forms of metropolitan governance.

（随着城市的影响力向城市周围的农村地区不断扩展，一些新的概念，如城市区域、都市区、大都会区、大都市带、卫星城和城市群被引入城市地理学中。城市地理学在区域层面的议题包括城市的生态足迹，城乡接合部的土地利用冲突，大都会区的增长管理战略和城市治理形式。）

4.The national system of cities（国家城市体系）

Cities are affected by nationally defined goals established in pursuit of objectives that extend beyond urban concerns.National-level policy guidelines，incentives in the shape of competitive grants，and financial and other controls over the actions of local government have a direct influence on urban decision-making.In order to comprehend processes and patterns of urban change，geographers need to have an understanding of national policy and the ways in which it affects the inter-and intra-urban geography of the state.

（城市受到国家制定的宏观政策的影响以追求超越城市本身议题的发展目标。在全国性政策的指引下，以竞争性拨款为形式的激励措施以及地方政府通过金融或其他控制手段都直接影响着城市的决策。为了理解城市变化的进程和模式，地理学者需要对国家政策及其作用于城市之间和城市内部的机制有所了解。）

5.The world system of cities（世界城市体系）

The concept of a world system of cities reflects the growing interdependence of nations and cities within the global political economy.In this urban system，'world cities' occupy a distinctive niche owing to their role as political and financial control centers.This status is evident in the concentration of advanced producer services. In studying the contemporary city， urban geographers must remain aware of the relationship between global and local forces in the production and re-production of urban environments.

（世界城市体系的概念体现了在全球化背景下，国家和城市之间日益密切的相互依存关系。在世界城市体系中，世界城市因其政治和经济中心的作用而占据独特的地位，这种地位在先进的生产性服务业的集聚中得到体现。在研究当代城市时，城市地理学者必须清楚全球和地方力量在城市环境的塑造与再塑造中的关系。）

资料来源：Pacione M.Urban geography：A global perspective[M]. 2nd ed. London：Routledge，2005.

在全球化过程中，不同的"分析层面"之间的联系得到加强。尤其强调的是，在分析和研究城市时，全球层面与地方层面不应被视为两个对立的分析层面，而应将其视为同一分析的两个方面。

1.1.2 城市地理学的研究任务
1.1.2 The research task of urban geography

城市地理学试图解释城市的分布以及城市之间与城市内部社会空间的相似性与差异性。尽管每个城市都有其区别于其他城市的特点，城市之间仍然存在一些共性，比如所有的城市都包含住宅空间、交通线路、经济活动、服务基础设施（Infrastructure）、商业区和公共建筑等要素。而且，在不同的国家和地区，城市演化的历史过程也可能遵循类似的轨迹。越来越多的类似过程，如郊区城市化(Suburbanization)，中产阶级化(Gentrification)和社会空间隔离(Socio-spatial Segregation)，正发生在发达国家的城市中。发展中国家的城市也出现了不同程度的共性问题，包括住房不足、经济下滑、贫困、疾病、社会两极分化（Social Polarization）、交通拥堵（Traffic Congestion）和环境污染等 [4]。

总之，许多特征和问题都是城市所共有的。以这些共有的特征和问题为基础，去揭示和预测世界各国、各地区城市现象发展变化的规律性，这便是城市地理学最重要的任务。

1.1.3 城市地理学的研究内容
1.1.3 The research contents of urban geography

城市地理学的研究重心是从区域和城市两种地域系统中考察城市空间组织——区域的城市空间组织和城市内部的空间组织。

（1）区域的城市空间组织研究

①城市化研究。包括城市化的衡量尺度，城市化过程，城市化动力机制，城市化的效果与问题，城市化水平预测以及各国和各地区城市化对比研究等。

②区域城市体系研究。一般侧重从区域角度、整体观点来分析一国或地区城市体系的等级规模结构、职能结构、空间结构，各城市间的相互关系，城市在区域中的集聚与扩散，大都市带（Megalopolis）或城市连绵区（Metropolitan interlocking Region）的形成和发展等。

③城市分类研究。包括规模分类、形态分类和职能分类，通过对一国或地区城市的考察，拟出分类的依据、指标和方法，从而划分出各种类型的城市[3]。

（2）城市内部空间组织研究

主要内容是在城市内部空间分化为商业、仓储、工业、交通、住宅等功能区域和城乡边缘区域的前提下，研究区域之间的特征、兴衰更新及其相互关系。研究各类区域的土地使用，进而研究整个城市结构的理论模型。城市内部空间组织研究还包括由邻里、社区和社会区构成的社会空间，以商业网点为核心的市场空间以及从人的行为考虑的感应空间的研究[3]。

上述"区域的城市空间组织研究"与"城市内部空间组织研究"是城市地理学最核心、最基本的研究内容。实际上，城市地理学是一门动态的子学科，它不仅是过去的思想和方法的集合，也在不断融入着新的概念和问题[4]。近百年来，新的研究主题在"区域的城市组织研究"和"城市内部空间组织研究"研究中层出不穷。早期研究主题如中心地理论和城市景观分析，虽然已很少有实践者，但依然引人注目。城市和区域规划、权力和政治、经济重构以及贫困与剥削等主题，则仍是城市地理学者的主要努力方向；而另外一些主题，如城市空间的社会建构、社会正义、城市宜居和城市可持续发展等，则在新近占据重要位置。在过去的 20 年里，全球化的讨论尤为突出，地理学研究的主题开始涉及全球城市体系、世界城市和巨型城市以及全球化对城市的地方影响等[5]。

1.1.4 城市地理学的研究方法
1.1.4 The approaches of urban geography

任何学科的发展都离不开哲学和方法论的指导。方法论的革命通常发生在新的社会问题和政治问题产生，而传统方法又难以应对以及科学技术发展出现重大突破的背景下。方法论革命为学术研究提供了理论源泉，带来了新的研究方向和领域[6]。

（1）城市地理学的传统研究方法

1）区位（Site and Situation）

20 世纪初，城市地理学研究的主体在区位和定居点方面。从区位研究来说，主要集中于区位的自然特征并将其作为布局和聚落发展中的决定性因素[7]（扩展阅读 1-1-1）。在城市的规模和复杂性都在增加的背景下，区位研究因其自身对现实的解释性的局限而逐渐衰落，但是在历史和乡村研究中仍使用这样的方法。在城市化的规模不断扩大以及城市的形态与功能发生改变的背景下，原有区位因素的重要性大大降低。

2）城市形态学（Urban Morphology）

城市形态学是城市地理学的重要渊源。20 世纪初，城市形态学在德国大学中得到迅速发展，它是一种通过研究城市发展阶段来了解城市发展的描述性方法。城市形态学根据建筑物和建筑地块相关信息，旨在通过城市发展的阶段来对城市进行分类。在一些更为科学的方法主宰城市地理学和其他社会科学研究的 1950 和 1960 年代，城市形态学方法遭到一些尖锐的批评，尽管如此，城市形态学在 1980 年代实现了有限的回归。在近期，城市形态学方法主要是被建筑师、规划师和其他与城市形态和设计过程相关的管理者所运用。

（2）城市地理学的现代研究方法

上述两种方法主要与城市地理学的起步阶段相关联。到了 1950 年代，更具多样性和完备性的方法占据了主导地位。

尽管学科研究趋向多元化和差别化，但仍然显现出一些相似之处，即试图考察城市模式与城市发展过程，并认为这些过程是人类选择、行为和制约人类行为的广泛过程的综合结果。这主要表现在三个方面：首先，它们研究人们在各种问题上做出的选择（例如，在哪里购物、在哪里居住、在哪里建房、如何建房）以及这些决定影响城市形态和过程的方式；其次，它们研究可能影响人们选择的制约因素以及这种制约因素影响城镇化的方式；最后，它们研究选择和制约（Choice and Constraint）之间关系的结果及其关系的主导方面，认为城市发展是选择与制约的综合结果，这也是 1950 年代城市地理学的一个主题[8]。以下列举的几种方法，其区别正是在于它们赋予选择和制约的相对重要性或操作方法不同。

1）实证主义方法（Positivist Approaches）

虽然实证哲学可以追溯到 1820 年代，但它直到 1950 年代才开始对城市地理学产生显著影响。从那个时代开始，科学方法普遍地影响社会科学以及计算机性能迅速提高使处理更加复杂的统计数据成为可能。实证哲学认为人类行为由普遍规律决定并呈现出基本规律。实证主义方法的目的是揭示这些普遍规律及形成空间模式的方式（扩展阅读 1-1-2）。实证主义方法可以分为两种类型：生态学方法（Ecological Approaches）和新古典主义方法（neo-classical approaches）。

生态学方法认为人类行为是受生态原则支配的，即最有实力（通常与收入挂钩）的群体将占据最有利的位置。这一方法最早可追溯到 1920 年代的芝加哥学派，其学术贡献包括伯吉斯的同心圆模式（Burgess'Concentric Zone Model）和霍伊特的扇形模式（Hoyt's Sector Model）。1960 年代，得益于计算机性能的提升，生态学方法在这一时期得到一些应用（扩展阅读 1-1-3）。1970 年代，生态学方法因受限于描述性的见解，且无力解释日益增多的城市问题而逐渐被其他方法所取代。

新古典主义方法认为人类行为的动机是可以预测的。新古典主义学者认为这种动机就是合理性（Rationality）。他们认为每一个理性的决定是以最小化的成本和最大化的收益为目标。这种行为方式被称为效用最大化（Utility Maximization）。

基于实证主义模型生成的城市是规整的，均质的区域（Homogeneous

Zones)。由于这些模型基于简单化的假设建立,忽略了很多重要因素和动机,与现实有较大偏离而饱受批评。

2）行为主义方法（Behavioral Approaches）

1960 年代,由于不满计量地理过度简化空间问题且未考虑人们是如何在某种空间场景下做出空间行为决策的过程,行为主义学派开始形成。行为主义比较注重空间过程的成因及后果,不强调空间形态的建构,运用计量方法来研究小规模人群的空间行为通则,重视个人态度、认知及偏好对其空间行为产生的影响[10]（扩展阅读 1-1-4）。行为主义的方法可以看作是实证主义方法的延伸。它试图扩展实证主义关于人类行为的狭隘观念,并用价值、目标和动机来支撑并解释对人类行为的研究。尽管如此,行为主义方法仍然热衷于揭示人类行为的普遍规律。

3）人文主义方法（Humanistic Approaches）

人文主义方法来自特殊的哲学背景。它试图理清个人、团体、场所和景观之间深层次的复杂关系,并利用技术和艺术手段更细致地了解人与环境的关系（扩展阅读 1-1-5）。人文主义在城市地理学中的影响是有限的,大多数人文主义工作是在农村或前工业化社会进行的。人文主义方法较多关注人与环境之间的解释型研究。然而,由于方法本身的局限性以及来自结构主义方法的批评,再加上它不考虑作用在人类决策和行为上的制约条件,从而限制了其在城市地理学科的长期发展[8]。

4）结构主义方法（Structuralist Approaches）

针对 1970 ~ 1980 年代西方城市中出现的一系列新的社会问题和政治问题,如经济增长乏力、失业增加、内城萧条以及种族隔离、贫富不均等,实证主义研究显得力不从心。城市地理研究中的结构主义思潮在此背景下开始出现,它并非统一的哲学派别,而是由结构主义方法论联结起来的一种广泛的哲学思潮[11]。

结构主义者反对"空间崇拜"或"实证论空间主义",指责实证主义者仅仅停留在空间尺度或经验现象的表面去解释空间构造,没有把空间结构与社会结构联系起来,而且引进的也只是社会理论的一些片断,因而其结论是肤浅的或是片面的[11]。结构主义者重点关注宏观的经济、社会、政治性变化,聚焦于这些变化对城市的潜在影响和对不同人群的决策、行为的约束力[9]（扩展阅读 1-1-6）。结构主义思想在城市范畴可以理解为:只有把空间格局与社会结构以及产生这种社会结构的过程与深层机制联系起来,才能正确地解释城市的空间格局。但结构主义地理学内部的观点也不一致。具有代表性的观点主要来自哈维（D.Harvey）和卡斯特尔（M.Castells）等人为首的新马克思主义城市学派[11]（扩展阅读 1-1-7）。新马克思主义城市学派是新马克思主义的一个分支,以城市为主要研究对象,主要研究城市的形成与发展过程、资本积累、阶级斗争、日常生活和国家理论等,阐释了资本主义生产关系对城市的支配和控制,进而创建了一个新的城市发展模式[12]。

1.2　城市地理学的学科定位
1.2　Subject orientation of urban geography

1.2.1　地理学的分支学科
1.2.1　A branch of Geography

城市地理学是地理科学体系中一门年轻的学科，是人文地理学的重要分支。根据钱学森的观点，城市地理学属于地理科学体系中工程技术和基础科学两个范畴内的分支学科[13]，是属于自然科学的边缘学科。虽然城市的发展受到自然环境的影响，但是城市的主体毕竟是人及人类活动，城市更主要的还是受社会经济规律支配。因此，城市地理学的学科性质与地理学存在较大的差异。在我国，地理学无疑属于自然科学，而城市地理学则被视作自然科学中的社会科学[3]。

图1-1指出了城市地理学与地理学各分支学科之间的联系。可见，城市地理学具备综合不同视角以理解城市现象的能力[4]。当地理学者更进一步考察城市的格局和过程，把城市看作是各种社会力量综合的一种空间表现形式时，城市地理学在分析研究方法上超越传统的学科界限，体现出综合性特征，也是城市地理学与地理学其他分支学科的显著差别。

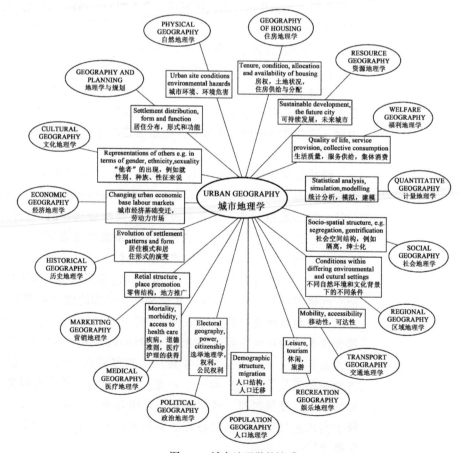

图1-1　城市地理学的性质

资料来源：Pacione M.Urban geography：A global perspective[M]. 2nd ed.London：Routledge，2005：23.

1.2.2 研究城市的科学

1.2.2 A kind of urban studies

城市是一种特殊的地域，是综合了地理、经济、社会、文化等各种自然要素和人文要素的区域实体，具有很强的综合性。城市的综合性决定了城市研究的多维度，除城市地理学外，还有许多涉足城市研究的学科，常见的如城市形态学（Urban Morphology）、城市生态学（Urban Ecology）、城市经济学（Urban Economics）、城市社会学（Urban Sociology）、城市规划学（Urban Planning）等。这些学科从不同角度、不同层次观察、剖析、认识、改造城市，城市现象的复杂性使城市地理学与这些学科间保持着紧密联系。城市地理学在研究城市的过程中，不断吸收这些学科的新进展，研究领域不断拓宽，成为社会科学中不可缺少的组成部分。

（1）与城市形态学的联系

城市形态学研究主要包括对城市实体组合结构、城市形态形成过程和城市物质形态与非物质形态的关联性等三个方面的研究[14]。城市形态学的研究核心为城市景观（Townscape），具体有三个组成部分：街道布局、建筑风格及其设计和土地利用（Land Use）。城市形态学中的街道布局和土地利用同样是城市地理学的研究内容，但区别在于二者研究的侧重点有所不同：城市形态学主要基于历史发展的角度，研究上述三个组成部分之间的相互关系和影响以及因这种关系和影响促成的城市形态演化。城市地理学则通过分析城市内部形态——功能联系的变化，研究城市内部空间结构的演变规律。因缺乏度量技术，城市形态学最终没有发展为普遍理论，但其为第二次世界大战后城市地理学发展成为一门独立学科起到了至关重要的推动作用。

（2）与城市生态学的联系

城市生态学是研究城市生态系统的科学，主要研究城市中自然环境与人工环境，生物群落与人类社会，物理生物过程与社会经济过程之间的相互联系及相互作用。1950年代以来，城市生态学和城市地理学的研究内容均得到迅速拓展并相互交叉。城市生态学的"系统"和"平衡"的思想为城市地理研究所汲取，并运用到有关城镇体系（Urban System）、城乡关系、城市的吸引力和辐射力、城市中心作用和中心城市作用等研究之中。

（3）与城市经济学的联系

城市地理学在研究城市时，通常把经济作为一个影响因素来分析，或是研究经济问题的空间表现形式及其与城市发展的关系。由于经济发展与城市发展关系密切，所以城市地理学十分注意吸收城市经济学的研究成果；同时，城市地理学的研究成果对城市经济学亦有一定的参考价值。

（4）与城市社会学的联系

1970年代以来，随着西方国家社会问题日益严重，城市问题也成为城市地理学的研究内容之一。城市地理学和城市社会学在研究方法上相互取长补短，在研究内容上相互融合。但是，两门学科的区别仍然十分明显：城市地理学研究社会问题的目的在于探索规律性，注重问题产生和解决的空间性，

为政府部门决策提供参考；而城市社会学则注重社会实践，探讨促进社会发展的具体政策。

(5) 与城市规划学的联系

城市规划学是为城市建设和城市管理提供设计蓝图的一门技术科学，与城市地理学之间存在着很强的渗透关系，但二者在学科性质和研究方向上存在着根本的区别。城市地理学除研究单个城市的形成与发展外，还研究一定区域范围内城镇体系的产生、发展、演变及其规律，理论性较强。城市规划学侧重于城市内部的空间组织和设计，注重为具体城市设计合理实用的功能分区和景观布局等，工程性较强。同时，城市地理学与城市规划学之间的相互联系也十分密切。城市地理学需要从城市规划学的研究进展中汲取营养，从而探讨更全面的城市地域运动规律[3]。而城市规划学则引入了很多城市地理学的地域资料搜集及分析方法帮助规划决策，同时借助城市地理学的一些观念及理论作为设计及拟定规划方案的根据[15]。应当指出，城市地理学与城市规划学是相互独立的学科，不存在一一对应的指导与应用关系。城市地理学除可应用于城市规划，还可应用于国土整治（Territorial Management）和区域规划（Regional Planning）等领域，同时也具备直接解决实际问题的能力。城市规划学是一门综合性很强的技术科学，在规划和设计城市时，除需要运用城市地理学相关知识外，还需要运用建筑学、自然地理学、哲学等多方面的理论知识。

1.3 城市地理学的发展历程与趋势
1.3 The history and trends of urban geography

1.3.1 城市地理学的发展历程
1.3.1 The history of urban geography

城市地理学作为地理学的分支学科，其发展一方面得益于地理学科的发展演进，另一方面也受制于地理学发展过程及整体研究水平。根据研究重点的更替，可将城市地理学的发展历程划分为四个阶段[16]。

(1) 1920 年以前

城市地理学在地理科学体系中是一门年轻的学科，在 1920 年代以前，城市地理学从属于聚落地理学（Settlement Geography）。

19 世纪前后，工业革命的浪潮席卷西方资本主义国家。大机器生产为城市发展提供了强大动力，城市开始以空前的速度向外扩张，城镇化水平急速提升。到了 20 世纪初，西方资本主义国家相继完成工业革命，许多世界瞩目的特大城市（Megacity）在这一时期建成。与此同时，欠发达地区也涌现出一批带有严重的殖民主义色彩的港口城市。这一时期，地理学家从人地关系的角度研究聚落，城市研究尚无独立的理论和方法，深受地理环境决定论（Environmental Determinism）的影响，尤其强调地理位置对城市命运的决定作用。在研究城市的内部时，也仅仅局限于描述建筑的形式、当地的自然条件、建筑与街道的组合形式、屋顶的式样、材料的种类等[3]。

(2) 1920—1950 年

1920 年代，美国芝加哥大学从社会学的角度来研究城市。社会学家帕克 (R.E.Park)、沃思 (L.Wirth) 和伯吉斯 (E.W.Burgess) 对城市中的住宅区、工业区及中心商业区的形成和变迁以及人口的地域分布过程和机构设置、调整过程等做了大量的调查研究与分析，创立了城市结构的同心圆模式 (Concentric Zone model)。在他们的研究中，因使用了生态学的方法，而被称为"人类生态学的芝加哥学派 (Chicago School)"。在此基础上，衍生出后来被广泛引用的城市土地利用结构的三模式[3]。

这一时期的城市地理研究也因受到芝加哥学派的影响而转向实地考察，着重研究城市景观空间与内部土地利用，尤其热衷于划分城市内部的功能区和城市的吸引范围。与此同时，地理学在城市体系的研究方面发展迅速，典型的如克里斯塔勒 (W.Christaler) 的中心地理论 (Central Place Theory)。这一时期的城市地理学研究体现出两大特点：第一，把物质环境的约束条件视作城市命运的决定因素；第二，侧重对城市作形态上的研究，而忽视成因的动态分析。此时，城市地理学的研究重点虽已初步奠定，但城市地理学尚未完全成为独立的分支学科[3]。

(3) 1950—1970 年

欧洲许多城市在第二次世界大战期间毁于战火，世界其他地区也有许多城市因战事而衰微破败。第二次世界大战结束后，人口纷纷返城，城市经济亟待恢复，尤其是欧洲、日本、东南亚一带。在人口不断增长的背景下，城市重建与城市扩展迫在眉睫，对城市进行系统的研究和规划显得尤为必要，城市地理学因此得到较大发展。

这一阶段，地理学经历了"数量革命"，并在 1958—1962 年达到高峰。传统的克里斯塔勒(W.Christaler)的中心地理论在1930年代并没有引起广泛注意，其著作也没有明确引用城市系统的概念。1960 年代,克里斯塔勒 (W.Christaler)的著作被翻译成英文，中心地理论的影响迅速扩大，许多地理学者，甚至还有经济学者、社会学者都投入城市系统的研究中。其中特别值得称道的是数量地理学家布赖恩·贝里 (B.J.L.Berry)，他运用数理统计方法对中心地学说进行了许多实证性研究，发表了大量的文章和专著，他的《城市作为城市系统内的系统》(Cities as Systems Within Systems of Cities) 一文，将城市人口分布与服务中心的等级联系起来，是城市系统研究的一个重要转折点。自此以后，关于城市系统的文献逐渐丰富起来。"数量革命"促使城市地理研究从形态学的城市景观向空间分析上转移。

1950 年代空间学派 (Spatial School) 兴起之后，城市地理学的框架才得以建立，其研究对象可分为两大部分：①宏观城市空间，即城市之间构成的空间，集中在城市体系研究上；②微观城市空间，即城市内部空间，集中在城市土地利用模式的研究上[3]。

(4) 1970 年以来

进入 1960 和 1970 年代，美国和西欧的社会问题愈加严重，发生过多次大规模的社会动乱和反政府行为，如黑人运动，学生运动，内城暴动等。与此同时，就业、住房、交通、环境卫生、治安等城市问题也日趋严重。面对这些激烈的社会冲突，原有的西方正统理论无法解释，这就促使不同学科学者从多视角进行研究，试图寻找新的解释。城市地理学也受此影响不断开拓新的研究领域，探索新的理论。在这一时期，对城市地理学的发展影响较大的主要是社会科学的研究[3]。

在这些研究的影响和带动下，城市地理学中出现了人文学派、行为学派和激进学派。1970年代中期以后，随着西方社会问题的日趋严重以及数量革命的热潮逐渐趋冷和数量革命所带来的问题逐一显露，伴随数量革命而出现的空间学派受到挑战。同时，因受到社会科学、政治科学研究的影响，城市地理学开始进入一个新的多元发展的阶段（扩展阅读1-3-1）。

1.3.2 城市地理学的发展趋势
1.3.2 The trends of urban geography

（1）研究视角多维化

当前，城市地理学的研究视角多维化是重要的趋势。城市地理学对每一个城市的研究，都必须具备国际化的视野，在全球城市体系（Global Urban System）中明确其定位。城市分析应与区域相结合，并要考虑城市之间的分工、协作与竞争。同时，由于全球城市体系结合在全球系统之上，且全球城市具有一定的地区框架和区域性的烙印，全球城市的研究应结合区域的特点。如近年来区域多层次整合的发展形成了许多一体化发展的区域以及区域合作组织（如欧洲共同体、北美自由贸易区、亚太经合组织等），这些区域化的组织必然会对所在地的城市产生影响。虽然《全球城市》的作者萨森（Saskia Sassen）把城市与国家区分开来是一种进步，但是全球、国家、区域共同体、城市区域都无疑将成为城市地理学研究的重要的空间维度，并且需要多维度研究的综合[17]。

（2）研究内容综合化

城市地理学的研究内容综合化趋势也愈加明显。这主要在三个方面得以体现：其一，城市地理学更加重视对城市社会问题的研究，研究内容表现出明显的社会化倾向。许多城市地理学家成为城市社会学家，可见城市地理与社会学的交叉研究明显，学科界限模糊[18]。其二，研究内容倾向"管理化"，城市管治、城市营销成为城市地理学的重要研究方向。1980年代以来，西方发生了深刻的公共治理变革，随着以国家干预为特征的"凯恩斯时代"（Keynes Era）的结束，市场机制在公共领域中的作用愈发增强，这直接催生了新的公共管理理论与模式，引发了许多国家发展环境与治理方式的重大转型。为应对全球化所带来的挑战，促进城市经济有效增长，政府、商业机构、民间团体等各种利益团体合作形成"增长联盟"（growth alliance）。在此背景下城市管治、城市营销成为城市地理学的重要研究方向[17]。最后，城市地理的内涵更加丰富，并纵深发展。由于城市空间涉及社会、经济、文化等多种空间，城市空间研究需要整合多学科知识，随着研究深度的不断增加，城市地理进一步分化为城市社会地理、城市经济地理、城市文化地理等分支体系，新一轮的分支、交叉、融合正在进行，城市地理学正处于大发展时期[18]。

（3）研究方法计量化

在研究方法上，城市地理学研究表现出"计量"分析及数学建模纵深发展趋势，并强调计量分析和互联网技术的融合。如在城市生态、数字城市、城市规模扩展等问题的研究上，自组织理论是行之有效的；在分析城市社会空间属性对城市发展的影响时，可以运用 CA（Cellular Automata）来进行城市空间复杂系统的时空动态模拟；在研究城市内部空间结构、热力分布以及交通管网和信息网络时，GIS 技术十分有效[19]。除上述城市地理研究新方法外，还有众多计量数学方法，如生态足迹分析方法（Ecological Footprint Analysis），监督分类法和归一化裸露指数（NDBI）法等。随着 3S 技术、大数据技术和人工智能的发展，城市地理学的定量化研究将更加深入与丰富。

词汇表（Glossory）

Settlement：A community of people living together, such as a hamlet, village, town, or city.

Neighborhood：Close proximity, nearby area；particularly, close proximity to one's home.

Urban region：An urban region is a location characterized by high human population density and vast human—built features in comparison to the areas surrounding it. Urban areas may be cities, towns or conurbations, but the term is not commonly extended to rural settlements such as villages and hamlets.

Metropolis：A metropolis is a large city or urban area which is a significant economic, political, and cultural center for a country or region, and an important hub for regional or international connections, commerce, and communications.

Metroplex：A metroplex is a contiguous metropolitan area that has more than one principal anchor city of near equal size or importance.

Conurbation：A conurbation is a region comprising a number of cities, large towns, and other urban areas that, through population growth and physical expansion, have merged to form one continuous urban and industrially developed area.

Social polarization：Social polarization is associated with the segregation within a society that may emerge from income inequality, real—estate fluctuations, economic displacements etc. and result in such differentiation that would consist of various social groups, from high—income to low—income.

Regional planning：Regional planning deals with the efficient placement of land—use activities, infrastructure, and settlement growth across a larger area of land than an individual city or town.

讨论（Discussion Topics）

1. 全国城镇的空间布局存在明显的规律吗？

2. 城市的土地利用和空间组织以及社区居民的社会地位、家庭类型有明显的规律吗？

3. 选取一个你所熟知的城市。你能找到反映这个城市发展变化过程的证据吗？这方面的证据可以是对城市景观的观察，可以是规划文件或发展建议，也可以是媒体报道或学术写作。你所搜集的证据反映了城市的巨变还是渐变呢？或者两者兼而有之？

4. 如何理解城市地理学的学科性质？

5. 如何理解城市地理学与相邻城市学科的关系？

6. 简述城市地理学发展历程。

7. 城市地理学有哪些新的发展趋势？

扩展阅读（Further Reading）

本章扩展阅读见二维码1。

二维码1　第1章扩展阅读

参考文献（References）

[1] Johnston R.J.City and society：An outline for urban geography[M]. London：Routledge，2013.

[2]（美）理查德·P.格林，（美）詹姆斯·B.皮克著；中国地理学会城市地理专业委员会译．城市地理学[M]．北京：商务印书馆，2011.

[3] 许学强，周一星，宁越敏．城市地理学 第二版[M]．北京：高等教育出版社，2009.

[4] Pacione M.Urban geography：A global perspective[M]．2nd.London：Routledge，2005.

[5] 麦克，帕西诺，李志刚，et al.21世纪的城市地理学：一个研究议程[J].城市与区域规划研究，2010，3（2）：88—117.

[6] 周素红，阎小培．基于GIS的城市地理学研究方法革新探讨[J].经济地理，2001，06：700—704.

[7] 李青．管视西方城市经济学和城市地理学研究的流变[J].城市问题，2001，04：8—10+49.

[8] Hall T.，Barrett H.Urban geography[M]．London：Routledge，2012.

[9] Knox P.，McCarthy L.Urbanization：An introduction to urban geography [M].3rd.New Jersey：Pearson Prentice Hall，2011.

[10] 柴彦威等．城市地理学思想与方法[M].北京：科学出版社，2012.

[11] 程玉申．现代城市地理学的方法论基础[J].经济地理，1992，01：4—7.

[12] 赫曦滢．新马克思主义城市学派理论研究[D].长春：吉林大学，2012.

[13] 姚士谋. 城市地理学发展动态 [J]. 地理科学, 1991, 01: 60—66+100.

[14] 段进, 邱国潮. 国外城市形态学研究的兴起与发展 [J]. 城市规划学刊, 2008, 05: 34—42.

[15] 叶嘉安. 地理学与城市及区域规划 [J]. 国际城市规划, 2009, S1: 49—52.

[16] 朱翔. 城市地理学 [M]. 长沙: 湖南教育出版社, 2003.

[17] 吕拉昌, 黄茹, 韩丽等. 新经济背景下的城市地理学研究的新趋势 [J]. 经济地理, 2010, 08: 1288—93.

[18] 吕拉昌, 陈少存, 辛星. 近年来西方城市地理学研究的主要领域、进展及趋势 [J]. 地球科学前沿, 2011, 02: 34—44.

[19] 陈玉英. 21 世纪以来中国城市地理学研究动向 [J]. 河南大学学报（自然科学版）, 2009, 03: 280—285.

第2章　城市的起源与发展
Chapter 2　The origins and the growth of the cities

城市是城市地理学研究的空间对象，认识城市的概念、起源、发展阶段、动力机制及其在全球化、信息化等新背景下的特征与趋势是城市地理学进行空间研究的重要基础。本章首先从城乡概念的界定与划分出发，介绍了城市的相关概念，包括城、市、镇等，在此基础上，对城市中的人口、经济、行政等特征加以阐述，并介绍了城乡划分与城市空间紧密联系的大都市区的概念与标准；然后，本章简要归纳了城市形成发展的生产水平与人口劳动力前提条件和城市起源理论，如水动力学理论与农业剩余学说、经济理论、军事理论、宗教理论等；接着，详细阐述了城市形成与发展演化的一般进程，从早期城市到中世纪、工业化直至后工业化时期的城市，并概括出不同阶段的发展与空间特征；最后，从全球化的视角，提出城市体现出人口与资本的重新分配、新的地域分工、世界城市之间的联系与互动等特征，并对空间演进及全球化文化背景下城市空间重构进行了解析。

2.1　城市与乡村——概念与标准
2.1　Urban and rural-concept and standard

2.1.1　相关概念
2.1.1　Related concepts

（1）城、市、镇、城市、城镇

"城市"这一概念有多种不同的解读，其实质可以看作由"城"和"市"两部分组成。因此探究"城市"的概念问题即可看作是探究以"城"为主抑或以"市"为主而确定形成的"城市"的问题，这又涉及多方面的概念。

"城"（City Wall）是一种大规模、永久性的构筑物，最早作防御之用，由防御野兽侵袭到抵御敌方攻击。与"城"相近的概念还有"郭"，所谓"筑城以卫君，造郭以守民"，即阐明其区别，而多数情况"城"可泛指这两种概念。在中国，"城"最早约出现在传说时代的三皇五帝之都（约公元前 26 世纪初），而经考古发掘到的最早之"城"是在 4000 多年前的夏代。[1] 而从更广义的角度考虑，"城"又不仅仅指城墙这一实体概念，而是指其营造的人口相对集中、奴隶主贵族居住的空间。在古代亦包含有国、国家的含义，如中央之城即中央之国，是具有领域感的一种概念。

"市"（Market）是商品交易的场所。起初市没有固定的位置，人们根据长期形成的习惯，在特定地点、特定时间交易，形成集市。而随着商代商品经济的发展，市逐渐转向人口密集的城中，并有固定的交易场所，"城"与"市"交融渗透，才形成了真正意义上的城市。

"镇"（Town）最早为军事据点，古代在边境驻兵戍守称为镇，以军事行政职能为主。至宋代，镇摆脱军事色彩，成为介于县治和农村集市之间的一级商业中心，是经济、人口比较发达的人口集聚区。

到近现代，市被引申为一级城镇聚落性质的行政建制单元，镇也被引申为一级政区单元和起着联系城乡经济纽带作用的较低级的城镇居民点的概念。这与城市和城镇的行政概念相关联。"城市"（City）是指经国家批准设有市建制的城镇，而那些不够设市条件的建制镇被包括到"城镇"的范畴中。在非学术使用中，这两者的概念经常被混淆或被统称为城市，如城市化与城镇化，城市体系与城镇体系等。

进一步来讲，"城市"是以非农产业和非农人口集聚为主要特征的居民点。作为一个多元化的社会经济构成体，不同学科对城市有不同的理解。经济学家认为城市是一个坐落在有限空间地区内的各种经济市场——住房、劳动力、土地、运输等——相互交织在一起的网络系统；社会学家认为城市是人口相对较多、居住密集、存在异质性和社会功能，在地理上有界的社会组织形式；而地理学家认为城市是具有一定规模的、以非农业人口为主的居民点，是人口和社会经济活动的空间集中地。

城市不仅具有物理结构，还具有主观的认知结构，不同的人对城市的理解也不尽相同。从城市的实质来看，可将城市分为实体（The Urban As An Entity）和质量（The Urban As A Quality）两个方面，其中城市实体包括人口、

经济和行政标准等城市实体特征，而城市质量更关注城市的意义及城市环境对于人们生活的影响，以及市民对城市的主观感受和心理认同（知识盒子 2-1）。

 知识盒子 2-1

城市的定义（Concepts Of The City）
从城市的实质来看，可以分为：

1. 城市实体（The Urban As An Entity）

①人口（Population）

Settlements were significantly larger in population size than anything that had existed previously.Occupational specialization meant that the employment of full-time administrators and crafts persons was possible.Consequently, residence rather than kinship became the qualification for citizenship.

（在人口规模上，城市比以前出现过的任何一种聚落的规模都要大。职业专门化意味着从事全职工作的管理人员和手工艺者的出现。因此，住所取代血缘关系成为市民身份的条件。）

②经济（Economy）

City has attraction of economic elements.It is the center of economy, trade and industry around, and can promote the economic development of surrounding areas. And the emergence of public capital allowed monumental public buildings to be erected and full-time artists to be supported.

（城市具有对经济要素的吸引力，是区域内的经济、贸易和产业中心，并能够带动周边地区的经济发展。公共资本的出现带来大规模的公共建筑的建设和对全职艺术家的支持。）

③行政标准（Administrative Criteria）

The majority of towns and cities in the world are defined according to legal or administrative criteria.The definition of urban places by national governments leads to great diversity, which creates difficulties for comparative research.In addition, administrative definitions may have little correspondence with the actual physical extent of the urban area.

（世界上大多数的城镇和城市是根据法律或行政标准定义的。地方政府对城市地区的定义有很大的差异，导致比较研究的困难性。另外，行政界限可能与实际的城市区域不相符。）

2. 城市质量（The Urban As A Quality）

①认知地图（Cognitive Mapping）

Traditional means of cognitive mapping provide subjective spatial representations of urban environments, more recently postmodern approaches seek to 'map' the meanings of the city for different 'textual communities'.

（传统地图提供了城市环境的主观空间表示，而近期的后现代方法试图将城市含义与不同的社区结构（Textual Communities，Text）形成空间映射。）

②都市生活（Urbanism）

Wirth argued that as the size, density and heterogeneity of places increased, so did the level of economic and social disorganization.He contrasted the social disorganization of urban life with the strong extended family links and communities in rural areas.

（沃斯认为随着地区大小、密度和异质性的增加，城市的经济水平和社会解体也将增强，并将城市生活带来的社会解体与农村地区强有力的家庭联系和社区进行对比。）

资料来源：根据 Pacione M.Urban Geography：A Global Perspective[M]. 2rd ed. London：Routledge，2005：24；Knox P & McCarthy L.Urbanization：An introduction to Urban Geography[M]. 3rd ed.Pearson Prentice Hall.2011：20 改动.

城市的定义、起源、发展和表现形式丰富，很难用一种解释来说明。首先，关于城市形成的观点存在分歧。一些学者认为城市不一定源于"城"或"市"，如中国安阳殷墟没有城墙也是城市，而有集市的城市根据考古发现只能追溯到春秋战国时期的秦国雍城等；城市只可表达为一种区别于农村因素和特点的特定地区，即城市因人而在，体现了人的聚集和生活（详见扩展阅读 2-1-1）。

随着城市的不断发展，出现了都市区（metropolitan district）这一新的城市空间组织形式（详见扩展阅读 2-1-2），它是反映城市功能发育延伸的概念。当前，都市区已成为推动我国城镇化发展的重要空间载体[2]。

（2）乡村

乡村（countryside）是主要从事农业、人口分布较城镇分散的地方。新石器时代，农业和畜牧业分离，以农业为主要生计的氏族定居下来，出现了最早的乡村。

按照经济活动内容，乡村可分为以第一产业为主的农业村（种植业）、林业村（山村）、牧村和渔村以及农林、农牧、农渔等兼业村落。按照是否具有行政含义，乡村可分为自然村（实体）和行政村（行政概念），多个自然村构成一个行政村。按照乡村聚落的形态特征，在自然环境、民族文化、经济条件等因素的共同影响下，我国的乡村可分为一般类型和活动类型两类[3]。

其中，一般类型的乡村又可进一步划分为四类：①密集型农村聚落。常出现在旱作农业地区，多见于我国华北、东北平原和印度等地。该类型村落的特点是历史悠久、占地面积大、布局紧凑、房屋排列不规则，是多代居民定居于此，不断发展壮大、逐步演变而来的。②分散型农村聚落。该类型村落常分布在地形条件受限制或者邻近特殊生产地区的地方。前者多见于地形崎岖的山区。农户以农业生产为主，因此为方便耕作，提高效率，往往选择居住在邻近其耕地的地方，而山区的耕地面积小而分散，使村落整体趋于分散化。后者邻近特殊生产地区的村落中最典型的是一些水稻种植区的村落。为了方便农田管理，一定面积稻田之间只有一户或几户农家住在地势较高的地方。③半聚集性农村聚落。该种类型的村落介于以上两种类型之间，常见于山区小村。同分散型类似，由于山区耕地面积不多，村民又需要供水、医疗、教育等服务，故相对集中分布，一个村庄大概十几户至二十几户人家。另外，一些地广人稀的新开发地区也属于此类型，但随着发展将逐渐成为密集型村落。

活动型村落没有固定的居住点，而是随着季节变化或生产生活条件的变化而不断迁居，常见于草原半干旱地区、牧区和少数山区。其中较为常见的为牧区，牧民一般逐水草而居，而自然草场无法满足长期快速生长以供养牲畜的条件，所以在一段时间之后牧民将迁至另一片牧区，让草场恢复生态承载力。

2.1.2 城乡划分标准
2.1.2 The standards of dividing rural and urban

（1）城镇设立标准

①设市标准

我国 1986 年版的设市标准设定，在实施过程中遇到了数据难统计、难核实，指标不合理、不全面的问题，且无法适应现实城镇的发展状况。因此，民政部在 1993 年更新了设市标准，完善了设市指标体系，增加了对设置地级市标准的相关指标，具体指标详见表 2-1。

我国的设市标准

表 2-1

指标		县级市			地级市
政府驻地	非农业人口（万人）	≥ 12	≥ 10	≥ 8	≥ 20
	其中具有非农业户口人口（万人）	≥ 8	≥ 7	≥ 6	
	自来水普及率（%）	≥ 65	≥ 60	≥ 55	
	道路铺装率（%）	≥ 60	≥ 55	≥ 50	
	城区基本设施较完善，排水系统好				
全市或全县	人口密度（人/平方公里）	>400	100 ~ 400	<100	
	非农业人口（万人）	≥ 15	≥ 12	≥ 8	≥ 25
	非农业人口占总人口的比重（%）	≥ 30	≥ 25	≥ 20	工农业总产值 ≥ 25 亿元，其中工业产值所占比重 ≥ 80%
	乡镇以上工业产值（亿元）	≥ 15	≥ 12	≥ 8	
	乡镇以上工业产值占工农业总产值比重（%）	≥ 80	≥ 70	≥ 60	
	国内生产总值（亿元）	≥ 10	≥ 8	≥ 6	≥ 25
	第三产业占 GDP 的比重（%）	>20	>20	>20	>35
	地方本级预算内财政收入 — 总值（万元）	≥ 6000	≥ 5000	≥ 4000	≥ 20000
	地方本级预算内财政收入 — 人均（元）	≥ 100	≥ 80	≥ 60	
	承担一定的上缴业务				

资料来源：中华人民共和国民政部. 关于调整设市标准的报告 [R]. 国发 [1993]38 号，1993.

②设镇标准

1984 年 11 月，国家民政部发布《关于调整建制镇标准的报告》，从行政管理、人口与经济指标、居民点功能等方面对设镇的标准做了规定。而该标准由于年代久远，无法适应经济发展需要和城镇化水平发展，因此在 2002 年，国务院下发《国务院办公厅关于暂停撤乡设镇工作的通知》（国办发 [2002]40 号），将该标准暂停使用，并拟制定新的设置标准。

（2）城乡划分标准

城与乡的界线是较为模糊的，一是因为城与乡是交错而生的，难以客观划分；二是因为城市本身由乡村演变而来，不同的阶段、不同的地区也有着不同的城市定义，绝不单单是依照上述城镇划定的行政范围而确定城乡界线的，在现实中往往是不相统一的。

目前人们主要通过两种方式来细化这一问题[1]：①利用最小行政单元的人口密度。例如日本在 1960 年将人口密度在 4000 人／平方公里以上、总人口在 5000 人以上的地区作为城市实体。但各国人口密度不同，城市内人口分布不统一，可比性较低。②以美国为首的细化标准。美国国情普查规定，城镇人口包括居住在城市化地区（Urbanization Area）以及城市化地区以外的 2500 人以上的居民点的全部人口，这样就将难以界定的城乡居民点通过人口规模进行了详细的规定。

2.2　城市的起源
2.2　Urban origins

2.2.1　城市发展的前提
2.2.1　The premise of urban development

城市发展的前提要素涵盖人口、环境、技术和社会组织等诸多方面（知识盒子 2-2）。从城乡之间的关联角度来看，城市的形成和发展又与农业生产力水平和农业剩余劳动力两大前提密不可分。

（1）第一前提——农业生产力水平

在城市发展的早期，农村提供的剩余粮食是城市存在的首要条件，这取决于农业生产力水平。农村以农业生产为主，城市则以非农产业生产为主，即工业和服务业，不同的产业分工体现了城市的先进性，而城市所需的粮食则由农村或外部地区提供。

历史上一些国家即通过外部地区获得农产品支持以实现工业化和城市化。例如英国通过军事政治力量从外国征收粮食，日本通过国际劳动分工长期依赖进口粮食。但不可否认的是粮食对于城市发展的重要作用，历史上城市文明的发源地都在农业发达地区，是对此观点的有力印证[4]。

（2）第二前提——农业剩余劳动力

城市形成初期，农业发达地区产出粮食剩余，于是，部分农业劳动力被解放出来有条件去从事非农活动，带动非农产业发展，反哺农业，为其提供新工具、新技术和新服务，提高农业生产效率，得到更多的剩余粮食和剩余劳动力，如此循环往复，不断促进城市发展。

欧美发达国家在城市化进程中同样依靠农业剩余劳动力。工业革命初期，英国为解决劳动力短缺问题，实施"圈地运动"，强迫农民离开土地，美国则

从国际移民过程中获取所需劳动力。相比于发达国家的农业现代化发展，我国剩余劳动力的成因则有所不同。由于我国农村人口众多，往往面临人多地少的局面，剩余劳动力流入城市，若没有相应的就业机会提供，就会出现大量无业人口，造成诸多城市问题[4]。

📖 知识盒子 2-2

城市发展的前提要素（Premise factors of urban development）

1. 人口（Population）

The presence of a population of certain size residing permanently in one place is a fundamental requirement.The environment, level of technology and social organization all set limits on how large such a population would grow.Particularly important was the extent to which the agricultural base created a food surplus to sustain an urban population.

（一定规模的人口在一个地区定居是这个地区城市发展的基本要求。环境、技术水平和社会组织都会对人口规模形成限制。更为重要的是，农业生产力水平能够支持多大规模的城市人口。）

2. 环境（Environment）

The key influence of the environment, including topography, climate, social conditions and natural resources on early urban growth is illustrated by the location of the earliest Middle Eastern cities on the Rivers Tigris and Euphrates, which provided a water supply, fish and fertile soils.

（环境要素，如地形、气候、社会条件和自然资源等条件，对于早期城市的发展具有重要影响。如中东地区最早的城市发端于底格里斯河和幼发拉底河流域，这里有充足的水源、鱼类和肥沃的土壤。）

3. 技术（Technology）

In addition to the development of agricultural skills, a major challenge for the early urban societies of the Middle East was to develop a technology for river management to exploit the benefits of water and minimize the risk of flooding.

（除了要求农耕技术的发展，早期中东城市面临的一个重大挑战是如何发展管理河流的技术，以充分利用河水带来的益处并最小化洪水的风险。）

4. 社会组织（Social Organization）

The growth of population and trade demanded a more complex organizational structure including a political, economic and social infrastructure, a bureaucracy and leadership, accompanied by social stratification.

（人口和贸易的增长需要一个更复杂的组织结构，包括政治、经济、社会基础设施、官僚机构和领导。这些复杂组织结构的发展往往也伴随着社会分层。）

资料来源：Pacione M.Urban Geography：A Global Perspective[M]. 2rd ed. London：Routledge，2005：48.

2.2.2 城市起源理论
2.2.2 The theory of city origin

社会生产力的发展促进城市的形成。关于城市产生的原因，国内外学者形成了较为典型的四种起源理论：水动力学理论与农业剩余学说、经济理论、军事理论、宗教理论。

（1）水动力学理论（Hydraulic Theory）与农业剩余（Agricultural Surplus）学说

农业时代早期，对水的需求较高，特别是那些处在半干旱气候的地区。以沃利（L.Woolley）和魏特夫（Wittfogel）为代表的人认为在这种环境下需要大规模的集中管理、协调水资源，由此便产生了城市。具体观点如下：①土地、气候适宜，且能在较大范围内创造剩余农产品的地区，才能产生城市文明；②灌溉对城市发展尤为重要，剩余的农产品很大程度上是灌溉的结果；③允许农业集约化；④农业耕作需要特殊形式的劳动分工，而分工促使了人口集中；⑤大规模合作较为重要，方便统一管理而建立起管理体系。

（2）经济理论（Economic Theory）

一些学者认为复杂的大规模交易网络的发展促使了城市社会的产生。美索不达米亚南部地区没有金属矿石、木材、建筑石材或石头等原材料，因此其贸易是必不可少的。贸易的建立，使得该地区需要扩大生产，并且需满足不断扩张的人口的日常生活需要和消费需求，由此促成了产业专业化和集约化。同时，它也需要一个行政组织来统一采购、生产和销售商品，这个行政组织将影响到社会的方方面面。但总的来说，目前尚不清楚城市究竟是贸易促成还是由此带来的城市行政组织引发的产物。

（3）军事理论（Military Theory）

持该种观点的人认为城市的形成是人们出于防御需要而聚集，再不断扩张的过程。惠特利（Wheatley，1971）认为战争可能引起人口集中，并促进职业专门化。很多城市都有大规模的防御墙，这一事实似乎印证了这一观点，但并不是所有早期城镇都有这样的防御系统。

（4）宗教理论（Religious Theory）

宗教理论关注权力结构对城市的形成和延续的重要性，特别是权力是如何转到那些可以支配剩余农产品的宗教分子手中的。一个很明显的特征是，古代的城市中都有圣地和寺庙，宗教在社会转型中起着重要的作用，创造了城市的精神文明。哈桑（Riaz Hassan）认为：如果没有对权威的尊重、对某种场所的依附及对他人权力的服从，城市文化就不可能存在。事实上，宗教在精神统治层面比国家、家庭更能坚定人心、团结社会力量。例如伊斯兰教对于其城市的发展就起到十分重要的作用。

以上几种起源理论都依据已有事实建立，但都不可能成为唯一的决定因素。城市是多种因素共同作用，在长时间的社会、经济、文化变动中逐渐形成的。

2.3 城市发展的历程与阶段
2.3 The history and developing stages of cities

2.3.1 早期城市的产生与发展
2.3.1 The development of early cities

早期主要指城市起源至罗马帝国覆灭之前的一段时间。在没有固定的居住场所的时期，也就没有城市。随着生产的发展，农业与畜牧业的分离，产生了第一次社会劳动大分工，也称为农业革命（Agricultural Revolution），此时出现了从事农耕生产的人类的固定居民点——聚落 [3]。定居农业的发展促使人口大量增长，同时促进了农业技术的进步。在一些农业生产基础较好的地方，逐渐出现农产品剩余（Agricultural Surplus），使一部分人可以从农业中解放出来从事手工业，这就出现了人类社会第二次劳动大分工。这次分工的结果是这些非农业人口逐渐在交通方便、利于交换的地方聚集成市，也就是城市的最初形态。进入奴隶社会以后，专门从事交换的商人的出现标志着人类第三次社会大分工。阶级的出现以及部落之间的战争，促使人类在聚集地四周修筑城墙，最早的城市便诞生了。根据研究，城市先后起源于美索不达米亚、埃及、印度河流域、黄河流域以及中美洲等五个地区。

（1）五大城市起源地简介

①美索不达米亚（Mesopotamia）

最早的城市于公元前 3500 年出现在美索不达米亚平原南部两河流域，即底格里斯河（Tigris）与幼发拉底河（Euphrates）流域，这片地区也称作新月沃土（Fertile Crescent），这里发源的城市文明即苏美尔（Sumerian）文明。苏美尔文明的城市拥有早期城市的诸多特征，比如集中的居民点和防御设施。这些早期的城市国家其实是由许多分散的规模较小的城邦（city-state）构成的联合体，这些城邦都拥有一定范围的腹地（Hinterland）为城市功能提供支撑。由于当时农业技术不够发达，城邦的人口规模也受到农业腹地规模的限制，多在 1 万到 5 万人之间。乌尔城，位于今天的伊拉克境内，曾是苏美尔王国的首都，也是苏美尔文明最具代表性的城市，它的城市格局体现了早期城市在由乡村聚落向城市发展的过程中的有机生长（详见扩展阅读 2-3-1）。公元前 1885 年，乌尔城被巴比伦人征服。

②埃及（Egypt）

新月沃土向西延伸至西部的尼罗河流域，古埃及历代王朝的都城都建在尼罗河沿岸。从公元前 3200 年到 322 年，古埃及共经历了 30 个王朝，现留下较完整的城市遗址是第十三王朝的卡洪城（Kahun）。埃及的城市发展很可能受到苏美尔文明的影响，但其城市形制却有所不同，具体来说，埃及的城市在规模和密度上都不如苏美尔城市。一是因为苏美尔文明是由多个自治的城邦联合构成，而埃及的所有城市都受制于一位君王——法老（Pharaoh）。法老可以任意选择首都以及他的陵墓所在地。前任法老下葬后，这座城市通常会被遗弃，新的法老再挑选新的都城，这个过程限制了单个城市的增长。二是因为和苏美尔文明不同，埃及文明天然处于沙漠的屏障之中，没有城邦之间的战争侵扰，因此埃及城市不需要修建城墙等固定的防御措施，城市的流动性自然更强。

③印度河流域（Indus Valley）

哈拉帕（Harappa）文明起源于约公元前2500年的印度河谷，即今天的巴基斯坦境内。其最大的特点就是它的双都城，哈拉帕和摩亨佐达罗（Mohenjo-Daro）。和苏美尔文明最不相同的是，这里的城市是从一开始就是规划形成的，从而呈现出格网状（Gridiron Pattern）的格局，即由宽阔平直的街道将城区分割成约370m×240m的街区，街道两侧房屋排列整齐，多为两层，用砖砌成。不同职业和社会阶层的居民占据城市中不同区位的街区。虽然和苏美尔文明之间存在一些商业往来，但印度河流域的城市文明是独立而稳定发展的，直到公元前1500年被侵略者毁灭。

④黄河流域（Yellow River）

世界上延续时间最长的文明是起源于黄河流域的华夏文明。公元前2000～公元前1600年间出现第一批城市。我国考古学家在河南偃师二里头发现了距今3600～4000年前的城市遗址，推断其是夏王朝中晚期都城斟鄩所在，被考古界认为是我国最早的都城遗址。在夏朝之后的商朝遗址发现较多，其中以郑州商城和河南安阳的殷墟最为著名，前者是商朝早期都城，后者是商后期的都城。自春秋时代开始，我国从奴隶社会逐渐进入封建社会，随着生产力的快速发展，出现了完整意义上的城市。

⑤中美洲地区（Mesoamerica）

中美洲城市的发展晚于前四个地区，其早期城市出现于公元前500年左右，在今天的墨西哥（Mexico）东南部，危地马拉（Guatemala）、伯利兹（Belize）和洪都拉斯（Honduras）境内。较早出现在中美洲的大城市以墨西哥北郊的特奥蒂瓦坎（意为"众神之城"）为代表，在公元500年，特奥蒂瓦坎文明达到鼎盛时期，其版图面积达8平方英里，统治着近20万人，是那个时期美洲最大的城市。特奥蒂瓦坎最大的特点是它象征宇宙哲学的平面布局。一条南北向的中轴线，被西班牙人称为"亡灵大道"（The Street Of The Dead），串联起南部的羽蛇神庙和北部的太阳、月亮金字塔。在中美洲发源的若干文明当中，最出色的当属在公元300～900年间达到顶峰的玛雅文明（Mayan Civilization），被称为"美洲的希腊"。全盛时期的玛雅地区分成数以百计的城邦，例如提卡尔城（Tikal）、玛雅潘城（Mayapan）等，但各邦在语言、文字、宗教信仰上却属于同一个文化圈。玛雅文明的最后继承者阿兹特克（Aztec）文明最后被16世纪到来的西班牙殖民者毁灭。

从以上五个不同地区城市的发展可看出，不同地区早期的城市在规模和布局上都有所不同。有的城市具备严谨的规划布局，有的城市则是以自由发展为主；有的城市具备出于军事和政治目的建设的完善的防御体系，有的城市则没有城墙包围。但是这些早期城市都有一些共同点，比如它们都由城市精英阶层经营，靠剥削其腹地范围内的农业剩余而运营（详见扩展阅读2-3-2）。这些共同点为后来中世纪时期商业资本主义的发展奠定了基础[5]。

（2）早期城市的扩张

受资源限制，早期城市的规模普遍较小。但随着生产方式的改进和人口的

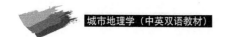

增长，城市规模逐步扩张（详见扩展阅读2-3-3），直到公元前1世纪末，才出现了像古罗马城这样的可以容纳百万人口的大型帝国城市。城市之间的战争和殖民以及贸易往来促使城市文明逐步扩散到世界各地[6]，如古希腊和古罗马的城市发展也反映了这一过程。

公元前800年～公元前338年，古希腊地区实行城邦制，古希腊人在爱琴海沿岸地区建立了雅典（Athens）、斯巴达（Spartan）和柯林斯（Corinth）等城邦。由于逐渐增长的人口压力和农业资源限制，古希腊城市逐步扩散到地中海沿岸和黑海沿岸其他地区。由于当时航运交通的重要性，这些城市都分布在沿岸地区。早期的古希腊城市，如雅典，体现了自然发展（Organic Growth）的城市布局模式，类似苏美尔文明中的乌尔城。但在古希腊后期的殖民城市中，则更多地体现为格网状的规划布局（Gridiron Pattern），类似印度河流域的哈拉帕城，这种格网状布局的城市以当时的著名规划师希波丹姆（Hippodamus）所规划的米利都城（Miletus）和普南城（Priene）为代表。这种格网状的城市规划布局其后在罗马帝国的殖民城市中大量使用。古希腊文明不仅在建筑、艺术、科学和城市建设方面留下了不可磨灭的贡献，它所首创的民主政治制度也为近现代西方政治制度奠定了最初的基础。

公元前200～公元前100年，古罗马逐渐取代古希腊，成为地中海的领主。经过不断的征战和殖民，直到公元2世纪，罗马帝国将城市版图扩张到北至英格兰（England），西到西班牙，东至巴比伦的巨大范围，为欧洲后期城市体系的发展奠定了基础，许多现代的欧洲城市都可追溯至这个时期，包括伦敦（London）、布鲁塞尔（Brussels）、巴黎（Paris）、科隆（Cologne）、维也纳（Vienna）以及贝尔格莱德（Belgrade）。据估计，罗马帝国总共统治了近1200个城市，有些城市人口超过10万人。但大多数城市的人口还是相对较小的，一般在15000～30000人之间。最大的城市是古罗马城，在鼎盛时期人口曾达到100万。和古希腊的殖民城市类似，古罗马的殖民城市也广泛采用了格网状布局，城市由厚厚的城墙包围，通常被设计为规则的矩形，被南北和东西两条主要街道划分为四个板块，其他次要街道配合形成网络状布局，把城市划分成一个一个的街区。在主要街道的交叉口通常布置集会广场和重大公共建筑[7]。可见古罗马城市吸取了古希腊城邦的一些特点，下面将对罗马和希腊城市特点进行一些对比（知识盒子2-3）。

📖 知识盒子2-3

古罗马和古希腊城市的异同（Similarities and differences of Greece and Roman city）：

相同点（The same point）：

1. They all based on a grid system.

（都基于格网状布局。）

2. They contained a central "forum" for markets and political gatherings.

（都包含一个具备商业和政治集会的用途的中心"广场"。）

3. They were encircled by a defensive wall.

（都由防御性的城墙包围。）

4. They were deliberately established in newly colonized territories.

（都刻意建设在新的殖民领地上。）

5. They were part of an extensive system of long-distance trade.

（都属于长距离贸易系统的一部分。）

6. They remained fairly small except for few.

（除了个别城市以外，都保持较小的规模。）

不同点（The differences）：

1. Roman cities were not independent.They were functioned within a well-organized empire centered on Rome and reflecting roman rigid class system.

（罗马的城市不是独立的。罗马的城市是以古罗马城为中心的罗马帝国的一个组成部分，反映了罗马帝国严格的等级制度。）

2. There was a great concentration of Roman cities in inland locations while Greek cities were spread along the coastline.

（罗马有很多内陆城市，而希腊的城市多沿海岸分布。）

3. Roman had achieved impressive civil engineering, including a magnificent system of roads, the underground sewer and surface water supply infrastructure.

（罗马的城市在土木工程建设上很有成就，包括壮观的道路系统、地下管道和地面水供应设施。）

资料来源：Knox P &McCarthy L.Urbanization：An introduction to Urban Geography[M]. 3rd ed.New Jersey Pearson Prentice Hall.2011：30.

2.3.2 中世纪及文艺复兴时期的城市发展
2.3.2 Cities during Medieval and Renaissance

（1）城市发展沿革

中世纪是指欧洲各国的封建社会时期，即从公元前476年罗马帝国覆灭至1453年欧洲文艺复兴的这段时间，长达1000年。

从罗马覆灭到公元1000年左右，欧洲的城市发展长期处于停滞的阶段，这段时间被称为黑暗时代（Dark Ages）。当然，在这个时期，世界上其他地方的城市依然在继续发展。伴随着伊斯兰教的产生和传播，由7世纪始，基于伊斯兰教而兴起的城市从南亚（South Asia）地区逐渐蔓延到中东（Middle East）、北非（North Africa），甚至伊比利亚半岛（Iberian Peninsula）地区，当时像科尔多瓦（Córdoba）和开罗（Cairo）等城市都发展到近50万人口，巴格达更是发展到超过百万人口。但是在西欧的其他地区，却经历了长达5个世纪的逆城市化（Counter-Urbanization）阶段。罗马帝国的消亡使欧洲很多城市遭到破坏。日耳曼人（Germanic）以传统农耕为主，实行自给自足的庄园制度[8]（Manorial System），这种制度极大地限制了农业生产力，加上这个时期长期的战乱和政治动乱，城市赖以生存的商业贸易不复存在，手工业和商业至此没落，人们生活的重心重新转入农村。这个时期留存下来的城市也大多是出于政治和宗教目的，通常是教会或教育中心，军事防御要塞或是对应封建等级制度要求的各级行政中心。

在这种以封闭的庄园制度作为自然经济单位的封建体系中，生产力水平的止步不前和人口的自然增长形成了剧烈的冲突。自10世纪末开始，伴随着一系列的人口、经济和政治危机的爆发，欧洲的封建制度日渐萎靡，商人阶级再次兴起。这些商人阶级来自逃离封建庄园的农奴和手工业者，他们逃离到偏于销售产品的关隘、渡口、交通要塞及罗马旧城等地方去，其聚集地逐渐形成城市（详见扩展阅读2-3-4）。随着贸易的复兴，封建君王（Feudal Kings）对商人的依赖逐渐增强，因为商人可以为他们提供奢侈品，其结果是在一些地方甚至出现了封建君王授权的商人自治市（Borough），由商人组成的商业行会（Guild）对城市事务直接进行管理。后来随着商人地位的逐渐提高，一些城市甚至立法限制当地贵族对公共事务的参与，商人阶级逐渐取代传统的贵族而成为城市的新兴贵族。这个时期兴起的城市包括米兰（Milan）、佛罗伦萨（Florence）、科隆（Cologne）、布鲁日（Bruges）等，这类城市的繁荣为后来意大利文艺复兴奠定了坚实的基础。

至13世纪末期，欧洲大陆上发展了超过3000个城市，居住了共约420万人口，占当时欧洲总人口的15%～20%。但是大多数城市的人口规模都很小，人口超过5万人的都不多，有些城市甚至不到2000人[6]。中世纪时期，欧洲城市分布最密集的地区是意大利北部和北欧地区，而这两个地区都是中世纪贸易经济最发达的区域。其中意大利北部包括了当时的大城市米兰（Milan）、热那亚（Genoa）、佛罗伦萨（Florence）、威尼斯（Venice）、博洛尼亚（Bologna）等，这些城市现在都在今天的意大利境内，但在当时，这些城市都是拥有自治权的城邦。另一个区域即北欧地区，这里超过200个城市联合起来成立了汉萨同盟（Hanseatic League），建立起了城市之间独立于政治关系的经济联盟，他们之间的经济活动遵循一套共用的规则和标准。随着汉萨同盟的建立，地中海地区的商业贸易优势逐渐转移到北欧地区。

漫长的中世纪结束于14世纪的文艺复兴，教会在城市中的核心地位被质疑，对于人类理性的探讨成为文艺复兴的主要议题。同时，随着海外殖民（Overseas Colonization）的扩张，以西班牙、葡萄牙和英国等为主的殖民国家开始在世界各地建立起门户城市（Gateway City），作为联系殖民地和本国的经济和政治纽带。这些殖民地城市通常选在交通运输方便的自然港口和沿岸地区。殖民者从殖民地城市中攫取原材料和商业利润，在殖民地城市得到发展的同时，殖民国的口岸城市也获得了飞速的发展，尤其是北海（North Sea）和太平洋（Atlantic）沿岸地区的城市。例如，1700年伦敦（London）的城市人口已经达到50万，里斯本（Lisbon）和阿姆斯特丹（Amsterdam）的人口也超过了17万。相比之下，从1400年到1700年，地中海地区的威尼斯（Venice）的城市人口仅仅从11万增加到14万，米兰（Milan）甚至没有出现人口增长。

从前工业化时期世界各地的城市规模演变来看，发源于两河流域的早期城市，虽然数量众多，但因资源的限制级政治的分裂，城市规模一般较小，大约在5000～25000人之间。到公元前5世纪，城市文明在地理上的扩张已经比较充分，除巴比伦外，波斯、希腊、印度、中国都开始出现10万人以上的城市。公元前后，西方的罗马帝国和东方中国的汉朝都处于兴盛时期，罗马城和洛阳的人口可能达到65万[1]。但随着战乱和罗马帝国的衰落，欧洲城市发展一度停滞甚至倒退，城市的数量虽然很多，但大部分城市的规模减小。如罗马在公元900～1500年间，人口剧降至不足40000人。伦敦在14世纪有4万人，在当时就已经算是很大的规模。和西方不同，中国在汉朝之后，经历三国两晋南北朝的分裂，到隋唐再次统一，在隋唐以后至西方工业革命的大部分时间里，中国的城市数量和规模都处于世界领先地位。据考证，世界上第一个超过百万人口的城市是中国唐朝时期的长安城，第二是位于今天伊拉克境内的巴格达（Baghdad）。而在罗马帝国分裂至隋唐重新建立全国统一政权的这段时间里，东罗马帝国的首都君士坦丁堡（Constantinople），即今天的伊斯坦布尔（Istanbul），得益于其位于欧亚之交的独特地理优势，在城市规模上独领风骚，曾达到50万人。但7世纪以后随着帝国的衰落，人口规模剧减，至1453年东罗马帝国灭亡时，这座城市的人口只剩下不到50000人。总的来说，前工业化时期的世界城镇化水平很低，维持在4.5%～6%之间[1]。

（2）前工业化城市的空间特征

城市的经济和政治特征反映在城市的空间特征中。中世纪城市和早期传统城市的最大区别在于商业资本主义的发展，城市的"市"的功能逐渐超越政治和宗教功能，成为推动城市发展和扩张的主要因素。在反映前工业城市空间结构的模型中，最出名的是舍贝里（Sjoberg）在1960年提出的前工业化城市的社会地理的理想化模型（图2-1）。这个模型中，少数精英和多数无产阶级占据不同的城市空间。具体来说，精英阶层倾向于居住在接近于行政、政治以及宗教机构的城市中心，同时由于逐渐强化的群体内部通婚以及家族联系，精英们逐渐从城市社会的其他人群中分离出来；而由工匠

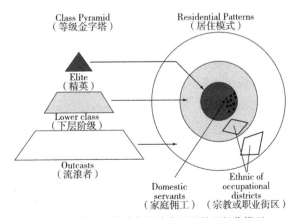

图2-1 前工业化城市的社会地理的理想化模型

资料来源：Knox P &McCarthy L.Urbanization：An introduction to
Urban Geography [M].3rd ed.Pearson Prentice Hall.2011：53.

（Artisans）和流浪者（Outcast）组成的低阶层人群生活在由破旧建筑物和遍地垃圾组成的边缘环境里[9]。这些低阶层人群根据不同的从业类型再划分为不同的居住组团。在这个模型的基础上，詹姆斯·万斯（James Vance）进一步强调了根据不同职业群体的聚集而产生的城市空间划分。他认为，前工业化的城市根据不同行业聚集区，如金属加工业、木工艺制品业、纺织业等，形成多个城市中心，每个职业街区都有自己的商店、作坊及其广泛联系的居民。和舍贝里不同，万斯更强调了在职业街区内部的垂直空间分化，即作坊在底楼，底楼上层是主人的住所，而仆人和工匠居住在顶楼。步行、手推车（Hand Cart）和马车（Horse Cart）是当时主要的交通方式，交通方式的限制迫使人们生活在一个分区严格、高度拥挤的城市环境中。

总地来说，两位学者均从人的尺度来描绘前工业化城市的图景，都认为在一个以步行为主的城市（Pedestrian City）里，工作和居住是紧密联系在一起的，他们的模型因此具备一些共同点（知识盒子2-4）。扩展阅读2-3-5以中世纪时期的典型贸易城市布鲁日的空间布局为例，进一步说明了这个时期的城市空间特征。

📖 知识盒子2-4

前工业化城市的普遍特点（General characteristics of former industrial cities）

1. A central core dominated socially by the residences of an elite group.
（围绕城市精英阶级的单中心结构。）

2. A number of occupationally distinctive but socially mixed districts.
（分区呈现出在职业类型上区分明显，但在社会地位上混合的特点。）

3. A residual population of the very poor living in the back alleys and on the fringes of the city.
（最贫穷的人群居住在偏僻的小巷和城市边缘区。）

4. Everything at a human scale : a walking city in which home and work were tightly connected by the organization of work into patriarchal and familial grouping.
（一切以人为尺度：居住和工作紧密联系，以家族族长式进行社会组织，形成步行城市。）

资料来源：Knox P &McCarthy L.Urbanization：An introduction to Urban Geography[M]. 3rd ed.New Jersey：Pearson Prentice Hall.2011：53.

2.3.3　工业化时期城市的发展
2.3.3　Cities during industrial times

（1）工业化早期的城市

中世纪后期贸易城市的发展与繁荣推动了城市经济功能的提升，城市中的权力和地位不再由传统的文化价值标准所决定，而是由财富来决定。商业利润和资本的积累为后来爆发的工业革命打下了基础。

工业化成为城市发展的基本动力始于18世纪中叶英国的工业革命（Industrial Revolution）。工业化带来了生产体系的变革并改变了城市区位选择的逻辑（详见扩展阅读2-3-6）。资本主义大机器工业的出现在短时间内改变了城市的经济形态，使批量生产（mass production）取代了过去的工场手工业生产。1780年代出现的蒸汽机带动了铁路运输、机械制造、采掘、纺织等工业的发展。城市中工厂的生产效率大大提高，同时，为取得工业生产的规模效益（Economies of Scale），工厂规模不断扩大，并吸引了大量农村剩余劳动力迁移到城市寻求工作机会。城市中高密度的人口又进一步刺激了相关产业的发展。城市和工业的发展是相互促进的。一方面，城市的集聚性特征正是工业发展所需要的，它向工业提供工厂硬件设施、交通运输系统、仓库、商店、办公机构、劳动力和消费者市场；反过来，工业的发展和技术的进步带动了农业生产力的提高，从而使更多的人从农业生产中解放出来，并投入城市的工作中。这个往复的过程称为累积因果（Cumulative Causation），这个过程中城市与工业发展的循环推动，使工业化时期的城市人口和规模出现爆发性的增长。

工业化使城市的区位选择规则也发生了改变，并催生了一批新兴的工业城市，其中包括以伦敦、巴黎和柏林为中心的黄金三角区（Golden Triangle）。另一方面，它也改变了城市的面貌和内部结构，使工业化时期城市的内部结构与前工业化城市迥然不同，主要表现在城市内部的区位变化。富人用城市中心区位交换了穷人们的边缘地位；职业聚居区依据地位、家庭结构、种族和生活方式不同而产生了居住分异；土地所有权和使用权分离，工作地与居住场地逐渐分化。究其原因，这种空间重组主要是由经济的变化和技术的进步引起的。具体来说，经济的变化体现在对新工厂、仓库、商店和办公机构的最佳区位的争夺，促使土地被用以获取最高地租，居住区则按不同区位的地租要求形成等级（详见第4章）。为抵消高额的土地租金，内城的城市住房只能是高密度低质量的，供低收入群体居住。内城外缘区是工厂和仓库。同时，技术的进步带来的小汽车交通加快富人们从拥挤的内城迁离到城市边缘的新区位。因此，在资本主义生产体系下，工厂、铁路和贫民窟成为工业化城市的典型要素。

总的来说，资本主义及其生产体系下的这两种新的社会群体，即工业资本家和不熟练工人，他们之间权力和财富的不平等分配造成了城市空间分异。最著名的关于这个时期城市空间分异的描述是恩格斯（Friedrich Engels）对曼彻斯特（Manchester）的描述："纯粹的工人居住区像一条带子似地展开，宽度平均为1.5英里。这个带状区域的外侧居住着上层和中层资产阶级，中产阶级规则地居住在靠近工人居住区的街道两侧。高级资产阶级则居住在更远处的带花园的别墅中……世界上从来没有一个城市里穷人和富人之间的距离如此之远，他们之间的阻隔如此难以跨越。[9]"

（2）工业化城市和殖民扩张

工业革命开始于英国，在工业革命的推动下，19世纪英国的城市化进程十分迅速，一大批城市，如格拉斯哥、曼彻斯特、伯明翰、利兹、纽卡斯尔等快速成长起来。19世纪开始，欧洲其他国家和美国也相继开始了工业革命，特别是在煤田和沿海地区，如英国的兰开夏（Lancashire）、德国的鲁尔区（Ruhr）、美国东北部大西洋沿岸和五大湖地区（The Great Lakes），都在工业革命中形成城市密集地区[4]。19 世纪的 100 年内，欧洲的总人口翻了一番，城市人口则增长是之前的 6 倍。1800 年，英国的城市化水平是 20%，到 1850 年增长为 40%，1890 年则已经超过 60%。从相比之下，在工业革命以前，意大利北部处于全盛时期的贸易城市的城市化水平也没有超过 20%。就城市来看，曼彻斯特和利物浦（Liverpool）的人口翻了 4 倍，欧洲城市的规模终于再一次超过了罗马帝国时代的城市规模。伦敦和巴黎的城市人口分别从 1800 年的 100 万和 55 万，增长到 1850 年的 250 万和 100 万，至 1900 年，全世界已经有 8 个城市的人口超过 100 万，而伦敦则达到了 650 万。

同时，交通技术的进步、火车和蒸汽轮船的发明推动了航海贸易和奴隶贩卖，也推进了英、法、葡、德、美等国对海外实行的殖民主义扩张，通过炮舰政策不断向亚非大陆施行殖民和掠夺。亚洲和非洲的许多沿海城市也开始了近代城市化的进程，如非洲的阿克拉、布拉柴维尔、内罗毕等，南亚的孟买、加尔各答、科伦坡等，东南亚的新加坡、雅加达、曼谷、西贡、马尼拉以及我国的上海、青岛、大连、香港等[4]。其中，我国的这些半殖民城市中，传统的封建主义和新引进的资本主义共存，形成了一种独特的半封建半资本主义社会。伴随海外贸易和殖民扩张，新的资本主义体系在全世界建立起来，从而形成了近代的世界城市体系（world city system）。在这个城市体系中，西方资本主义国家的大城市处于垄断地位，其发展速度遥遥领先。19 世纪中期，英国首都伦敦成为世界上最大的城市。至 19 世纪末期，美国和德国等新兴资本主义国家赶上来，纽约超过伦敦成为当时最大的城市，柏林和东京也相继赶上，超过了巴黎。

（3）福特主义（Fordism）和后福特主义（post-Fordism）

1920 ～ 1970 年代中叶，福特主义成为分析城市变化的主要概念。随着大规模生产方式（mass production）在发达资本主义国家的扩散，发达资本主义呈现出福特主义的典型特征。福特证主义描述的是一种工作方式和工业组织形式，最初由美国的亨利·福特（Henry Ford）应用于底特律（Detroit）的汽车大规模生产中。而福特主义一词最早起源于安东尼奥·葛兰西（Antonio Gramsci），他使用"福特主义"描述一种基于美国方式的新的工业生活模式，它是指以市场为导向，以分工和专业化为基础，以较低产品价格作为竞争手段的刚性生产模式。这种生产方式的主要特征包括标准化生产（Standardized Production）、劳动分工（Division of Labor）、企业的纵向一体化（Vertical Integration）和凯恩斯主义（Keynesianism）的干预等（详见扩展阅读 2-3-7）[10]。由于福特主义带来了 1920 ～ 1930 年代消费品产品的大幅增长，消费品供给的增长远远超出了人们的实际购买力，从而导致了 1930 年代的被称作"大萧条"的世界经济危机。经济学家约翰·梅纳德·凯恩斯（John Maynard Keynes）推行的凯恩斯主义，认为政府应该主动干预资本主义经济的生产与消费循环，从而使国家经济保持健康增长。在这一政府政策的支撑下，福特主义重新获得活力，并带来了长达 20 年的经济增长黄金时期。同时，福特主义的成功实施和推广，为美国在二战期间赢得了世界范围内政治、经济领域的统治地位。

福特主义对工业城市空间布局的影响体现在它对美国郊区化的驱动。正是汽车这种产品的大规模生产和推广，使个人的流动性大大增强。这个时期，在美国西海岸处于发展中的洛杉矶（Los Angeles），开始出现了一种新型的、低密度的、不规则蔓延的郊区型城市形态。而这种郊区化（Suburbanization）在全美的大范围展开，则得益于第二次世界大战以后美国政府对高速公路系统的投入。这些公路促使城市居民由内城向郊区迁移，并带动了郊区的房产和消费品行业的发展，导致居住、工作和购物之间的距离的拉大，进而又促进了汽车工业的发展。这个循环推动的过程使福特主义和郊区化与美国城市紧密地联系在一起。

1970年代以来，福特主义的内在缺陷不断凸显（详见扩展阅读2-3-8）。在英美等国面临"福特主义危机"的时候，意大利、法国、德国和日本却出现了与之相反的情况，在这种情况下，后福特主义（Post-Fordism）的概念出现了。研发、产品创新和市场营销在后福特主义社会开始变得越来越重要。随着电子工业的发展和市场易变性的提高，福特主义下的大规模标准化生产的优势降低，许多企业选择将部分功能转包给其他公司和机构，导致企业的垂直分化（Vertical Disintegration）和小公司的快速增长。工业生产的方式从大规模集中生产向多样化的分散生产转变，工业生产的场所从靠近原材料产地向靠近消费市场和低劳动成本市场转变。后福特主义实际上解除了福特主义的劳动分工和严格的管理控制，生产人员有足够的自主控制权以便实现对生产过程的快速调整，产品周期大大缩短，与生产相关的如设计、营销、顾客服务等重要性进一步增强。这个阶段的生产称为柔性生产（Flexible Production）。后福特主义与福特主义的区别见表2-2[11]。

后福特主义对城市空间的影响首先体现为它对逆工业化（De-industrialization）现象的驱动以及古典工业化城市的相继转型。许多工业逐渐退出了西方发达国家的城市舞台，而被转移到其他低成本地区，古典工业城市一度出现了逆城市化（Counter-urbanization）现象，城市中心人口减少，失业率提高。传统的重型制造业走向衰败，以新产业为主的产业集聚区不断涌现，如美国的硅谷（Silicon Valley）、加利福尼亚的橙县（Orange County）、波士顿的128公路区（Route 128 area）、法国的格勒诺贝尔（Grenoble）等。

福特主义和后福特主义的异同　　　　　　　　　　　　　　　表2-2

	Fordism（福特主义）	Post-Fordism（后福特主义）
The labor process（劳动过程）	Unskilled and semi-skilled workers（不熟练和半熟练的工人）	Multi-skilled workers（掌握多种技能的工人）
	Single tasks（单一任务）	Multiple tasks（多任务）
	Job specialization（工作专业化）	Job demarcation（工作细分）
	Limited training（有限的训练）	Extensive on-the-job training（广泛的在职训练）
Labor relations（劳资关系）	General or industrial unions（总工会或产业工会）	Absence of unions, 'company' unions（无工会，企业联盟）
	Centralized national pay bargaining（中央集权的国家支付交易）	Decentralized, local plant-level bargaining（分散的地方企业交易）

续表

	Fordism（福特主义）	Post-Fordism（后福特主义）
Industrial organization （产业组织）	Vertically integrated large companies（垂直一体化的大型企业）	subcontracting, strategic alliances, growth of small businesses（转包、战略联盟、小商业的发展）
Technology （技术）	Production of single products（单个产品的生产）	Flexible production systems, information technology（柔性生产系统，信息技术）
Organizing principles （组织原则）	Mass production of standardized products （标准化产品批量生产）	Small batch production（小批量生产）
	Economies of scale, resource driven （规模经济，资源导向）	Economies of scope, market driven （范围经济，市场导向）
	Large buffer stocks （大量储备缓冲）	Small stocks delivered 'just-in-time' （小库存即时递送）
	Cost reduction primarily through wage control （主要通过工资控制来减少成本）	Competitiveness through innovation （通过创新来提高竞争力）
Modes of consumption （消费方式）	Mass production of consumer goods （消费品的大量生产）	Fragmented niche marketing （细分市场）
	Uniformity and standardization （统一性和标准性）	Diversity （多样性）
Locational characteristics （区位特征）	Dispersed manufacturing plants in spatial （空间上分散的制造工厂）	Geographical clustering of industries （企业的地理集聚）
	Regional function specialisation （地区性功能专门化）	Agglomeration （多功能集聚）
	Growth of large industrial conurbations （工业大城市的增长）	Growth of 'new industrial spaces' in rural semi-peripheral areas （乡村半边缘地区新产业空间的增长）

资料来源：Knox P, Pinch S.Urban social geography：an introduction[M]. 6th ed. London：Routledge, 2013：28.

2.3.4 后工业化时期的城市
2.3.4 Post-industrial city

1980 年代以来，随着电子信息技术和服务业的进一步发展，城市的发展进入了下一个阶段，即后工业化（Post-industrialism）阶段。得益于服务业部门的聚集与发展，西方一度出现逆城市化现象的地区也逐渐重新焕发活力。贝尔（Bell）将美国工业化城市和后工业化城市的转折点表述为 1956 年，这一年美国的白领数量首次超过蓝领。与工业社会相比，后工业社会的经济重心从制造业转向服务业，对技术人才和研究开发活动的重视超过以往任何的社会形态，这种变化都印证在城市的经济、社会以及空间结构变革中（知识盒子 2-5）。

📖 知识盒子 2-5

1. 后工业化社会的特点（Characteristics of post-industrial society）

（1）Changes in the economy leading to a focus on the service sector rather than on manufacturing.

（经济上的转变：经济重心从制造业转向服务业）

（2）Changes in the social structure that afford greater power and status to professional and technological workers；

（社会结构的转变：专业和技术工作人员的权力和地位得到提高）

（3）Changes in the knowledge base，with greater emphasis on R&D；

（知识基础的转变：研究和开发活动得到重视）

（4）Greater concern for the impact of technological change；

（更加关注技术变革所带来的影响）

（5）The advent of advanced information systems and intellectual technology.

（先进的信息系统和智能科技开始出现）

2. 后工业化城市的特点（Characteristics of post-industrial city）

（1）An employment profile that reflects the twin processes of deindustrialization and tertiarisation as part of a restructuring of the economic base from a Fordist mode of industrial production to more flexible（post-Fordism）production systems.

（逆工业化和第三产业化成为城市经济基础重构的一部分，福特主义生产体系向更为灵活的后福特主义生产体系的转变。）

（2）Greater integration into the global economic system；（更加融入全球经济体系）

（3）Restructuring of urban form；（城市形态的重构）

（4）Emerging problems of increasing income inequality，social and spatial segregation，privatization of urban space and growth of defensible spaces.

（收入不平等、社会空间隔离、城市空间私有化、防卫空间增加等问题不断涌现。）

资料来源：Pacione M.Urban Geography：A Global Perspective[M]. 2rd ed. London：Routledge，2005：81.

首先是城市经济生产体系的重组以及这种经济重组下劳动力和人口的重新分配。如上文所述，随着电子工业和信息技术的深化以及福特主义向后福特主义的转变，原先适用的大规模生产体系逐渐衰落，取而代之的是更加灵活的以企业的垂直分化为特征的生产体系。这种生产体系促进了新的产业空间的聚集。第二是全球化和世界城市的出现对城市经济、社会和空间的重新塑造，以伦敦、纽约和东京等为主的世界城市在新的世界经济政治体系中扮演着关键角色（详见2.4）。第三是城市空间形态的重构，这种重构派生出一系列新词，如巨型城市（Megacity）、边缘城市（Edge City）、大都会区（Metroplex）、科技新城（Technoburb）、技术社会（Technopolis）等。后工业化城市的空间形态也不再能用简单的同心圆或扇形模型（详见4.2）来解释，它变得更加复杂。第四，城市中的社会空间隔离和社会极化（Polarization）现象更趋复杂，贫富之间的差距越来越大，这一定程度上也是服务业经济的增长带来的后果。服务业从业者的收入有明显的两极分化趋势，即从事高度专业化工作的人员可获得较高收入，而从事消费服务如零售、酒店服务等工作的人员则获得较低收入。相比之下，正在衰落的制造业部门中，中等收入的劳动者占了最高比例。第五，城市中日趋复杂的环境促使城市空间私有化，如带有围墙的居住小区、带有门禁系统的办公楼以及遍布城市的监控系统。最后，后工业社会也促使了城市面貌和城市生活方式的剧变，在大众媒体和现代通信系统的影响下，超现实（Hyper-reality）成为后工业化城市的符号[7]。

全球化和信息化成为影响后工业城市发展的两大因素（全球化详见后文）。远程信息传输（Telematics），即通过远程通信系统连接计算机和数字媒介设备的服务业，使信息交换跨越空间的阻隔。信息技术已经成为现代城市中最具有影响力的因素之一，赛博空间（Cyberspace）、隐形城市（Invisible City）、流动空间（Space of Flows）、智慧城市（Smart City）、失重的世界（Zero Gravity Zone）等都是对这个时期城市变化的隐喻。信息化对城市空间的影响体现在以下几个方面。首先，信息化使城市社会经济活动远程化，其结果是城市社会经济活动和人口分布不断由原来的单一城市中心向外扩散，促进了大都市群和大都市带的形成。其次，信息化改变了公司的生产组织形式，远程工作的方式使一些后方办公功能得以远离城市中心区，而向郊区转移。第三，面对面交流和远程交流的增长是同步的，因此远程通信系统并没有取代城市中央商务区的功能，反而加剧了城市之间"信息富足"群体与"信息贫困"群体之间的社会极化，以金融、设计和市场营销等产业部门为主的服务业总部继续集聚于纽约、巴黎、伦敦等特大资本城市中，与全球控制中心相联系的世界城市进一步得到壮大，大城市和小城市之间的差距进一步扩大。

2.4 全球化与城市发展
2.4 Globalization and city developments

2.4.1 全球化的动因、表现与特征
2.4.1 The impetus, forms and characteristics of globalization

（1）全球化的动因

古时人们就曾因为贸易来往而有国际化的概念。在中古世纪的中国就曾经有与西方通商贸易的概念，借由输出丝绸和茶叶来赚取大量外汇，18世纪的德国学者就因此将这条道路取名为丝路，也就是我们所说的丝绸之路（The Silk Road）。后来奥斯曼土耳其帝国崛起，通商贸易受阻，西欧国家纷纷海上探险寻找新丝路，史称地理大发现，可谓是早期全球化的开始。

因此，我们认为全球化（Globalization）并不是现代社会特有的现象。在15世纪，经济全球化就已经发生，表现为以伊斯坦布尔为东西贸易节点的陆路贸易以及新航路开辟后的海上贸易，大量香料从亚洲和非洲运往欧洲，人们为了寻找新的海外市场从而导致全球经济的联系与互动（详见扩展阅读2-4-1）。

全球化是人类社会发展的现象过程，是人类文明进步的一个重要新标志。全球化目前有诸多定义，从城市地理学的角度来讲，全球化是一个全球尺度的空间互动（Spatial Interaction）过程，其将世界不同区、不同国家、民族、群体、地方等进一步联系起来，并形成相互依存的关系。

全球化具有多个维度，是由多种力量促成和加速的。首先，资本主义生产

生活方式，需要寻求全球市场；其次，技术进步，特别是交通运输技术、通信技术以及计算机技术的发展大大提升了全球化进程；第三，伴随技术进步带来的产品成本的下降（例如交通成本），使得产品全球生产、销售成为可能；第四，国际贸易与投资，促进了金融资本的壮大以及金融服务的发展；第五，全球尺度的政策、制度的建立，进一步加强和巩固全球化。关于全球化的动因，为了条理清晰，我们列举出了可能重要的促进因素（知识盒子2-6）。当然，在现实世界中，它们是相互关联的，同时与其他的因素一起影响全球城市的变化，这些触发因素是全球化进程中不可或缺的要素。

📖 知识盒子 2-6

全球化的动因（The impetus of globalization）

1. 经济（Economy）

Economic forces are regarded as the dominant influence on urban change.The evolution of the capitalist economy is of fundamental significance for urban geography, since each new phase of capitalism involved changes in what was produced, how it was produced and where it was produced.

（经济力量是全球城市变化的主导因素，资本主义经济的发展对城市地理的发展具有根本意义，因为资本主义的每个新阶段都引起生产过程中产品门类的变化、生产方式的变化以及生产地的变化。）

2. 技术（Technology）

Technological changes, which are integral to economic change, also influence the pattern of urban growth and change.Innovations such as the advent of global telecommunications have had a marked impact on the structure and functioning of the global economy.

（技术变迁是经济变化不可或缺的一部分，同样影响城市增长和变化的模式。创新，如全球电信的出现，对全球经济的结构和运作有显著影响。）

3. 人口结构（Demography）

Demographic changes are among the most direct influences on urbanization and urban change.Movements of people, into and out from cities, shape the size, configuration and social composition of cities.In Third World countries expectations of improved living standards draw millions of migrants into cities.

（人口结构的变化是对全球城市变化最直接的影响因素。人口的迁移（迁入或者迁出）影响着城市的规模、结构与社会构成。在第三世界国家，进入城市将提高生活水平的预期吸引着数以百万计的农民工进入城市。）

4. 政策（Politics）

Politics and economics exist in a reciprocal relationship, the outcomes of which can have a major impact on urban change.A political decision by central government not to provide a financial incentive package to attract inward investment by a foreign-owned TNC can affect the

future economic prosperity of a city and its residents.

（政治与经济是一种互惠的关系，其结果会对城市变迁产生重大影响。如果中央政府不通过制定一系列金融刺激政策来吸引外资跨国公司，则其将对城市未来的经济繁荣和城市居民的生活等方面造成深远影响。）

5. 社会（Society）

For example, social attitudes towards abortion or use of artificial methods of birth control may influence the demographic composition of a society and its cities.Popular attitudes towards ethnic or lifestyle minorities can determine migration flows between countries and cities, as well as underlying patterns of residential segregation within cities.

（例如，对人工流产的社会态度或使用人工方法的生育控制可能会影响社会和城市的人口构成。大众对少数民族或不同生活方式的少数群体的态度，不仅将影响人口在不同国家和不同城市之间的流动，也将影响城市中的居住隔离模式。）

6. 文化（Culture）

The effect of cultural change on cities is encapsulated in the concept of postmodernity or post-modernism.This embraces social difference and celebrates variation in urban environments, whether expressed in architectural or social terms.

（文化变迁对城市的影响内含在后现代性或后现代主义的论述当中。这些观点主张无论是在建筑形式还是在社会环境中均要包容社会不同，倡导城市环境多样化。）

7. 环境（Environment）

The impacts of environmental change on patterns of urbanization and urban change are seen at a number of geographic scales.At the planetary scale, global warming due to the greenhouse effect may require the construction of coastal defenses to protect cities such as Bangkok, Jakarta, Venice and London from the danger of inundation.

（环境变化对城市化和城市变化的影响可以从不同的地理尺度来考量。在星球尺度，由温室效应造成的全球变暖，则要求建设沿海防御建筑来保护城市，如曼谷、雅加达、威尼斯和伦敦，免遭洪水的侵袭。）

资料来源：Pacione M.Urban Geography : A Global Perspective[M]. 2rd ed. London : Routledge，2005.

（2）全球化的表现

随着全球化进程的加快，人类对全球化的认识也在逐步深化和完善，全球化对人类社会的影响已经从经济、政治维度向文化、科技、宗教、消费等领域渗透和扩张。比如，中国制造遍布全球各地；英国蔬菜水果几乎全来自其他国家；全球联合反恐；美国好莱坞商业电影全世界渗透。

国外学者将全球化分为经济全球化、政治全球化和文化全球化三种表现形式（详见扩展阅读 2-4-2），这里主要从经济全球化、文化全球化两方面进行考察。

经济全球化（Economic Globalization）是指世界经济活动超越国界，通过对外贸易、资本流动、技术转移、提供服务、相互依存、相互联系而形成的全球范围的有机经济整体[12]，是商品、技术、信息、服务、货币、人员等生产要素跨国跨地区的流动。经济全球化是全球化的先锋，随着经济全球化逐步渗透到世界各地，除了带去物质上的改变，人们的意识形态方面也或多或少受到影响。

文化全球化（Cultural Globalization）是指在全球范围内产生超越国界、超越社会制度、超越意识形态的文化和价值观念的过程。文化全球化，是一个文化扩散的过程。从城市地理角度理解，文化扩散是文化现象的空间移动过程和时间发展过程。

（3）全球化的特征

显然，全球和地方之间存在着映射关系。在全球与地方的关系中，一般认为全球力量是最强大的，控制空间更为广泛。局部力量被认为是相对较弱的，在地理上的影响效果是有局限的。然而，重要的是要认识到城市变化是受全球力量影响的事实。国家税收政策、区域贸易联盟和地方规划法规都对城市发展和变化产生影响，而地方的行为也可能产生全球性的后果（知识盒子2-7）。

📖 知识盒子 2-7

全球化的主要特征（Principal characteristics of globalization）

1. Globalization is not a new phenomenon. The processes of globalization have been ongoing throughout human history, but the rate of progress and its effects have accelerated since the late sixteenth century, and more especially over the past few decades.

（全球化不是一个新现象。全球化的进程持续贯穿人类历史，但发展速度和其影响从16世纪后期，尤其是近几十年来开始加速。）

2. In the global-local nexus, global forces are generally held to be most powerful with spatially extensive control, while local forces are seen to be relatively weaker and geographically limited in effect, although certain local actions can have global consequences.

（在全球—地方的关系中，全球力量通常被认为是最强大的，控制空间更广泛。地方力量是相对较弱的，在地理上的影响有限，但某些地方的行动可能会产生全球性的影响。）

3. A number of 'trigger forces' underlie globalization but the dominant force is generally regarded as economic.

（一系列的"触发力量"是全球化的基础，但"经济"是主导力量。）

4. Globalization reduces the influence of nation-states and political boundaries at the same time that states are organizing the legal and financial infrastructures that enable capitalism to operate globally.

（全球化降低了国家和政治边界的影响，同时，各国正在组织法律和金融基础设施，使资本主义可以在全球范围内运作。）

5. Globalization operates unevenly, bypassing certain institutions, people and places. This is evident at the global scale in the disparities between booming and declining regions and at the urban scale by social polarization within cities.

（全球化通常会绕过一些机构、人员和地方，表现出不均衡特点。例如，在全球尺度上体现为不同区域的兴衰分异明显，在城市尺度上体现为明显的社会两极分化。）

6. The mobility of capital diminishes the significance of particular places, although it may also strengthen local identity by engendering a defensive response by local actors.

（资本流动削弱了空间的重要性，但它也可以通过促进地方防卫机制的形成，加强地方认同感。）

资料来源：Pacione M.Urban Geography：A Global Perspective[M]. 2rd ed. London：Routledge，2005.

全球化不应被认为是导致当地生活解体的原因。个人既可以把自己从地方连接到全球环境中，也可以把自己从全球环境融入特定的地方。这两种情况是兼容的。全球与地方映射关系在国际金融界是很显而易见的。更普遍的是，在大多数人的日常生活中，特别是那些与先进的资本主义接触的主流人群，全球化使得在世界范围内搜索某一地方的某一个体的身份信息成为可能[7]。

2.4.2 全球化下的城市发展
2.4.2 Urban developments under globalization

（1）城市人口与资本的重新分配

在全球化的浪潮之下，没有任何一个国家能够完全置身于国际移民之外。人口在地理空间上的位置变动，称为人口移动，包括暂时性离开原有居住地和长期性离开原有居住地。前者称为人口流动，后者称为人口迁移。当今的世界，全球尺度的移民是伴随着商品、信息及资金的跨境流通同时发生的，成为全球化时代不容忽视的一种现象（详见扩展阅读2-4-3）。

战后50余年来，全球产业结构经历了三次重大调整。1950年代，美国将钢铁、纺织等传统产业向日本、前联邦德国等国家转移，自己则集中发展半导体、通信、电子计算机等技术密集型产业。1960～1970年代，日本、前联邦德国等国家将部分劳动密集型产业向发展中国家，尤其是东亚地区转移，本国转向集成电路、机械、精细化工、家用电器、汽车等耗能耗材少、附加值高的技术密集型产业。"亚洲四小龙"成为新兴工业国家或地区。1980年代以来，全球产业结构开始了新一轮调整。由第二产业向第三产业转移。发达国家和新兴工业国家或地区的第一产业和第二产业在国内生产总值中的比重下降，第三产业在国内生产总值中的地位和作用日益增强。加快以信息技术为核心的高新技术的发展，推进产业结构的高级化[13]。

在全球化的浪潮之下，核心国家与世界城市主要发展技术创新、生产管理等高层次的产业，而低层次的生产制造业、装配活动则转移到发展中国家。在全球化的推动下，产业总是朝着成本比较低的地方流动，使得小企业、小城市也能切入全球生产链中。新的产业不断产生，发达国家加速将传统产业向发展中国家转移，而新兴工业化国家则积极转移失去比较优势的劳动密集型产业，产业在空间上的转移变得更为广泛[14]。

许多美国人在绿色 BP 加油站（Green BP Station）加油，但是他们并知道 BP 代表的含义是 British Petroleum，其公司的总部设在英国；许多美国人在汉堡王吃着汉堡，但是他们并没有意识到他们满口的美味是由设在英国的一家公司提供的；许多美国人睡在由来自孟菲斯（Memphis）的一个男人成立的假日酒店（Holiday Inn），但是他们并不知道现在假日酒店归英国人所有；布鲁克斯兄弟（Brooks Brothers），提供最新的设计风格归意大利所有；1998 红色丰田凯美瑞汽车，是由日本丰田汽车公司制造的，实际上是在加利福尼亚组装的，它的零部件来自日本和美国。所以，我开的是日本汽车还是美国汽车？相似的例子不胜枚举。

跨国公司的资本、信息、商品和服务的流动，在很大程度上已经不受国家边界的约束。全球化反映了工业生产和服务的地理重组，尤其是资金的有效性和金融服务，跨越国界的企业相互渗透。跨国公司意识到想要在今天的市场上保持竞争力，必须在全球范围内运作。

跨国公司成为全球产业重构和转移的载体。跨国公司从国家的束缚中解放出来，并建立了一个全球性的工业生产、服务供应和分销网络。这些跨国公司的总部设在世界城市（World Cities），作为这些企业管理总部的落脚点。通过这些总部所在世界城市，这些巨头公司可以指挥和控制他们的全球业务。世界上只有少数城市是当代全球经济的功能性和可操作性的节点。

（2）全球化背景下新的地域分工

后福特主义经济的柔性生产系统和技术创新为产业的地方聚集或新工业空间的多样化提供了基础，他们被称为科技园区，科学城或高技术中心。

特定的生产要素，即资本，劳动力和原材料通过制度和特定的社会组织形式聚集在一起促进了高科技中心的发展。美国"硅谷"的发展就是典型的例子。从一个农业区转变为世界上最密集的高科技活动区。原材料的科技含量最高，主要是由斯坦福大学，加州理工学院或麻省理工学院的创新中心生产；劳动力来自地方大学的科学家和工程师；资本为潜在高回报的高风险投资做准备；斯坦福大学工业园区是促进这些生产要素启动的催化剂。最后，不同的社会网络有助于发展当地的文化创新活力，吸引着来自世界各地的资金和人才，鼓励思想的流通和企业创业精神。综合效应为硅谷高科技制造业和服务业提供了一个可持续发展的创新环境。

在大都市内，以知识创新和技术密集型的产业规模聚集（计算机图形和图像，软件设计，多媒体行业以及技术改良的行业如建筑，平面设计）已被确定城市内部"新经济"的重要组成部分。企业被大都市核心区的创意栖息地，知识型公司的潜力，社会、文化和生活的互动环境所吸引。

全球经济的增长是向发达资本主义过渡的一部分。这些变化可以从福特主义向后福特主义的转移看出来。这一转变中一个主要因素就是服务业的扩张。但在发展中国家，第三产业的规模和地位上升地相对较慢，先进的服务业促进了一系列亚太城市区域内"城市服务走廊"的出现，包括西雅图波特兰，东京—京都和新加坡吉隆坡中心。

工业化趋势是发达经济体的特征。发展中国家经历了制造业增长奇迹的同时，"传统工业国"在制造业方面却显著下降。在很大程度上，这一趋势反映了旧国际分工被新的国际分工所取代。随着公司"外包"趋势逐渐明显，最新国际劳动分工越来越大地影响着第三产业经济（详见扩展阅读 2-4-4）。

从服务于区域性市场到服务于全球市场，城市的服务区的扩张在全国各级城镇体系中是显而易见的。许多城市，以金融业和服务业为核心的新经济模式已经取代以制造业为核心的旧经济模式。这种新城市经济模式的核心产业就是给企业提供生产性服务（如法律，金融，广告，咨询和会计服务）。他们使用的最先进的信息技术，生产性服务业往往会集中分布在主要城市的市中心。集聚经济效益（Agglomeration Economies），高度专业化供应商和创新服务供应商之间的相互依存的关系都可以解释在高成本的城市中心聚集现象，因为它们满足供应商与客户公司保持密切联系的要求[7]。

（3）世界城市之间的联系与互动

据萨森（Saskia Sassen，2006）的理论，纽约，伦敦和东京是三个世界或全球城市的顶部的层次结构。除此之外，还有由约翰·弗里德曼（Friedmann，1986）提出世界城市假说（World city Hypothesis）：关于新的国际分工的空间组织。弗里德曼解释：通过国际分工（International Bivision of Labor），实现管理、财务和生产功能的分离，即分工 资本主义世界经济进入不同的地点扮演着不同的角色。

纽约、东京、伦敦拥有 50 多个总部和一级分公司，成为世界三大"全球城市"。自从 1980 年代以来，世界城市在欧洲，美国和加拿大取得了巨大的发展，东亚和东南亚也有越来越多发展起来的世界城市。同时，世界城市的职能也在发生着变化，新的职能逐渐取代一些传统职能（详见扩展阅读 2-4-5）[5]。

对世界城市之间相互联系的认知须以大量的数据作为基础，从而得到一个完整的世界城市联系图。使用联邦公司从美国运往海外的信件和包裹作为数据基础的一项研究可看出世界中心之间的大概联系。从美国的国际信息输出量来看，纽约占总数的 35%。亚特兰大，芝加哥，达拉斯和洛杉矶四个区域中心占 40%，其他城市占剩余的 25%[5, 15]。

跨国公司必须决定在哪个城市设置他们的国际办公点。衡量先进生产性服务业的全球办公区位战略，为世界城市间的关联网络研究提供了新的途径。最近的一项研究发现，三个占主导地位的世界城市纽约，伦敦和东京，拥有世界城市之间的几乎相同的连接。显然，这些城市是在全球网络的顶层，可以说是指挥和控制中心，这些城市也吸引了大量技术性人才和流动人口（详见扩展阅读 2-4-6）。

2.4.3 全球化下的城市空间演进
2.4.3 Urban space evolution under Globalization

在 20 世纪中叶以前，城市和大都市的模式可以抽象为人们对土地、生态环境的竞争、聚集和分离所导致的结果，并且这种竞争、聚集与分离都紧紧围绕主要的中心商业区和交通枢纽而进行。随后，城市的发展取代了城市中心和郊区之间的传统的核心——边缘关系。如今城市交通功能日益明显，政府大幅增加了对高速公路、不动产抵押贷款保险以及完善的城市分区设施建设的支出。成熟城市中的所有城区均通过高速公路联系在一起，每一个城区常常具有半独立的功能，土地用途多样，并分布着适宜的人口。每个城区都有零售区、商业区和住宅区，同时，对当地的大多数居民而言，商业区和零售点是其中心，其结果是，除了偶尔去看大型体育赛事，听大型演唱会，大城市的居民去市中心的机会越来越少。

如今，大都市的传统形式已一去不复返。地理学家皮尔斯·刘易斯提出用银河大都市这个词来描述分散的城市景观，这种景观就是由全球化的影响而形成的。银河大都市城市形态是破碎化，零散且多模态的，分布密度不均，城市形态和功能布置往往出人意料。它的特点是边缘城市和郊区分布着商业和办公中心，有时甚至掩盖超越了老城区的商业中心。边缘城市分布在大都市地区的边缘，是购物和办公空间的集中点，通常在主要机场的轴线上，有时毗邻高速列车站，并伴有城市高速公路系统。比如：华盛顿的杜勒斯走廊，伦敦的希思罗机场区等。其结果是多中心的大都市结构在世界各地不断地进行演变。

多中心大都市（Polycentric Metropolis），就是对高度城市化地区的扩展和重塑，以适应城市区域的日益复杂趋势，并形成城市区域网络相互依赖模式，不同的类型和规模的区域中心甚至多达 50 个，这些区域中心分布各自独立，但功能网络联系紧密。通过城市高速公路，干线公路，环城公路联系在一起的多中心的大都市，兼多种功能于一身，已经成为国家经济"大都市连绵带"的支撑区域（图 2-2）。最大的全球多中心大都市甚至形成了 100 英里左右的城市连绵带。大都市连绵带，顾名思义，是由中心城市、城市区域、边缘城市、繁荣郊区、办公园区和远郊组成的一个有机体[6]。

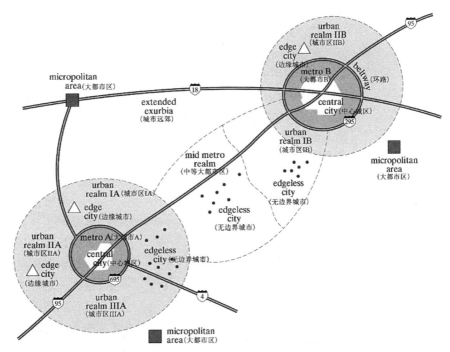

图 2-2　大都市连绵带形式

资料来源：Knox P., McCarthy L.Urbanization：An introduction to Urban Geography [M]. 3rd ed. New Jersey：Pearson Prentice Hall，2011.

2.4.4 文化渗透——城市的文化空间格局重构
2.4.4 Cultural infiltration—restructuring of urban cultural space

（1）城市文化（Urban Culture）与文化城市（City of Culture）

广义上来讲，人类有意识的作用于城市社会、自然的活动都属于城市文化的范畴。在有限的城市空间中互不相识的人与人之间通过各种媒介相互联系起来。这种媒介可以是一种制度、一个场所、一个习俗，一种精神等。这种媒介文化特性的丰富，促进了城市文化的发展。城市文化不同于乡村文化，城市性（Urbanism）指新的社会交易和聚居模式的来临、权力关系的重组以及与众不同的城市感的发展等。

在国内外关于城市文化的研究中，各有不同的理解和侧重。芝加哥学派的沃斯（Louis Wirth）认为城市本身就是一种文化，即城市文化。人文主义大师芒福德（Lewis Mumford）认为城市文化蕴含着城市发展历史和城市建成空间。强调城市文化对精神的影响作用。英国城市学家霍尔（P.Hall）认为城市的发展导向是大城市，主要表现在可以促进文化艺术的创造、促进技术进步、催生文化与技术的结合、针对现实存在的问题找寻答案等具有创新性的四个维度上。而美国学者佐金（Sharon Zukin）对城市文化的理解更进一步，将城市文化看作一种可商品化的符号，认为城市文化是城市中那些隐含经济价值的文化符号和文化设施[16]。

对于文化城市的内涵尚没有非常明确统一的定义，可以把文化城市理解为城市文化发展的导向和结果。文化作用于城市发展，作为城市发展的核心要素之一驱动着城市从物质、制度层面向精神层面的转化过程。不同的城市根据自身的条件和需求会选择不同的文化发展战略（详见扩展阅读2-4-7）。

（2）文化空间（Cultural Space）与城市文化空间（Urban Cultural Space）

文化空间是一个多尺度的概念，最早是联合国教科文组织在保护非物质文化遗产时使用的一个专有名词。用来指人类口头和非物质文化遗产（Intangible Cultural Heritage）代表作的形态和样式。地理学视角下的文化空间是结合了人文地理学与文化地理学而衍生的，其主要表现形态是文化区（Cultural District）。美国人类学者博厄斯（Boas）提出了文化区的内涵，认为过去遗存下来的文化特质会展示在当代的空间分布中，透过当代空间所见到的文化特质可以重建一个族群文化的过去历史[17]。

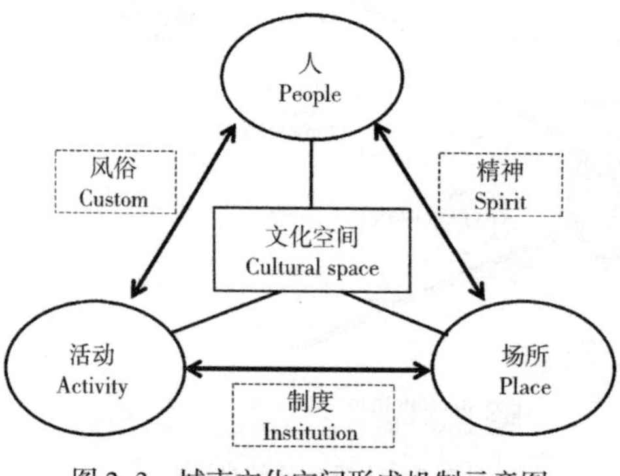

城市是人类的聚居地，是人类从事生产劳动的场所。人类生产生活形成的物质文化的载体就是城市文化空间。城市文化空间是人、场所空间以及在空间中所进行的不同活动通过不同要素的相互作用而形成的（图2-3）。地域性是城市文化空间最具特色的特征之一，不同的城市形成自己独特的文化传统，交往方式以

图 2-3　城市文化空间形成机制示意图
资料来源：王承旭．城市文化的空间解读 [J]．规划师，2006，（04）：69-71.

及空间集聚形式。美国著名社会哲学家刘易斯·芒福德（Lewis Mumford）在《城市文化》一书中提出景观是一种文化资源的观点[18]。文化景观（Cultural Landscape）的概念丰富了文化空间的内涵，文化景观不仅具有风景、乡村等要素，还包涵了历史典故、人文、社会环境等特色，其物质性、功能性等特性也影响着城市文化空间的发展方向和内涵。

（3）城市文化空间类型

1）城市文化空间的四种尺度

从城市的尺度角度上来看，可将城市文化空间分为整体城市文化意象空间、文化分区——城市内部宏观尺度的文化空间、文化片区——城市内部中观尺度的文化空间以及文化设施——城市内部微观尺度的文化空间四种文化空间类型[19]。

在整体城市文化意象空间的角度所形成的城市文化对于一座城市来讲具有代表性。其具有城市居民对城市文化的共同认知以及城市最具特色的文化活动，城市精神等。如维也纳音乐之都，威尼斯水上之城，不仅在城市中形成具有特色的文化空间，也在世界范围内成为一种公认的具有代表性的文化空间。在城市内部宏观、中观、微观尺度上的文化空间表现为文化分区、文化片区以及文化设施。文化分区是结合在城市范围内城市自然地理环境，聚居特点以及交通条件等因素形成不同的功能分区，进而形成不同的城市文化空间。如城市内高新技术产业园区的形成，美国的硅谷，北京的中关村等。文化片区趋向于城市的中观尺度。比如一个历史街区，一个公共空间，这些特定业态由于积聚效应在空间上连片发展，形成趋同或高度关联的文化功能片区，吸引相应的目标人群及活动在时间和空间上较文化分区形成更强烈的集聚，形成特色鲜明的文化片区。

2）城市文化空间的三种需求层次

城市文化空间作为一种公共资源，其需求来自两方面：一方面是城市内部居民参与文化活动的需求，它随着居民生活质量的逐步提高而不断攀升；另一方面是城市作为一个主体的需求。从城市文化空间的需求层次上来讲，可以分为基础型文化空间（Foundational Cultural Space）、标志型文化空间（Outstanding Cultural Space）以及提升型文化空间（Promoting Cultural Space）三种[19]。

基础文化空间在城市生活中需求量大，多与居民生活空间相结合。基础性文化空间是在不断地发展完善的，其质量和标准也会根据需求的变化而不断上升。标志性文化空间往往是城市中某一具有代表性的街区，或更大尺度上的公共设施，可以认为是城市的地标或者常说的形象工程。比如上海新天地由里弄改造的商业文化消费空间，成为上海地区一个新的地标；巴黎的埃菲尔铁塔，卢浮宫前的玻璃金字塔等都属于标志性文化空间。这种标志性往往代表一个城市的特色，一种模式的创新。这种标志性文化空间数量少，具有代表性。提升型文化空间是介于基础型文化空间和标志型文化空间之间的层次。在城市居民方面适应城市中间阶层的使用需求，数量较多，规模较大，其受众数量较基础文化空间更少，因而具有大于基础型文化空间的服务半径[19]。

（4）城市文化空间格局的重构模式

1）全球信息化影响下的虚拟与现实结合的文化空间重构

现实的虚拟空间（The Space of Realistic Virtual）：空间是切实的体验，但

是空间中所呈现的内容超越真实生活。

虚拟的现实的空间（The Space of Virtual Reality）：互联网、赛博空间、电子社区等，非空间的场所，超越传统的物质空间形态所构建的社会交往社区。

虚拟和现实并置的空间（The Space of Compresence of Virtual and Reality）：伦敦King Cross火车站，将现实的建筑空间和小说、电影里所呈现的哈利波特的故事、音画结合在一起、将现实的和虚构的经历、体验交织在一起，引起来访者的观摩与模仿。

2）城市文化空间结构的边缘化（Peripherization）与再中心化（Recentralization）

公共文化空间与各级城市中心相吻合，表现出等级序列特征；而各类文化集群的出现，镶嵌于城市空间，颠覆传统的中心与边缘结构，不仅使西方一度衰退的城市中心得以再兴，而且使得一些边缘地区开始形成新的中心。

3）城市文化消费空间的重构

在全球化进程中，城市消费空间向着文化消费的空间转变，空间越来越成为一种商品性。列斐伏尔（Henri Lefebvre）指出"空间像其他商品一样既能被生产，也能被消费，空间也成为消费对象"。全球化背景下的文化扩散、集聚与渗透催生着地方城市文化消费空间（Urban Cultural Consuming Space）的转型。例如中国地方传统特色场所或建筑与西方外来文化的融合，比如麦当劳、星巴克等小资企业的入驻。让传统的消费空间逐渐变成一种"符号化的"消费空间。而上述提到的这种新兴消费文化空间选址一般会选在城市的繁华街区和地段，比如高档写字楼附近等，从而形成新型文化消费空间的集聚，进而导致城市空间的功能结构发生变化。

词汇表（Glossary）

town：A town is a human settlement larger than a village but smaller than a city. The size definition for what constitutes a "town" varies considerably in different parts of the world.

city：A city is a large and permanent human settlement.

cognitive mapping：A type of mental representation which serves an individual to acquire, code, store, recall, and decode information about the relative locations and attributes of phenomena in their everyday or metaphorical spatial environment.

text：A key concept in cultural studies which refers to any form that represents social meanings, including paintings, land—scapes and buildings, as well as the written word.

urbanism：The forms of social interaction, patterns of behavior, attitudes, values, and ways of life that develop in urban settings.

mental map：A subjective or psychological representation of urban space, also commonly referred to as a cognitive map.

countryside：A geographic area that is located outside towns and cities.

agricultural revolution：A term applied to a period of significant change in agricultural practices. An early agricultural revolution involved a change from nomadism to settled food production and was related to the growth of the first urban settlements.

agricultural surplus : Over time, early farmers became better at producing enough food to feed themselves and their families, with a little extra leftover. In a village environment, such an agricultural surplus would allow for a social surplus ; that is, it freed up resources so that not every person had to farm.

city—state : A political system consisting of an independent city having sovereignty over contiguous territory and serving as a center and leader of political, economic, and cultural life. The term originated in England in the late 19th century and has been applied especially to the cities of ancient Greece, Phoenicia, and Italy and to the cities of medieval Italy.

hinterland : The spatial extent of the sphere of influence of a settlement ; also referred to as the catchment area or urban field.

gridiron pattern : A street pattern in which the streets are laid out at right angles to one another. Contrast with organic growth.

Hippodamus : An ancient Greek architect, urban planner, physician, mathematician, meteorologist and philosopher and is considered to be the "father" of urban planning, the namesake of Hippodamian plan of city layouts (grid plan) .

acropolis : A settlement, especially a citadel, built upon an area of elevated ground—frequently a hill with precipitous sides, chosen for purposes of defense.

agora : A central spot in ancient Greek city—states. The literal meaning of the word is "gathering place" or "assembly". The agora was the center of athletic, artistic, spiritual and political life of the city.

dark ages : The period of several centuries of stagnation and decline in economic and city life in Western Europe following the collapse of the Roman Empire in the fifth century.

manorial system : Also called manorialism, seignorialism, or seignorial system, a political, economic, and social system by which the peasants of medieval Europe were rendered dependent on their land and on their lord. Its basic unit was the manor, a self—sufficient landed estate, or fief, that was under the control of a lord who enjoyed a variety of rights over it and the peasants attached to it by means of serfdom.

serfdom : Condition in medieval Europe in which a tenant farmer was bound to a hereditary plot of land and to the will of his landlord. The vast majority of serfs in medieval Europe obtained their subsistence by cultivating a plot of land that was owned by a lord. This was the essential feature differentiating serfs from slaves, who were bought and sold without reference to a plot of land.

borough : A borough is an administrative division in various countries. In

principle, the term borough designates a self-governing walled town, although in practice, official use of the term varies widely.

gateway city : Cities that because of their location serve as links between one country or region and others.

cumulative causation : In Gunnar Myrdal's model, the self-propelling spiral of growth that occurs in specific settings like cities as a result of the build-up of advantages from the development of economies of scale, agglomeration economies, and localization economies.

Fordism : A system of economic and political organization in which large-scale companies producing standardized goods dominate the economy.

Post-Fordism : A set of workplace practices, modes of industrial organization and institutional forms identified with the period since the mid-1970s characterized by the application of more flexible methods of production, including, for example, programmable machines, greater labor versatility, subcontracting, just-in-time production, and the closer integration of product development, marketing and production.

post-industrial city : A city with an employment profile that exhibits growth of the quaternary sector and a declining manufacturing workforce.

globalization : A complex of related economic, cultural and political processes that have served to increase the interconnectedness of social life in the contemporary world. The concept refers to both the 'space-time compression' of the world and the intensification of consciousness of the world as a whole.

the Silk Road : The Silk Road or Silk Route is an ancient network of trade and cultural transmission routes that were central to cultural interaction through regions of the Asian continent connecting the West and East by merchants, pilgrims, monks, soldiers, nomads, and urban dwellers from China and India to the Mediterranean Sea during various periods of time.

economic globalization : Economic globalization is the increasing economic integration and interdependence of national, regional and local economies across the world through an intensification of cross-border movement of goods, services, technologies and capital.

racism : An ideology of difference that assigns negative characteristics to culturally constructed categories of 'race'. It can lead to practices of racial discrimination.

world cities : A term coined by Patrick Geddes to describe those cities in which a disproportionate share of the world's most important businesseconomic, political, and culturalis conducted and that serve as headquarters to transnational corporations.

urban culture : The culture of towns and cities. The defining theme is the presence of a great number of very different people in a very limited spacemost of them are strangers to each other. This makes it possible to build up a vast array of subcultures close to each other, exposed to each other's influence, but without necessarily intruding into people's private lives.

cultural district: It is a well—recognized, labeled, mixed—use area of a settlement in which a high concentration of cultural facilities serves as the anchor of attraction. Facilities include: Performances spaces, museums, galleries, artist studios, arts—related retail shops, music or media production studios, dance studios, high schools or colleges for the arts, libraries, arboretums and gardens.

讨论 （Discussion Topics）

1. 试从多个维度讨论城与乡的区别。
2. 现行设镇标准与设市标准存在哪些不足与疏漏之处，应如何完善？
3. 城市形成的原因包括哪些方面？找一个你感兴趣的城市，研究它的历史形成过程，并与本节中的理论相对应，进行深入理解。
4. 最早的城市出现在哪里？什么时候？为什么会出现？
5. 举例说明格网状布局在城市发展历程中的使用情况。
6. 总结工业化城市和后工业城市的特点。
7. 从全球尺度的动因探究它们对城市变化产生了怎样的影响。
8. 举例说明偶然因素在全球化背景下是如何对城市产生影响的。
9. 想一想你的日常生活和全国或世界各地的城市之间的经济联系程度。举例来说，看看你穿的衣服上所有的标签，有多少地区参与了他们的生产？它们是怎么到达你手中的？
10. 谈谈大数据时代背景下对文化空间及其重构模式的思考。

扩展阅读 （Further Reading）

本章扩展阅读见二维码2。

二维码2　第2章扩展阅读

参考文献 （References）

[1] 周一星. 城市地理学 [M]. 北京：商务印书馆，1995.

[2] 罗震东，汪鑫，耿磊. 中国都市区行政区划调整——城镇化加速期以来的阶段与特征 [J]. 城市规划，2015，39 (02)：44—49+64.

[3] 赵荣，王恩涌，张小林，et al. 人文地理学（第二版）[M]. 北京：高等教育出版社，2006：191—199.

[4] 许学强，周一星，宁越敏. 城市地理学（第二版）[M]. 北京：高等教育出版社，2009.

[5] Kaplan D., Wheeler J., Holloway S. Urban Geography[M]. ed. Hoboken：

John Wiley & Sons，2009.

[6] Knox P.，McCarthy L.Urbanization：An introduction to Urban Geography[M]. 3rd ed. New Jersey：Pearson Prentice hall，2011.

[7] Pacione M.Urban Geography：A Global Perspective [M].2nd ed.London：Routledge，2005.

[8]李晓溪，涂明传.外国历史与文化(1)讲义 [M].湖北大学历史文化学院，2008.

[9] Knox P.，Pinch S. 城市社会地理学导论 [M]. 北京：商务印书馆，2009：23—49.

[10]谢富胜，黄蕾.福特主义、新福特主义和后福特主义——兼论当代发达资本主义国家生产方式的演变 [J].教学与研究，2005，08：36—42.

[11] Knox P.，Pinch S.Urban Social Geography：An introduction [M].6th ed.London：Routledge，2013：28.

[12]霍彤.试论如何应对新时期经济全球化 [J].现代经济信息,2011,07:2.

[13]严法善.经济全球化与中国经济结构调整 [J].当代经济研究，2002，12：3—7+68.

[14]顾朝林.中国城市发展的新趋势 [J].城市规划，2006，03：26—31.

[15] Mitchelson R.L.，Wheeler J.O.The flow of information in a global economy：the role of the American urban system in 1990 [J].Annals of the Association of American Geographers，1994，84（1）：87—107.

[16]刘合林.城市文化空间解读与利用:构建文化城市的新路径 [M].南京：东南大学出版社，2010.

[17]侯兵，黄震方，徐海军.文化旅游的空间形态研究——基于文化空间的综述与启示 [J].旅游学刊，2011，26（3）：70—77.

[18]刘易斯，芒福德.城市文化 [M].北京：中国建筑工业出版社，2009.

[19]王承旭.城市文化的空间解读 [J].规划师，2006，04：69—71.

第3章 城镇化理论与实践
Chapter 3 Theories and practices of urbanization

　　自 20 世纪以来，城镇化风潮逐渐席卷全球，成为世界各国的重要议题，也是城市地理学研究的重要领域；2001 年，诺贝尔经济奖得主斯蒂格列茨把"中国的城镇化"与"美国的高科技"并列为影响 21 世纪人类发展进程的两大关键因素。本章首先介绍了城镇化的基本原理，从人口、经济、空间与生活方式等不同维度介绍了城镇化的定义和测度方式，其中以城镇人口增长与变化为主要表征；解析了城镇化发展一般过程曲线——诺瑟姆曲线，描述了城镇化四阶段的过程与特征，并介绍了城镇化的分类。然后，介绍了城镇化的机制，包括经济发展、人口迁移、环境政策等因素的影响；接着，概述了世界城镇化进程及其特点，如城镇化进程大大加速、城镇发展区域差异显著、大都市化趋势愈加明显等和第三世界国家城镇化的特征，如首位城市模式、过度和低度城镇化、人口爆炸、城市中的非正规性等。最后简要介绍了我国城镇化的发展历程、当代城镇化的特点、问题及未来城镇化尤其是新型城镇化的发展趋势与展望。

3.1 城镇化原理
3.1 Theories of urbanization

3.1.1 城镇化的定义及其测度
3.1.1 The definition of urbanization and its measurement

（1）城镇化的定义

城镇化（Urbanization），是指随着一个国家或地区社会生产力的发展、科学技术的进步以及产业结构的调整，其社会由以农业为主的传统乡村型社会向以工业（第二产业）和服务业（第三产业）等非农产业为主的现代城市型社会逐渐转变的历史过程。城镇化这个术语最早是在1867年，由西班牙工程师塞达（A.Serda）在《城镇化基本理论》一书中提出。尽管"城镇化"一词作为现代概念提出仅有百余年历史，但是城镇化的进程却由来已久。第一次世界城镇化运动大约在公元1～3世纪，以古希腊和古罗马为代表。例如，在古罗马时期，罗马人创造了公共浴场、竞技场、道路、纪念性建筑等城市要素。第二次世界城镇化运动大约在公元10～13世纪，此时期贸易逐渐兴起，城市成为推动贸易增长的"发动机"。在意大利沿岸出现了威尼斯、佛罗伦萨等此时期的明星城市。第三次城镇化在英国工业革命后，事实上，我们所提及的现代城镇化指的就是工业化带动的城镇化。工业革命带来城市能源使用、生产模式等方面巨大的变革，城镇化速度加快，产生了比以往规模更大、容纳人口更多的城市。

当今城镇化席卷全球，深刻影响着人们的生产生活方式，但是对于城镇化这个概念并没有统一的定义，其中部分原因是对城市定义的模糊。较早提出这一概念的埃尔德里奇（H.T.Eidrige）认为：人口集中的过程就是城镇化的全部含义[1]。这一种定义比较简单，包容性广，普遍被其他学科（地理学、社会学、经济学等）所接受。

国外其他比较有代表性的提法还有如下几种：日本的森川洋认为，城镇化主要是指农村居民向城市生活方式的转化过程，反映为城市人口增加、城市建成区扩展、景观和社会以及生活方式的城市环境形成[2]；兰帕德（Lampard）等人提出综合分析方法，认为城镇化是社会的缩影，是物质的、空间的、体制的、经济的、人口的以及社会特征的一种多维现象的反映[3]。

国内受各种因素影响，关于城镇化的研究在改革开放后起步，比较有代表性的提法如：中国城镇化，是指城镇数量的增加和城镇规模的扩大，导致人口在一定时期内向城镇聚集，同时又在聚集过程中不断地将城市的物质文明和精神文明向周围扩散[4]。我国原建设部在《城市规划基本术语标准》GB/T 50280—1998中，把城镇化定义为人类生产和生活方式由乡村型向城市型转化的历史过程，表现为乡村人口向城市人口转化以及城市不断发展和完善的过程。

总结来看，城镇化的内涵主要包含以下几个方面：

①人口结构的转型——农村人口向城市人口的转变：即人口的城镇化，强调人口从农村向城市的流动；

②经济结构的转型——农业产业向非农业产业的转变：城镇化使得分散的

农村自然经济向集约的城市工业经济转变，着重关注资本流、劳动力流等生产要素的流动。城市以二产、三产为主要生产方式，伴随着工业化，农业技术手段提高，农村劳动力剩余，而城市提供了大量就业机会，因此拉动了农村人口向城市的转移；

③地域空间的转型——区域范围内城市数量的增加以及每一个城市地域的扩大：前者主要指随着城市不断发展，呈区域城镇化、城市区域化的特征，出现大都市区、大都市带、都市连绵区、城市群等地域空间形式，后者则指城市自身城镇用地的扩展；

④生活方式的转型——乡村生活方式向城市生活方式的转变：强调生活水平和生活质量的提高和转变，是新型城镇化中的主要内容，即实现真正的人口"市民化"。

可见，城镇化是乡村变为城镇的复杂的社会经济变化过程（详见扩展阅读3-1-1）。

对于很多其他学科来说，城镇化也是一个重要的议题。不同学科因其自身研究角度的不同，对城镇化的概念也有着不同的解释。不同学科的解释不是相互对立的，而是相互补充相互完善的。总结起来，主要有社会学、经济学、人口学、地理学四种角度。

从社会学（Sociology）角度来说，城镇化是农村适应和接受城市文化和生活方式的过程，比如，美国社会学家索罗金（P. Sorokin）认为：城镇化就是把农村意识、行动方式和生活方式变为城市意识、行动方式和生活方式的全部过程。城镇化是手段，而不是目的，其最终目的是提高人的生活质量，提高人的素质和素养。可以注意到，社会学在城镇化中关注的是人。

从经济学（Economics）角度来说，城镇化是第一产业比重的不断下降，第二、第三产业所占比重逐渐上升，经济主体由第一产业向第二、第三产业转移的过程。在城镇化过程中，受经济专业化和生产方式变革的推动，人口规模、产业结构等城市要素也进行着由简单到复杂、由分散到聚集的复杂变化过程。

人口学（Demography）认为城镇化就是人口向城镇集中，城镇人口占总人口的比重逐渐提高的动态过程。这一过程有两种方式：一种方式是人所聚集的城镇地区的数量增加；另一方面是城镇地区人口的增加。人口理论研究城镇化过程中人口发展规律及人口和社会、经济、生态环境相互之间的本质联系。

地理学（Geography）研究的城镇化是一个地区的劳动力和消费区位、非农业部门的经济区位向城镇和城市相对集中的过程。此过程包括在非城市区域形成新的城镇，已有城镇的向外扩张以及城镇内部经济区位向着集约化、高效率的方向提升。地理学主要研究人类互动与地域的关系，注重经济、社会、文化等要素在地域空间的分布状况。

城镇化是把双刃剑，既有积极意义，也有不利影响。其负面影响主要体现在环境污染、交通拥挤、社会分异等方面，在欧美一些高度城镇化的地区甚至出现了逆城镇化进程（Counter-urbanization）（详见3.1.4城镇化近域推进）。为了人类社会的进步与发展，如何解决这些问题是值得我们仔细思考的。

（2）城镇化的测度

城镇化是一个涉及范围广、影响层面多的过程，因而，对城镇化进行衡量并不容易，也难以做到完全准确。当前，综合各方面的研究成果来看，对城镇化指标和测度的方法大致可以分为两大类，即主要指标法和复合指标法。

主要指标法是选择对城镇化表征意义最强的、又便于统计的某个指标，来测度城镇化达到的水平。主要指标法中人口比例指标、土地利用指标是常见的两种方法。

人口比例指标，是以某一地区内的城市人口与总人口比值的百分比来代表其城镇化水平。该指标按照城市人口和非城市人口来区分地区的居民，反映了该地区的人口结构。这种方法相对简单明了，被各个学科所普遍接受，也是世界上公认的、权威的城镇化水平指标。但是，这种方法也存在着较大的局限性。首先，各个国家和地区对城市的定义不同，这直接影响城市人口数量的统计，进而影响城镇化水平的计算。比如，在 1980 年代，瑞典的设市标准为 200 人，其城镇化水平率达到 83%，而挪威设市标准是 20000 人，其城镇化水平只有 44%，这显然是设市标准的不同造成计算的城镇化水平不同。其次，对于城市人口也比较难界定，其他条件相同的情况下，对城镇人口的定义不同也会造成城镇化水平的不同。最后，这个指标只是对城镇化"量"的测度，不能反映城镇化的"质"。比如在我国，仅仅用该指标会出现西北某些城区的城镇化水平高于沿海城市的情况，这显然不符合实际情况。

土地利用指标是从地域范围和土地利用的层面来测度城镇化水平，其有两种常见指标：①某一地区内，城镇用地面积占该区域总面积的比例；②某一地区在某一段时间内，非城镇用地（比如农田、森林等）转换为城镇用地（比如住宅、商业等）的速率。土地利用指标是对城市和乡村在地理空间上景观的分析，对地区的城镇化水平有着直观的测度。该指标存在着统计方面的技术困难，使用不是很广泛，但是随着 GIS 等新兴技术的发展，这个测度展现出新的前景。

除了以上两种指标外，单一指标法还有恩格尔系数、从业指标、产业指标等方法。由于城镇化涉及较多的层面，仅仅用单一的指标很难准确反映城镇化的水平。因而，很多学者提出了用多项指标来测度城镇化水平，多指标的选取可参见扩展阅读 3-1-2。多项指标法往往针对某一区域，指标多，针对性强，但是相应的其通用性较差，只适合某一区域及其附近地区的比较，不适合进行国际比较。

3.1.2 城镇化过程曲线
3.1.2 The urbanization curve

1979 年美国地理学家诺瑟姆（Ray.M.Northam）提出了城镇化发展阶段理论，他把一个国家和地区的城镇化进程概括为一条 S 形的曲线（图 3-1），并把世界城镇化过程分为 3 个阶段：第一个阶段为城市发生和发展的初级阶段，城镇化发展速度非常慢，城市人口比重占总人口比重水平非常低，这个阶段在人类历史上的持续时间长达近万年，整个社会以小农经济为支撑；第二个阶段为人口向城市迅速集聚的中期加速阶段，大量农村人口涌向城市，城镇化水平在短时期内快速提升，增值 60% ~ 70%，城市经济飞速发展，城市规模也日趋扩大；第三个阶段为城市发展的成熟阶段，在达到一定水平的高度城镇化以后，城镇化水平增长又趋于平缓（知识盒子 3-1）。任何时候各个国家和地区的城镇化进程不尽相同，这条曲线的形态和始末时间点也有所差异。

城镇化过程曲线反映的阶段性和社会经济结构变化的阶段性以及人口转换（Demographic Transition）的阶段性是密切联系的。从社会经济结构变化的角度来看，人类文明分为以小农经济或第一产业为基础的农业文明时期，以工业经济或第二产业为基础的工业文明时期和以知识经济或第三产业为基础的现代文明时期。根据"配第－克拉克"定律（Petty-Clark's Law），随着人均国民收入的提高，劳动力首先由第一产业向第二产业转移；当人均国民收入水平进一步提高时，劳动力便向第三产业转移。因此，随着国民经济的发展，第一产业国民收入和劳动力的相对比重不断下降；第二产业的比重先是上升，达到高峰后又趋于下降；第三产业的比重则稳步上升。这三大产业的发展趋势和诺瑟姆曲线所揭示的规律相似，也呈现为 S 形曲线。从人口的增长过程来看，也存在三大阶段，即高出生、高死亡的低增长阶段，高出生、低死亡的高增长阶段和低出生、低死亡的低增长阶段。第二个阶段又分为出生率稳定、死亡率迅速下降的前增长阶段和死亡率稳定、出生率下降的后增长阶段，这四个阶段的总人口增长曲线也近似 S 形曲线[5]（详见扩展阅读 3-1-3）。

 知识盒子 3-1

城镇化过程曲线（The Urbanization curve）

1. Urbanization is a process of population concentration whereby towns and cities grow in relative importance through, first, an increasing proportion of the national population living in urban places and, second, the growing concentration of these people in the larger urban settlements. It has been suspected that all nations pass through this process as they evolve from agrarian to industrial societies.

（城镇化是一个人口相对向城镇聚集的过程，首先，居住在城镇地区的全国人口比重不断上升；第二，人口越来越集中于大城市。当然，不能期望任何国家从农业文明向工业文明的城镇化过程都是如此。）

2. At first, an area begins to urbanize slowly. The second section of the curve is associated with very high rates of urbanization associated with large shifts of population from rural areas to towns and cities in response to the creation of an urban economy. This is followed by a longer period of consistent moderate urbanization.

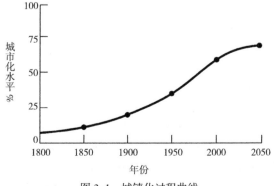

图 3-1 城镇化过程曲线

（在第一个阶段，城镇化的过程非常缓慢。第二个阶段，随着城市经济的快速发展，大量人口从乡村迁往城镇地区，城镇化水平快速提高。接下来城镇化进程又一次进入一个长期缓慢增长的阶段。）

3. As the urban percentage reaches above 60, the curve begins to flatten, approaching a ceiling of around 80 per cent. This is the level at which rural and urban populations appear to reach a functional equilibrium. At any one time individual countries are at different stages in the urbanization curve.

（当城镇化水平达到60%以后，城镇化曲线趋向平缓，并缓慢到达80%的顶峰，在这个水平上，乡村和城市人口达到功能上的平衡。同一时间点上，不同的国家处于这条城镇化曲线的不同阶段）

资料来源：Pacione M. Urban Geography：A Global Perspective [M]. 2nd ed. London：Routledge，2005：103-104.

3.1.3 城镇化发展周期
3.1.3 The development cycle of urbanization

城镇化的进程比上述城镇化过程曲线所表述的过程更为复杂。城镇化过程并非是一条单向的向上上升的曲线。在城市发展的初期，由于城市强大的规模经济和集聚经济效益，吸引人口和产业向城市集中，但当城市发展到一定阶段，由于市中心过高的地租以及交通拥堵和环境品质下降，集聚经济（Agglomeration economies）也会转化为集聚不经济（Agglomeration Diseconomies），便会促使大城市中心的人口向郊区或其他中小城市迁移，导致大城市中心人口增速放缓，甚至人口的绝对数量降低，这个过程在城市地理学中也称为"极化反转"（Polarization Reversal）或逆城镇化（Counter-urbanization）。

克拉森（Klaassen）以及范登伯格（van den Berg）等学者从单个城市群的内部演变的角度来考察城市的演变，提出了城镇化发展阶段模型（Stages of Urban Development Model）。如表3-1所示，城市发展分为城镇化（Urbanization）、郊区化（Suburbanization）、逆城镇化（Counterurbanization）和再城镇化（Reurbanization）四个阶段，这四个阶段可以看成是一个连续演变的过程（知识盒子3-2）。该模型着眼于单个城市群中城市中心（Core）和城市边缘（Edge）两者之间的人口流动过程。如图3-2所示，城市中心和边缘之间的人口流动变化可以分为两大类，一类是绝对变化（Absolute Shifts），即人口有一方（中心或边缘）单向流往另一方（边缘或中心）；第二类是相对变化（Relative Shifts），即中心或边缘都表现为人口的流入或者流失，但流动的速率不同。图中四个大阶段又细分为八个小阶段，在第一、四、五、八阶段表现为绝对变化，而在第二、三、六、七阶段表现为相对变化。就人口变化的性质来分也分为两类，即向心化（Centralization）和离心化（Decentralization）。其中，城镇化和再城镇化阶段表现为向心化，即城市中心区较边缘区更具吸引人口的优势，反之则表现为离心化，如在郊区化和逆城镇化中所体现的。向心型城镇化和离心型城镇化，同时也是城镇化类型（Types of Urbanization）的一种划分方式（详见扩展阅读3-1-4）。下面将进一步介绍郊区化、逆城镇化和再城镇化三个阶段。

城市发展各阶段的人口流动分析   表 3-1

Stage of development（发展阶段）	Classification type（分类）	Population change characteristics（人口变化特征）			
		Core（中心）	Ring（边缘）	DUS（合计）	
I Urbanization（城镇化）	1.Absolute centralization	++	−	+	Total growth= concentration
	2.Relative centralization	++	+	+++	
II Suburbanization/ Exurbanization（郊区化）	3.Relative decentralization	+	++	+++	
	4.Absolute decentralization	−	++	+	
III Disurbanization/ Counterurbanization（逆城镇化）	5.Absolute decentralization	−−	+	−	Total growth= Deconcentration
	6.Relative decentralization	−−	−	−−−	
IV Reurbanization（再城镇化）	7.Relative centralization	−	−−	−−−	
	8.Absolute centralization	+	−−	−	

资料来源：Pacione M.Urban Geography：A Global Perspective[M]. 2nd ed. London：Routledge，2005：107.

 知识盒子 3-2

城市发展的四个阶段（Four Stages of Urban Development）：

1. Urbanization：when certain settlements grow at the cost of their surrounding countryside；

（城镇化：某些城市定居点的人口规模增长，同时其周围乡村地区的人口减少。）

2. Suburbanization or exurbanization：when the urban ring（commuter belt）grows at the cost of the urban core（physically built-up city）；

（郊区化：城市边缘区或称通勤区的人口规模增长，但是以牺牲城市中心

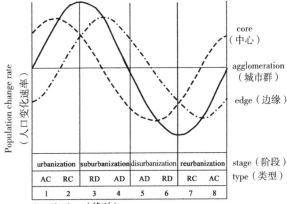

A：Absolute（绝对）
R：Relative（相对）
C：concentralization（向心化）
D：deconcentralizaiton（离心化）

图 3-2 城镇化发展阶段模型

区或称建成区的人口增长为前提。）

3. disurbanization or counterurbanization：when population loss of the urban core exceeds the population gain of the ring，resulting in the agglomeration losing population overall；

（逆城镇化：城市中心区的人口流失数量超过城市边缘区的人口增加数量，导致整个城市的总人口出现负增长。）

4. Reurbanization：when either the rate of population loss of the core tapers off，or the core starts regaining population with the ring still losing population.

（再城镇化：城市中心区人口流失的速度减缓，甚至重新出现人口的正增长，城市郊区的人口则依然处于负增长。）

资料来源：Pacione M.Urban Geography：A Global Perspective[M].2nd ed. London：Routledge，2005：106.

(1) 郊区化 (Suburbanization)

郊区化，即人口、产业和住宅等从大城市中心向郊区迁移的一种扩散化过程。从 1920 年代以来，在西方发达国家的城市（尤其是美国），由于小汽车的普及以及战后美国政府的住宅政策和高速公路的建设（图 3-3），发生了一次又一次从城市中心向郊区扩散的浪潮。1950 年是美国郊区化势头最猛的一年，在这一年中，美国内城的城市人口增加了 600 万，但郊区的城市人口则增加了 1900 万。至 1960 年，郊区吸收了美国 51% 的城市人口，至 1980 年郊区为大都市区提供了 50% 的工作岗位，至 1990 年这两个数字分别提升到 67% 和 55%。可见美国的郊区化是一个持续的并影响至今的过程。而在英国等欧洲国家，郊区化则以另一种形式展开，这种形式称为都市村庄 (Metropolitan Village)，即在城市通勤范围内，接近既有乡村地区而发展出来的居住点，居民多为在市内上班的长期通勤者。根据彼得·霍尔 (Peter Hall) 的研究[6]，导致美国城市郊区蔓延的因素涉及政府政策的支持、战后住房需求的激增以及道路交通设施的进步等多方面（详见扩展阅读 3-1-5）。

郊区化的第一阶段是城市人口的郊区化，而随着城市人口不断迁往郊区，郊区的劳动力供给和消费能力大大提高，因而又带动了零售业 (Retailing)、高科技产业 (High-tech Industry)、高密度办公 (Office) 以及商业节点 (Commercial nodes) 的流入和发展（详见扩展阅读 3-1-6）。郊区化给内城带来了巨大的影响，人口和资金的大量外流促成了美国在 1960 年代开始的内城的衰落，而内城的衰落又进一步促使较为富裕的城市居民迁往郊区，而把没有经济能力迁移的居民（大部分为非裔美国人和海外移民）留在环境破败的内城，这种情况称为白人逃离 (White Flight)。最显著的例子是底特律 (Detroit)，直到 1990 年代，底特律的白人逃离都非常严重，以至于近 90% 的内城居民都是少数族群 (Minority Ethnic Groups)[7]。当然，这种郊区化的起因和动力机制非常复杂，它既是城镇化的一个阶段，也是为寻求更好的居住环境的个人决策，既是特定的政治经济环境下的政府宏观调控的结果，也是市场经济驱动的结果，甚至也可能是为了避免种族冲突（详见扩展阅读 3-1-7）。而国内学者对郊区化的动力机制研究则

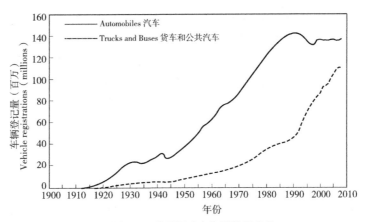

图 3-3 美国机动车注册数量变化

资料来源：Knox P&McCarthy L.Urbanization：An introduction to Urban Geography [M].3rd ed. New Jersey：Pearson Prentice Hall. 2011：77.

主要侧重在对外交通设施的伸展、工业的扩张和住宅的扩散等三个方面。

（2）逆城镇化（Counterurbanization）

逆城镇化指的是在都市经济发展到一定水平之后，在部分国家和地区出现的人口从大城市和主要的大都市区向小的都市区甚至非都市区迁移的一种分散化过程。1970～1976年，美国总人口增长了5%，而大都市区的人口只增加了4%，第一次出现了大都市区的人口增长速度低于全国平均水平的情况。这4%的人口增长，建立在大都市区的中心城市人口减少了3.5%，而郊区人口增加了10%的基础上。这个大都市区人口净迁出的过程最先在美国出现，后来又相继出现在加拿大、澳大利亚、西欧和英国等国家和地区。

前文介绍的城镇发展阶段模型（Stages of Urban Development Model）从人口迁移活动的角度解释了逆城镇化现象的成因，其从单个城市（或大都市区）的中心与边缘人口流动的角度来解释，认为逆城镇化是第三阶段，其特征表现为郊区的人口增长数量低于中心区的人口减少数量，因而导致整体上城市的人口出现负增长的情况。

但实际上，要全面地解释逆城镇化现象是一个很难的问题，综合各家观点，逆城镇化的成因大致有如下几个方面[8]：①对居住环境喜好的变化。由于对城市生活的厌倦，城市居民产生了回归乡里的愿望。这是富裕阶层的主要迁移倾向。②发达国家生产地理格局的变化。1970年代以后，在新福特主义的影响下，资本主义工业普遍采取分散的空间布局，倾向于到大城市以外寻求廉价的劳动力和更大的市场，形成新的区域劳动分工。而大都市区边缘和独立的中小城镇成为投资的热点，由此引起了人口的转移。③交通和通信技术的高度发达。它使工业选址的限制因素减少，灵活性增加，促进了经济活动的扩散和人口的转移。④1970年代特定的经济背景。当时爆发的能源危机使发达国家出现了严重的经济衰退，制约了制造业的发展，特大城市的制造业迫于压力而持续衰减。而西方学者对逆城镇化现象的考察更加全面，从城市就业、收入水平、娱乐、政策等多个方面进行解释[9]（详见扩展阅读3-1-8）。

朱翔认为，逆城镇化是城镇化发展的更高阶段，表现为三个特点：第一，在郊区继续城镇化的同时，中心市区开始停滞、衰落，人口减少；第二，城市集聚的优势开始向近域空间扩散；第三，逆城镇化最终导致城市带、城市群的形成，因此，逆城镇化不是城镇化的反向运动，而是城镇化发展的一个新的更高的阶段，或称为更高层次的城镇化。[10] 因此，逆城镇化也不意味着国家城镇化水平的下降，它只是导致了城市发展过程中新的区域再分配（Redistribution）。

（3）再城镇化（Reurbanization）

再城镇化，也称"二次城镇化"，是针对逆城镇化的一个应对过程，使得城市因发生逆城镇化而衰败的城市中心区再度城镇化的过程，是城镇化、郊区化、逆城镇化和再城镇化四个连续过程中的第四个过程。在上文介绍的克拉森等学者提出的城镇发展阶段模型中，再城镇化被描述为"城市中心区人口流失的速度减缓，或甚至重新出现人口的正增长，而城市郊区的人口则依然处于负增长"。

根据大量的人口普查数据，从1980年代初开始，在1970年代的逆城镇化使城市人口降到最低点后，欧洲和美国的许多城市又出现了人口回流的趋势。1980年代全美都市区人口增长率为11.8%，非都市区人口增长率为2.7%，都市区人口增长再次超过非都市区人口增长速度[11]。同时，1980年代拥有100万人口以上的大都市区的人口增幅为12%，而1970年代为8%。值得注意的是，不同地区的人口增长趋势有所不同。如费城（Philadelphia）、波士顿（Boston）等城市中心人口出现大幅增长，而芝加哥（Chicago）和底特律（Detroit）则并非如此。在整个欧洲地区，重新实现人口回流的城市中心的数量开始上升，在1975～1981年期间跌到22%后，这个比重再次上升至47%。全英280个城市中心区的人口流失速率从1971～1981年的3.2%降到1981～1991年的0.1%，尤其是城市外围圈层的增速明显下降（表3-2）。欧洲其他国家的中心城市，如赫尔辛基（Helsinki）、奥斯陆（Oslo）和哥本哈根（Copenhagen），在这一阶段其市中心的增速虽然不如郊区，但仍处于切实增长状态。而澳大利亚和加拿大更为普遍的情况是，内城从之前的衰落转而进入1980年代初期的增长并进入稳定的复苏阶段，相比之下，郊区对人口回流的贡献反而更大[12]。

英国1951～1991年间的人口变化，按功能型地区划分　　　表3-2

Zone type（区域类型）	Rate for decade（人口变化百分比）/%			
	1951～1961	1961～1971	1971～1981	1981～1991
Great Britain（英国）	4.97	5.25	0.55	2.50
Core（核心）	3.98	0.66	−0.42	−0.09
Ring（边缘）	10.47	17.83	9.11	5.89
Outer area（外围地区）	1.74	11.25	10.11	8.85
Rural area（乡村地区）	−0.60	5.35	8.84	7.82

资料来源：表中数据来自 Champion T.Urbanization， suburbanization， counterurbanization and reurbanization [M]. R. Paddison， W.Lever.Handbook of urban studies. Beverly Hills；CA：Sage.2000.

与内城复兴（Inner-city Revitalization）或"再城镇化"现象密切相关的是"中产阶级化"（Gentrification）。中产阶级化又称"绅士化"，是指一个旧区从原本聚集低收入人士，到重建后地价及租金上升，吸引较高收入人士迁入，并取代原有低收入者的现象。从居住环境复兴的角度来看，中产阶级化又带来了内城环境品质的提升（知识盒子3-3）[13]。促生中产阶级化的原因是多方面的，包括：政策方面，政府对内城更新的资金和政策支持是中产阶级化的推进力量之一；经济方面，内城服务业的快速增长以及土地和建筑物未得到充分利用而产生的"地租缺口（Rent Gap）"也促使了中产阶级化的过程；社会方面，单亲家庭、无子女家庭以及"雅皮士（Yuppies）"人群的出现以及越来越多的年轻人离开父母在高等学府求学、工作和独立，这些群体或因为有限的经济实力而更愿意选择居住在城市中心区的较小单元房中。

中产阶级化已经成为一个国际性问题：北美70%的大城市经历了中产阶级化；欧洲的英、法、德等国家的中产阶级化已经有30多年的历史；一些新兴国家及地区（包括南美、以色列、南非、土耳其等）等的大城市也不同程度地出现了中产阶级化特征。在全球化与快速城镇化的背景下，中产阶级化现象在中国已经出现，并且有日益加速的趋势，有关这一城市社会空间激烈重组运动的研究也备受关注。

 知识盒子 3-3

中产阶级化和内城复兴（The Residential Revitalization in Inner-city Brought by Gentrification）

1. 中产阶级化的过程（The Process of Gentrification）

The process of gentrification is closely related to housing value cycles in urban housing markets : it typically begins when a few so-called "urban pioneers," often gays or artists, purchase devalued older housing stock and renovate and upgrade the properties with "sweat equity." Housing values often begin a rapid increase.An often-observed demographic sequence can ensue where pioneers are followed by "yuppies" and childless couples.For a time, gentrifying neighborhoods often are quite diverse in terms of social identity and economic resources.Very often, however, rents and home prices escalate to the point where former residents can no longer afford to live in the neighborhood and are displaced. Eventually, given a complete transition, the residents of gentrified neighborhood may be quite like those of wealthier suburban enclaves-predominantly white and upper income.

（中产阶级化过程和城市房地产市场中的房产价值周期息息相关。中产阶级化过程通常始于一些所谓的"城市先锋"——常常是同性恋者或艺术家——购买内城贬值的房屋并通过"无偿劳动"对其进行改造和升级，这时房产价值开始快速上升。接下来，常见的情况是"雅皮士"以及无子女家庭在这些先锋之后相继迁入内城。在一段时间内，中产阶级化住区内将聚集拥有不同社会身份和经济资源的人士。但通常，租房租金和价格将逐渐上升，直到之前的居民无法接受而被迫搬离。最终，当这个转化过程结束后，中产阶级化住区的居民几乎都转换为以前住在郊区的富裕阶层——往往是白种人和高收入人群。）

2．内城复兴的四个因素（Four Components of Residential Revitalization）

（1）Intensification through the construction of infill housing or the high-density redevelopment of older neighborhoods；

（通过对房屋内部设计进行改造或对老旧社区进行高密度二次开发。）

（2）Implantation through housing being inserted into existing high density commercial and institutional districts；

（在现有的高密度商业和功能区植入新建筑物。）

（3）Conversion of older non-residential structures such as unused warehouses；

（对闲置仓库等陈旧的非居住建筑进行用途的转换。）

（4）And extension through the penetration of residential uses into formerly non-residential areas such as vacant railways，port and industrial sites.

（以及对空置铁路、港口和工业基地等之前的非居住用地进行居住用途的渗透）

资料来源：Kaplan D，Wheeler J，Holloway S.Urban Geography [M].Hoboken：John Wiley & Sons，2009：207. 托尼·尚皮翁.城市化，郊区化，逆都市化以及再都市化 [M]// 帕迪森 诺.城市研究手册.格致出版社，上海人民出版社，2009.

3.1.4 城镇化机制
3.1.4 The mechanism of urbanization

在世界的不同地区，促进城市发展的因素各不相同。世界发达国家的城镇化主要是经济增长的结果，欠发达国家的城镇化则由人口增长带来经济发展。而事实上，城镇化是一个人口向城市集中的复杂、综合的过程，是各个因素叠加相互作用的结果。

分析城镇化的动力机制，是探讨城镇化的核心议题之一。经济学者认为，城镇化的原动力就是资本的积累和循环，城镇化即资本扩大、再生产过程在城市地域上的投影；社会学者认为，城镇化的动力除经济原因外，还有人类精神、个性解放、政治状态等非经济原因；而城市地理学者认为，应首先关注空间性，从地域秩序入手分析。如法国地理学家戈特曼（J.Gottmann）在对美国东北沿海地区城镇化分析中，提出了"集聚""集中分散""优势度"等城镇化的动力过程，但都没有涉及城镇化动力机制的本质[14]。

因此，本书选择从经济、人口、政策等主要原因进行分析，探讨城镇化的机制。

（1）经济发展与城镇化

1）工业化与城镇化

工业化是城镇化的直接动力，以第二产业为主导的产业结构带来了早期城镇化的发展。近代城镇化的产生源于 19 世纪时期欧洲国家的工业革命热潮。韦伯在分析当时这一现象时提出，人口在城市中日益集中是经济增长和差异化发展的"自然结果"。他认为"经济发展，或孤立的社会与经济团体的结合，需要一部分人口在商业城市中集中。同样，作为乡村经济向世界经济转变的工业社会成长过程中的一个方面，市场的扩大促使制造业集中"。[15] 如前文所述，工业化带来了农业现代化发展，农产品生产效率大大提高，促使更多的剩余劳动力在空间上反映出流向城市的趋势，形成城镇化（详见扩展阅读3-1-9）。

2）第三产业与城镇化

随着工业现代化和社会的不断发展，工业对于城镇化发展的推进作用减弱，第三产业逐渐占据主导地位，成为城镇化的后续动力。一方面，生产性服务业发展，企业需要不断提高自身竞争力，结合多行业协同发展，以扩大经济效益，同时，世界经济体制的全球化发展带来了新的国际劳动分工，管理和研发部门在发达国家，生产部门在发展中国家，进一步刺激了城市中第三产业的发展；另一方面，居民对消费性服务业有了更高的要求，包括物质消费、文化消费和精神消费多个层次，这些消费需求刺激了城市第三产业的快速发展。那么为什么第三产业需要在城市发展呢？主要因为其需要面对面交流的特点，产业跟随消费群体聚集在城市，而不能像工厂企业一样驻扎在郊区。同时，第三产业门类众多，从业者大多需要手工操作，唯有城市能满足大规模专业化的就业人员。[14]

3）经济增长与城镇化

从经济学角度看，城镇化是在空间体系下的一种经济转换过程。由于集聚经济和规模经济带来更大的效益，人口和经济趋于集聚，促进城镇化进程。

一些研究者通过大量的数据分析说明了经济增长与城镇化水平有着紧密的联系。

1965年美国地理学家贝里对95个国家的43个变量的城镇化水平与多因素进行主成分分析，得出经济、技术、人口、教育为主要因子的结论；1981年美国人口咨询局的资料显示人均国民生产总值与城镇化水平呈正相关关系（表3-3）。

1981年不同经济类型国家的国民生产总值与城镇化水平 表3-3

国家类型	国家数	加权人均国民生产总值（美元/人）	加权平均城镇化水平（%）
低收入国家	33	260	17
中等收入国家	63	1400	45
高收入石油出口国家	4	12630	66
市场经济工业国	19	10320	78
非市场经济工业国	6	4640	62
世界平均	125	2340	41

资料来源：许学强，周一星，宁越敏，城市地理学（第二版）[M]. 北京：高等教育出版社，2009：62.

周一星、许学强分别对100多个国家进行分析，证明人均国民生产总值与城镇化水平呈对数相关，进一步分析可分为三种情况：其一，处于郊区城镇化、逆城镇化阶段的发达国家，两者不存在显著相关；其二，处于经济起飞阶段的中等收入国家（人均国民生产总值为1000～5000美元），人均国民生产总值与城镇化水平之间的相关性最高；其三，低收入国家的经济发展水平差异不大，但所对应的城镇化水平差异很大 [8]。

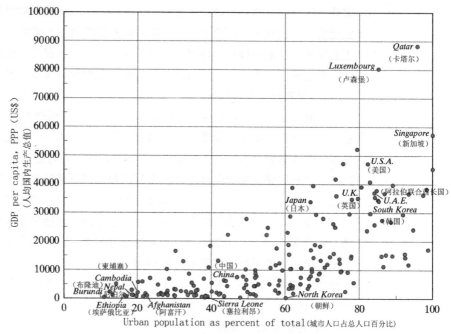

图 3-4　城镇化与经济发展（2009 年）

资料来源：Knox P., McCarthy L.Urbanization：An introduction to urban geography [M].3rd ed.New Jersey：Pearson Prentice Hall，2011：123.

2009 年，一项关于城镇化与经济发展的分析（图 3-4）显示，城镇化与经济发展之间存在密切的联系：城镇化水平较高的国家往往有更高的经济发展水平。

（2）城乡人口迁移与城镇化

人口城镇化从人口流动的角度分析，就是乡村人口向城市流动的过程。人口的流动与年龄、教育、文化背景、语言、社交网络以及习惯性的流动倾向等人口和社会因素紧密相关（详见扩展阅读 3-1-10）。人口移动包括迁入与迁出，差值即净人口流动数（图 3-5）。

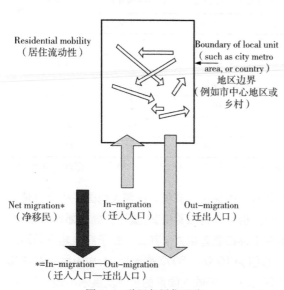

图 3-5　移民与居住迁移

资料来源：Greene，R.P.and J.B.Pick，Exploring the urban community a GIS approach[M].2nd ed.New jersey：Pearson Education，2012：172.

伯格（D.Bogue）等人基于经济因素分析了人口迁移的原因，提出了城乡人口迁移机制，即"推－拉"假说（Push－pull Hypothesis）。他们认为：存在乡村的推力和城市的拉力这两种力量，在它们的共同作用下，促进了人口的迁移。

推拉假说是解释发达国家和发展中国家城镇化动力的主要模式之一。在发达国家，城市工业的发展提供了大量的就业机会，产生城市对农村人口的拉力，"拉因"成为城市发展的主要因素；在发展中国家，人口数量众多，农业机械化产生更多剩余劳动力，同时，乡村经济、社会、环境等方面薄弱，公共服务设施和基础实施建立不完善，使得农民生活条件较差，发展前途受到限制，从而产生农村人口向城市的推力，使乡村人口大量涌进城市，造成城市人口膨胀，"推因"成为城市发展的主导因素[14]。总结来看，一方面是迁出地的劣势产生的推力，迫使人们外迁，一方面是迁入地的优势产生的拉力，吸引人们迁入。1996年，李（E.S.Lee）在美国《人口学》中的《迁移理论》中也对"推-拉"假说进行了系统地总结，将影响城乡迁移的因素分为四个方面：与迁入地有关的因素、与迁出地有关的因素、各种中间障碍和个人因素。

由于我国城乡二元结构体制的特殊性，中国学者针对此进行了大量的研究，形成二元结构理论（Dual Structure Theory）。他们认为城市经济发展差距形成了推-拉两种力，是造成城乡人口迁移的主要原因，并且能很好地解释为什么中国农村人口主要向沿海地区城镇迁移，而不是相对均衡地发生在全国的城乡系统中。

第六次人口普查数据显示，居住在本乡、镇、街道半年以上，户口在外乡、镇、街道的流动人口总数为2.61亿人，占全国人口的18.98%。同2000年第五次全国人口普查相比，增加了1.17亿人，增长81.03%。2010年，东部地区吸收了全国流动人口总量的56.86%；在全国八大经济板块中，南部沿海地区和东部沿海地区吸收的流动人口合计占全部流动人口的40.77%。从"推-拉"角度分析，沿海城镇的经济发展和人口老龄化特征对大量的低级劳动力有强烈的需求，从而形成了对农村人口的巨大"拉力"；中国区域间的发展差异促使农村人口外流，形成强大"推力"。这样强大的推拉力是我国特有的特征——①计划生育政策使得人口结构改变，城市逐渐呈老龄化发展；②城乡二元的户口制度促成社会服务方面的差异，包括医疗、教育、就业、住房分配、退休后的生活保障等，使得资源分布不均衡；③由于生活环境等方面的差异，观念、文化迥异，农村人口流动也有实现自我价值的目的[14]。

城市对于人口的控制政策影响着城镇化进程的发展。若政策宽松，将加速城镇化的进程；若严格控制城市人口数量，则将延缓或阻滞城镇化进程，使得城市人口比重与人均收入水平呈低相关的非正常状态。例如我国的城乡二元结构，城市为控制人口规模，对外来人口的落户进行限制，农民进城难，或形成城乡摇摆式生活的半城镇化状态，很大程度上阻碍了城镇化进程。

（3）政治环境与城镇化

历史上，政治环境对于城镇化的影响也不容忽视。由于统治者的野心以及国家间的矛盾冲突，战争变得不可避免，尤其在部分边缘地区、不太发达地区或民族、阶级矛盾激烈的地区，战争频发。这样的战争环境对于普通民众而言是极大的灾难，生活质量下降、生命安全危机，社会环境不稳定，导致大量难民出现。难民为了逃离灾难，产生大规模的迁移，促进了城镇化的进程（详见扩展阅读3-1-11）。

3.2 世界城镇化发展概述
3.2 Overview of world urbanization

3.2.1 世界城镇化进程的特点
3.2.1 Characteristics of world urbanization process

纵观世界城镇化的发展，18世纪中叶的工业革命是人类历史上一个重要的里程碑，从此世界从农业社会大步迈入工业社会，从乡村时代进入城镇化时代。而从工业革命开始到20世纪上半期的这段时间里，快速城镇化进程仅仅发生在发达国家。而欧美等发达国家（Developed Countries）的人口在世界总人口中所占的比率不大，因此整个19世纪里，世界总体的城镇化水平提高不快，大约从1800年的3%提高到1900年的13%。从1950年代以来，发达国家的工业化时代结束，经济转向以现代服务业为主的阶段，而城镇化水平也趋向饱和（Urban Saturation），以人口集中为主的城镇化转向以人口扩散为主的郊区化和逆城镇化。相比之下，在广大的发展中国家（Developing Countries）或称欠发达国家（Less Developed Countries），随着1950年代以来民族独立解放运动的普遍胜利以及工业化进程的启动，城镇化的主流逐渐转移到第三世界。总的来说，当代世界城镇化（即1950年以后的城镇化）进程表现为以下几个特点。

（1）城镇化进程大大加速

根据联合国经社理事会发布的《世界城镇化展望2014修订版》(World Urbanization Propects 2014 Revision)，1950年世界城镇化水平为29.1%，其中发达国家为52.5%，发展中国家则仅为17.9%。经半个世纪，2000年世界城镇化水平上升至47.1%，其中发达国家达到73.9%，发展中国家也迅速上升至40.5%。至2014年，世界城镇化水平达到54%，预计至2050年世界城镇化水平将达到66%，城镇总人口将增加25亿，而其中90%的增量将来自亚洲和非洲（图3-6）[16]。2007年是世界城镇化发展的一个转折点，这一年，世界城镇人口首次超过乡村人口，这一年以后，世界真正进入"城市时代"。

（2）城镇发展区域差异显著

当代世界的城镇化表现出很大的区域差异。

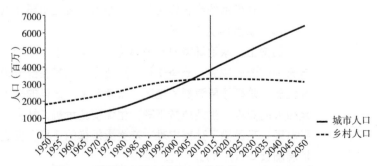

图3-6 世界城市及乡村人口变化趋势，1950—2050年

资料来源：Heilig G K.World urbanization prospects : the 2014 revision [M].United Nations, Department of Economic and Social Affairs（DESA）, Population Division, Population Estimates and Projections Section, New York, 2014.

从城镇化水平来看，拉美国家和北美国家最高，分别达到79.5%和81.5%，欧洲和大洋洲次之，分别为73.4%和70.8%。亚洲和非洲的城镇化水平则相对较低，分别为47.5%和40.0%。人口超过1000万的国家中，城镇化水平最高的分别是比利时（Belgium）、日本（Japan）、阿根廷（Argentina）以及荷兰（Netherland），其城镇化水平分别达到98%、93%、92%和90%。而人口超过1000万人的国家中，城镇化水平低于20%的国家有16个，包括布隆迪（Burundi）、埃塞俄比亚（Ethiopia）、尼日尔（Niger）、南苏丹（South Sudan）、乌干达（Uganda）等非洲国家以及斯里兰卡（Sri Lanka）和尼泊尔（Nepal）等亚洲国家。预计到2050年，将会有89个国家城镇化水平超过80%[16]。

但从城镇化发展速度来看，各区域之间的差异更为显著。其中，亚洲和非洲是发展最快的两个区域，其城镇化水平分别达到年均增加1.5和1.1个百分点。而其他已经高度城镇化的区域年均增幅不到0.4个百分点。欧洲、北美、拉美以及大洋洲地区的城镇化发展速度从1950年代开始就开始减缓，近20年来都保持在较为稳定的低增长状态。而亚洲的城镇化发展速度在1960～1970年代出现了较大的波动，主要原因是中国在这个时期经历了城镇化的短暂停滞甚至倒退，后来又迅速崛起。此后，亚洲的城镇化发展速度一直保持在最高的水平，其次是非洲。预计非洲将超过亚洲成为后三十年城镇化发展最快的区域[16]。

从收入水半来看，高收入国家的城镇化水平最高，但增长缓慢，而中高收入国家（包括巴西、中国、伊朗和墨西哥等）的城镇化发展速度却达到最快。这些国家1950年的平均城镇化水平只有20%，但在短短60年时间内，已经增至2014年的63%的平均水平，预计到2050年，这类国家的城镇化水平将达到79%[16]。

从城乡的绝对人口数量分布来看，同样存在巨大的地域差异。一方面，从乡村人口的绝对数量来看，至2014年约34亿人口居住在乡村地区，而这个数字预计在2050年将降低至32亿人。大约90%的乡村人口分布在亚洲和非洲，其中印度和中国分别占了8.57亿和6.35亿。孟加拉国（Bangladesh）、印度尼西亚（Indonesia）和巴基斯坦（Pakistan）紧随其后，分别都分布有1亿的乡村人口。在非洲，尼日利亚（Nigeria）、埃塞俄比亚（Ethiopia）也分别拥有9500万和7800的乡村人口。预计到2050年，全世界三分之一国家的乡村人口还将上升，但其余2/3国家的乡村人口都将减少，其中中国将减少3亿的乡村人口，而印度的减少5200万[16]。

另一方面，从城镇人口的绝对数量来看，全世界至2014年共有39亿城镇人口，预计到2050年这个数字将增至63亿。虽然亚洲现在的城镇化水平较低，但至2014年其城镇人口占全世界城镇总人口的53%，欧洲和拉美国家次之，其城镇人口分别占全世界的14%和13%。预计至2050年，非洲的亚洲的城市人口将分别增加3倍和61%。因此，接下来的40年内，全世界的城镇人口增量中的90%将来自亚洲和非洲。其中，中国（China）、印度（India）和尼日利亚（Nigeria）将分别增加4.04亿、2.92亿和2.12亿，这三个国家的城镇人口增量预计占总人口增量的37%。相反的是，少数发达国家，如日本和俄罗斯，其城镇人口预计将分别减少1200万和700万[16]。

（3）大都市化趋势愈加明显

1950 年代以来，当代城镇化进程中最突出的特征之一就是大都市化。大都市化是随着交通运输和通信信息技术的发展，城市空间在郊区城镇化和逆城镇化作用下向四周蔓延，人口和财富不断在城市周边地区聚集，使得大城市数量迅速增长，规模不断扩大，并导致出现一些新的城市空间组织形式，如人口超过 500 万的超级城市（super-city）、人口超过 1000 万的巨型城市（megacity）等。

1990 年，世界上还只有 10 个巨型城市，其城镇人口加起来共有 1.5 亿，占全世界城镇人口的 7%；而至 2014 年，巨型城市的数量增至 28 个，总人口为 4.5 亿，占全世界总城镇人口的 12%。500 万～ 1000 万人口的超级城市也从 1990 年的 21 个增加为 2014 年的 63 个，虽然其居住人口占全世界总城镇人口的比例较小，但这个数量也呈上升趋势。而超过 1/5 的城镇人口居住在 100 万～ 500 万人的中等规模城市中。相比之下，规模在 50 万～ 100 万人的城镇，其人口占世界总城镇人口的比重较小。全世界超过一半的城镇人口都居住在规模小于 50 万人的小城镇中，预计这个比例在 2030 年将缩减至 45%，但 50 万人以下的小城镇依然是全世界近一半城镇人口的居所。

世界城镇在规模和空间分布上也体现出很大的区域差异。其中，人口超过 1000 万的巨型城市和人口在 500 万～ 1000 万之间的超级城市多出现在第三世界。在全球 28 个巨型城市中，亚洲就占了 16 个，包括中国的 6 个和印度的 3 个（表 3-4）。东京圈（Tokyo）是世界上最大的城市聚集区，城镇人口达 3800 万，其次是印度的首都德里（Delhi）和中国的上海（Shanghai），其人口分别达 2500 万和 2300 万。亚洲和美洲国家中，500 万人以上的大城市人口占城镇总人口的比重较大；大洋洲的国家则以 100 万～ 500 万人的中等规模城镇为主；欧洲则更分布了更多人口小于 50 万人的小城镇。

2014 年世界 28 个人口超 1000 万城市聚集区一览表　　　　　表 3-4

Urban agglomeration（城市聚集区）	Country or area（国家或地区）	Population/thousands（人口 / 千人）			Rank（排序）			Average annual rate of change/percent（年均增长率 /%）
		1990	2014	2030	1990	2014	2030	2010 ~ 2015
Tokyo（东京）	日本	32530	37833	37190	1	1	1	0.6
Delhi（德里）	印度	9726	24953	36060	12	2	2	3.2
Shanghai（上海）	中国	7823	22991	30751	20	3	3	3.4
Mexico City（墨西哥城）	墨西哥	15642	20843	23685	4	4	10	0.8
Sao Paulo（圣保罗）	巴西	14776	20831	23444	5	5	11	1.4
Mumbai（孟买）	印度	12436	20741	27797	6	6	4	1.6
Osaka（大阪）	日本	18389	20123	19976	2	7	13	0.8
Beijing（北京）	中国	6788	19520	27706	23	8	5	4.6
New York-Newark（纽约都会区）	美国	16086	18591	19885	3	9	14	0.2
Cairo（开罗）	埃及	9892	18419	24502	11	10	8	2.1
Dhaka（达卡）	孟加拉国	6621	16982	27374	24	11	6	3.6
Karachi（卡拉奇）	巴基斯坦	7147	16126	24838	22	12	7	3.3
Buenos Aires（布宜诺斯艾利斯）	阿根廷	10513	15024	16956	10	13	18	1.3

续表

Urban agglomeration（城市聚集区）	Country or area（国家或地区）	Population/thousands（人口／千人）			Rank（排序）			Average annual rate of change/percent（年均增长率／%）
		1990	2014	2030	1990	2014	2030	2010～2015
Kolkata（加尔各答）	印度	10890	14766	19092	7	14	15	0.8
Istanbul（伊斯坦布尔）	土耳其	6552	13954	16694	25	15	20	2.2
Chongqing（重庆）	中国	4011	12916	17380	43	16	17	3.4
Rio de Janeiro（里约热内卢）	巴西	9697	12825	14174	13	17	23	0.8
Manila（马尼拉）	菲律宾	7973	12764	16756	19	18	19	1.7
Lagos（拉各斯）	尼日利亚	4764	12614	24239	33	19	9	3.9
Los Angeles–Long Beach–Santa Ana（洛杉矶－长堤－圣塔安娜都会区）	美国	10883	12308	13257	8	20	26	0.2
Moscow（莫斯科）	俄罗斯	8987	12063	12200	15	21	31	1.2
Guangzhou（广州）	中国	3072	11843	17574	63	22	16	5.2
Kinshasa（金沙萨）	刚果民主共和国	3683	11116	19996	50	23	12	3.2
Tianjin（天津）	中国	4558	10860	14655	37	24	22	3.4
Paris（巴黎）	法国	9330	10764	11803	14	25	33	0.7
Shenzhen（深圳）	中国	875	10680	12673	308	26	29	1.0
London（伦敦）	英国	8054	10189	11467	18	27	36	1.2
Jakarta（雅加达）	印度尼西亚	8175	10176	13812	17	28	25	1.4

资料来源：表中数据来自 Heilig G K.World urbanization prospects：the 2014 revision [M].United Nations，Department of Economic and Social Affairs（DESA），Population Division，Population Estimates and Projections Section，New York，2014.

3.2.2 第三世界国家的城镇化特征
3.2.2 Characteristics of Third World cities

与欧美发达国家完全由工业化进程推动的城镇化过程不同，第三世界国家的城镇化建立在欧美国家殖民体系和爆炸式人口增长的基础上，它的起因是全球资本重新分配的需要，而不是当地人口的生活质量需要。如前文所述，虽然第三世界国家的城镇化将成为未来世界城镇化的主流，但城镇化水平并非衡量一个国家或地区社会经济发展水平的唯一指标，它不能反映城镇居民的工作状况和生活质量。仔细观察第三世界国家的城镇化现状，有些国家的城镇化水平已经达到甚至超过了欧美发达国家的水平，但这些地方的社会经济发展状况却并不乐观。可见，第三世界国家的城镇化的真实状态远比城镇化的数据更为复杂，其表现出更多与欧美国家城镇化有所不同的特征。

（1）首位城市发展模式

第三世界国家的城镇化的一个显著特征是人口倾向于向大城市及特大城市集中，表现出很高的首位度（Primacy）。城市首位度一般是用一个地区最大城市与第二大城市的人口规模之比来表示首位城市则指在一个相对独立的地域范围内（如全国、省区等）或相对完整的城镇体系中，处于首位的，亦即人口规模最大的城市。一般认为，城市首位度小于2，表明结构正常、集中适当；大于2，则存在结构失衡、过度集中的趋势。而很多第三世界国家城镇体系的首位度达到3～9，有的甚至达到 12 ～ 13，可见，第三世界城镇化的快速发展是以城镇体系发展失衡为代价的。如至 2009 年，尼日利亚（Nigeria）的首都拉各斯（Lagos）的人口数量是其第二大城市卡诺（Kano）的 3 倍；墨西哥首都墨西哥城（Mexico City）有 1700 万人口，而其第二大城市瓜达拉哈拉（Guadalajara）则只有 160 万人口，城市首位度达到 10.6；越南的胡志明市（Ho Chi Minh City）和河内（Hanoi）两个城市的人口占全国城市居民的 1/3 ～ 1/2，使越南成为世界上城镇化水平最低但城镇人口最为集中的国家之一。当然，欧美国家也存在首位城市，如法国（France）的巴黎（Paris）、奥地利（Austria）的维也纳（Vienna）以及英国的伦敦（London）等，这些城市曾一度是帝国的统治中心，但其首位度也远不及欠发达国家。

对第三世界城市首位度的看法褒贬不一。一方面，城市首位度过高的国家缺乏区位的灵活性，其首位城市的发展是以牺牲其他城镇的发展机会为前提的[9]；另一方面，对一些较小的欠发达国家来说，将有限的资源集中在首位城市中才可能产生规模集聚效益，从而率先促进该城市的发展（详见扩展阅读 3-2-1）。

一些规模较大的欠发达国家为了克服城市首位度过高带来的弊病，通过迁移首都的方式来平衡首位城市和其他城镇之间的发展。比如，巴西在 1960 年将首都从里约热内卢（Rio de Janeiro）迁往巴西利亚（Brasilia），从而促进了内陆地区的发展；为了解决原首都拉各斯（Lagos）规模过大所带来的问题，尼日利亚（Nigeria）在 1976 年将首都迁至位于中央高原上的阿布贾（Abuja）；巴基斯坦 1967 年将首都从原有的滨海港口城市卡拉奇（Karachi）迁往内陆的伊斯兰堡（Islamabad）。

（2）过度城镇化（Over-urbanization）和低度城镇化（Under-urbanization）

按城镇化的实际进程和经济发展的关系，存在两种类型的城镇化。其中一种是积极型的，表现为城镇化的水平和社会经济发展的水平匹配，城镇化的质量和速度同步提升；另一种是消极型的，表现为城镇化的速度和社会经济发展的实际水平脱节[8]。根据城镇化和社会经济发展水平的相对速度，又可以将这种消极型的城镇化分为过度城镇化和低度城镇化。

过度城镇化，又称超前城镇化，是指城镇化水平明显超过工业化和经济发展水平的城镇化模式。表现为过量的乡村人口向城镇、特别是大城市和首位城市迁移，并超越国家经济发展承受能力。一方面，当国家经济基础相对薄弱的时候，城镇人口过度的增长使城市建设的步伐赶不上人口城镇化的速度，城市不能为居民提供就业机会和必要的生活条件，造成贫民窟、犯罪、社会动乱、环境污染等严重的"城市病"。多数第三世界国家的城镇化模式都是过度城镇化，尤其以拉美国家的情形最为严重，如阿根廷 2014 年的城镇化水平达到 92%，墨西哥为 79%，巴西为 85%，智利为 89%。如图 3-7 所示，第三世界国家的

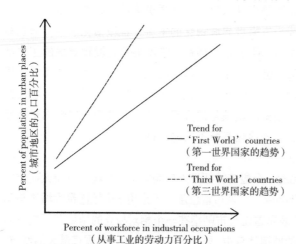

图 3-7　第一世界国家和第三世界国家城镇化和工业化的关系
资料来源：Johnston.R J.City and society：an outline for urban geography [M].
London：Routledge，2007：113.

城镇化水平已经远远超越了欧美发达国家在相同工业化水平时期的城镇化水平。过度城镇化现象的成因是复杂的，是由全球化背景下的国际经济、社会和政治结构所共同导致的（详见扩展阅读3-2-2）[17]。

而在中国、印度以及撒哈拉以南的非洲（Sub-Saharan Africa）则出现了一种相反的情况，即低度城镇化，又称滞后城镇化，表现为城镇化水平低于工业化和经济社会发展水平。低度城镇化的原因也是复杂的。以中国为例，第一，中国拥有很长时间的农业文明，农业人口基数大；第二，中国的户籍制度和对大城市人口的严格控制限制了农村人口向城市的转移，在一定程度上阻碍了城镇化的快速发展。

过度城镇化和低度城镇化都是由经济发展和城镇化速度的不协调导致，与此相关的另一个概念是中等收入陷阱。世界银行将世界各经济体按人均国民收入分为低、中、高三个组别，根据2014年的标准，低收入为年人均国民总收入1005美元及以下，中等收入为1006～12275美元，高收入为12276美元及以上，其中，在中等收入标准中，又划分为偏下中等收入（以下简称下中等收入）和偏上中等收入（以下简称上中等收入），前者的标准为1006～3975美元，后者为3976～12275美元。2006年世界银行首次提出了"中等收入陷阱"（Middle Income Trap）的概念，2010年进一步阐述为"几十年来，拉美和中东的很多经济体深陷中等收入陷阱而不能自拔，面对不断上升的工资成本，这些国家作为商品生产者始终挣扎在大规模和低成本的生产性竞争之中，不能提升价值链和开拓以知识创新产品与服务为主的高成长市场"[18]。简单说，中等收入陷阱是指当一个国家的人均收入达到中等水平以后，由于不能顺利实现经济发展的转变，导致经济增长动力不足，而陷入了经济增长的停滞期的现象。更为明确的表述是，新兴市场国家突破人均国内生产总值1000美元的"贫困陷阱"后，很快会奔向1000美元至3000美元的"起飞阶段"；但到人均国内生产总值3000美元附近，快速发展中积聚的矛盾集中爆发，自身体制与机制的更新进入临界，很多发展中国家在这一阶段由于经济发展自身矛盾难以克服，发展战略失误或受外部冲击，经济增长回落或长期停滞，陷入所谓"中等收入陷阱"阶段（图3-8）。

如墨西哥、智利、巴西、菲律宾、马来西亚、南非等一些东南亚和拉丁美洲国家，在1970年代均进入了中等收入国家行列，但直到现在，这些国家仍然挣扎在人均国内生产总值4000至12000美元的发展阶段。而一些发达国家，如日本、韩国、新加坡以及部分欧洲国家，却只花了短短10～20年时间就跨越了中等收入陷阱，跨越的关键还是实现经济发展方式的转型[19]（详见扩展阅读3-2-3）。

（3）人口爆炸的城镇化（Urbanization by Explosion）

西方发达国家的城镇化进程是由工

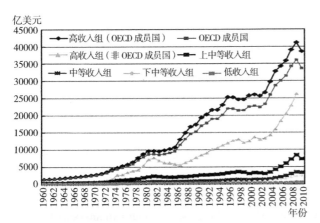

图3-8　不同收入组GDP的增长变化

资料来源：郑秉文."中等收入陷阱"与中国发展道路——基于国际经验教训的视角[J].中国人口科学，2011，01：2-15+111.

业化驱动的，是工业化带动了城乡人口的转移；与此不同，欠发达国家的城镇化过程中，城乡人口的转移先于工业化。影响欠发达国家城镇化进程的人口因素包括人口的自然增长和剧烈的城乡迁移运动，这两个因素一起促成了欠发达国家人口爆炸的城镇化。

1）人口的自然增长（Natural Increase）

自20世纪后半期以来，欠发达国家的死亡率的大大降低但其出生率却仍旧保持在较高的水平，结果就是几乎所有的欠发达国家都处于人口爆炸式增长的阶段。虽然中国和东南亚（Southeast Asia）的一些国家已经通过控制生育的手段缩小了出生率和死亡率之间的差距，但在非洲（Africa）和中东（Middle East）的一些国家，这个差距仍旧非常惊人。除此之外，某些特别事件及地方政策，如第二次世界大战后的婴儿潮（Baby Boom），也导致了在部分国家和地区短时间内爆炸性的人口增长。

2）城乡人口迁移（Urban-rural Migration）

多数欠发达国家的城镇化进程都处于城镇化过程曲线（Urbanization Curve）中的快速上升阶段，而这个快速上升很大程度上归功于剧烈的城乡人口迁移运动。对于中下收入国家来说，城镇人口年增长率达到2.7%，其中44%都来自城乡人口迁移；而在发达国家，这两个数字分别是1%和30%[20]。当然，在不同的欠发达国家，城乡人口迁移的情况也有所不同。例如在中国和一些东南亚国家如印度尼西亚，城乡人口迁移成为城镇化的主要直接原因；而在印度，城乡人口迁移则只占城镇人口增量的一小部分，而很大一部分来自城镇人口的自然增长。

欠发达国家城乡人口迁移的动因与发达国家也有所不同。国外学者总结了欠发达国家城乡人口迁移的推力和拉力（知识盒子3-4），其中乡村的推力（Push Factor）明显大于城镇的拉力（Pull Factor）。他们认为，欠发达国家的乡村居民向城市迁移，更可能是为了逃离乡村艰难的生存环境，而非为了在城市中寻求更好的发展机会（详见扩展阅读3-2-4）。在欠发达国家中，城镇的发展往往是以牺牲乡村的发展机会为前提的，从而形成城乡二元结构（Urban-rural Dual Structure），这个现象也被称为城市偏向（Urban Bias），即政府在投资取向、财政分配、价格制定、土地利用以及其他政策的制定上均有利于城市，在城市和农村之间形成不合理的城市倾斜。这个现象恶化了乡村的生存环境和发展机会，从而促使大量农村居民迁往城市。

 知识盒子3-4

欠发达国家城乡迁移的推拉因素（Push and pull factors for rural-urban immigration in the Third World）

1.Rural push factors（乡村推力）

（1）Population-growth rates.One of the most common explanations for out-migration is the high rate of population growth in rural areas.

（人口增长率。乡村地区人口的高增长率是其人口流出的最常见解释之一。）

（2）Pressure on land.Migration is often a direct response to a situation in which the amount of land available is no longer sufficient to support a family.

（土地压力。城乡人口迁移常常是对乡村土地无法支持家庭生活的直接回应。）

（3）Land quality.The quality or suitability of land for agriculture also affects migration.

（土地质量。土地质量和土地适宜性也是影响迁移的因素之一。）

（4）Agricultural inefficiency.The effects of rural population growth are compounded by the slow pace of economic and technological change in the rural sector generally，and agriculture in particular.

（农业效率低下：乡村人口的快速增长带来的压力被乡村地区，尤其是农业部门缓慢的经济和技术进步所加剧。）

（5）Agricultural intensification.The intensification of agriculture and the introduction of modern farming practices have helped to absorb rural population growth，but have also often had the opposite effect by replacing agricultural laborers with mechanical and technologically intensive farming systems.

（农业集约化。农业的集约化运作方式和现代农耕方式的引入一方面虽然可以吸收部分乡村人口增量，但经常出现的反作用是机械化运作和技术密集型的农业耕作系统取代了传统的人力耕作，使农业人口失业。）

2.Urban pull factors（城镇拉力）

（1）Wage and employment differentials.The principal cause of rural–urban migration is the higher wages and more varied employment opportunities available in the city.

（工资和工作机会差额。城乡人口迁移的最主要原因就是城市中更高的工资水平和更多样化的工作机会。）

（2）Future prospects.The co–existence of large–scale rural–urban migration and rising levels of urban poverty and unemployment led some analysts to question the link between urban job opportunities and migration.But migrants take a longer–term view of a prospective improvement in their standard of living.People were seen to be willing to endure short–term difficulties in the hope of better prospects of economic gain and improved welfare in the longer term，even if only for their children.

（未来前景。伴随着剧烈的城乡迁移而来的城市贫困和失业问题使很多分析学者开始质疑城乡迁移和更多工作机会的正向联系。但乡村移民对未来生活质量的改进充满希望。他们愿意为了未来更好的经济收入和社会福利而承受短暂的痛苦，哪怕只是为了他们孩子的未来。）

（3）Bright lights.The social attractions of the city have been suggested as a non–economic factor to explain rural–urban migration.However，most migrants do not have the financial means to avail themselves of the city's attractions.

（大城市的灯红酒绿。城市的社会吸引力是解释城乡人口迁移的一个非经济因素。虽然，多数乡村移民都没有经济实力真正地去接触城市的诱惑。）

资料来源：Pacione M.Urban Geography：A Global Perspective[M].2nd ed. London：Routledge，2005：673-675.

（4）城市非正规性（Urban Informality）

城市中一般存在正规（Formal）和非正规（Informal）两种城市环境，前者指明确的官方规划原则控制之下形成的城市环境，后者指无明确官方规划控制、自发形成的具有偶然性的城市环境，这类环境多为居民自发建设而成，构成非正规性（Informality）。英国经济学家刘易斯最早用两种行业，即正规与非正规来描述移民的生活及就业状态，国际劳工组织将"非正规部门（Informal Sector）"定义为："欠发达国家城市地区的低收入、低报酬、无组织、无结构的小规模生产或服务单位"[21]。在欠发达国家，非正规部门的就业占城镇人口就业的相当大一部分，在许多城市中，超过1/3的人口都在非正规部门就业，有些城市这个数字甚至超过2/3（图3-9）。虽然这些非正规部门的工作——大部分是小规模经营的街头交易——看起来不那么体面（表3-5），但却支撑着全世界超过20亿人的生活[7]。

非正规部门的就业类型　　　　　　　　　　　表3-5

Agriculture activities（农业活动）	Market gardening（园艺农业）
	Urban farming（都市农庄）
Manufacturing and construction activities（制造业和建造活动）	Food processing and home production of hot food（食品加工和家庭熟食制作）
	Garments（服饰）
	Crafts（手工艺）
	Jewelry and trinkets（珠宝饰品）
	Shoes（鞋）
	Household goods（日用商品）
	Electrical and mechanical items（电子机械商品）
	Alcohol production（酒精生产）
	Construction（建造）
Trading activities（交易活动）	Street corner sales（街头销售）
	Vending（贩卖）
	Newspaper hawking（报纸叫卖）
Services（服务）	Laundry（洗衣）
	Domestic services（家政服务）
	Hardware repair（硬件修理）
	Driving（驾驶）
	Odd jobs（零工）
	Maintenance and gardening（维修和园艺）
Other activities（其他活动）	Begging（乞讨）
	Protection（收保护费）
	Illegal activities，e.g.drugs（非法活动如贩毒）

资料来源：Kaplan D，Wheeler J，Holloway S.Urban Geography [M]. Hoboken：John Wiley & Sons, 2004：147.

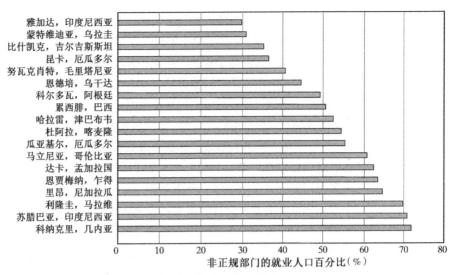

图 3-9　非正规部门的雇佣情况

资料来源：Knox P &McCarthy L.Urbanization：An introduction to Urban Geography [M]. 3rd ed.Pearson Prentice Hall，2011：171.

对城市中非正规部门就业的讨论褒贬不一。从好的方面讲，第一，非正规部门的进入门槛低，对教育水平和专业技术的要求低，因此吸收了大量的无法进入正规部门（Formal Sector）的剩余劳动力；第二，非正规部门的劳动效率高，一个家庭经营的非正规部门往往将家庭中所有的劳动力都投入进来，一些研究也证明"尽管非正规部门的某些部分从实质上必然由边缘化活动构成，但必须认识到该部门具有尚未开发的巨大生产和就业潜力"；第三，非正规部门的就业人口为城市正规部门的就业人口提供了必要的日常生活服务，从某种程度上降低了城市生活成本。从坏的方面讲，非正规部门最大的缺点就是工作薪酬及安全性低；其次，非正规就业缺乏稳定性，从业人员无法获得法定的就业保障和相应的政府福利。

3.3　中国城镇化
3.3　The urbanization in China

3.3.1　中国的城镇化历程
3.3.1　The progress of China's urbanization

中国历史上真正意义的城镇化是从鸦片战争后，西方工业文明借助西方殖民主义扩张对中国农业文明的冲击开始的。受到特殊的基本国情及相应制度安排的影响，中国近现代以来的城镇化进程表现出与西方国家城镇化有所不同的特点，并在不同的发展阶段受不同政策制度的制约，面临着不同的问题和挑战。关于中国城镇化的历程阶段有不同的划分方式，本书将自 1842 年《南京条约》的签订以来的中国城镇化进程分为以下三大阶段[9]：

（1）近代中国城镇化的萌动时期（1842—1949 年）

不平等条约的签订，通商口岸的被迫开放结束了中英鸦片战争，标志着中国进入半殖民地半封建社会，外国人可以在租界区居住，利用港口进行贸易往来。

部分城市依照西方城市建设的标准来进行建设，新的工业区、商业区以及单独家庭模式的居住区等在中国土地上出现。在1911～1949年间，中国城市人口增加，物质空间扩张，贸易与工业生产扩大，民族工业在夹缝中成长，一定程度上促进了中国民族资本的发展，但十分脆弱。这个时期，西方建筑更为普遍，城市城墙被改建或者拆除以便适应城市发展带来的压力以及减轻城市拥挤问题。农民工的涌入导致城市郊区缺乏服务性的、非正式的住宅区的形成。中国城镇化开始萌动。

（2）中华人民共和国成立到改革开放前的城镇化波动时期（1949—1978年）

这个时期是中国计划经济体制下中国城镇化发展的波动时期。在这个时期中又可以划分为两个阶段，一是1949—1960年城镇化复苏和发展时期，这期间中国政府开始着手重新修建富有社会主义意识形态的城市。城市开始从消费城市转变为生产城市，工业开始占据主导地位，成为城市生活的主要部分。二是1961～1978年城镇化停滞时期。受"大跃进"的影响，经济发展出现了严重不均衡的状态，大量农村人口涌入城市，农业供给不足，城镇化出现明显倒退。

（3）经济转型下的城市持续发展时期（1979年至今）

1978年，随着十一届三中全会的召开和改革开放政策（the reform and opening—up policy）的实施，中国经济体制逐步从计划经济向市场经济转变，城乡二元户籍制度逐步放松，中国的城镇化历程进入一个前所未有的持续发展时期。

这个阶段又可细分为1979～1992年的过渡阶段和1993年至今的市场化改革推动的持续增长阶段。1984年10月十二届三中全会召开，以城市为重点的经济体制改革全面展开，确立了以企业承包、放权让利等扩大企业自主权的经济改革路线，激发了城市活力，同时国家允许农民自筹资金、自理口粮进入城镇。1992年党的十四大进一步确定了建立社会主义市场经济体制的改革目标，鼓励农村人口进入城市，城市人口快速增加。

3.3.2 中国当代城镇化特点
3.3.2 The characters of urbanization in China

在中国城镇化的历史进程中主要表现为城镇化进程波动性较大、乡村城镇化显现、城市规模体系的动态变化加速、城镇化水平省际差异显著以及城镇化发展水平滞后等五个主要特点。[22] 从中华人民共和国成立到改革开放，再到21世纪以来，中国城镇化进程快速发展，经历了缓慢发展期、加速发展期和快速发展期三个阶段。而随着经济、社会、文化等各方面的发展以及不同政策的驱动作用下，中国城镇化在新时期呈现出新的时代特征，主要表现为以下五点：

（1）城镇化发展快速稳步上升

根据国家统计局2014年统计数据，我国2014年中国城镇化率达到了54.77%，城镇化总体上有了大幅提升，处于快速上升阶段，预计在未来的城镇化发展过程中将保持每年1%的增长速度（图3-10）。

（2）城镇化与工业化发展齐头并进

城镇化是工业化发展到一定阶段的必然结果，工业化通过拉动就业、增加收入、改变土地形态等方式影响城镇化发展，两者关联性极强。中国的工业化初期和中期阶段，城镇化一直滞后于工业化。近年来，中国各大、中城市加大工业园

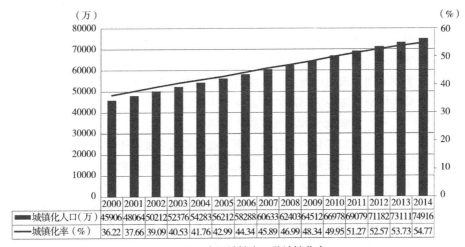

图 3-10　中国城镇人口及城镇化率
资料来源：作者根据国家统计局 2014 年数据自绘

	2000	2001	2002	2003	2004	2005	2006	2007	2008	2009	2010	2011	2012	2013	2014
■城镇化人口（万）	45906	48064	50212	52376	54283	56212	58288	60633	62403	64512	66978	69079	71182	73111	74916
—城镇化率（%）	36.22	37.66	39.09	40.53	41.76	42.99	44.34	45.89	46.99	48.34	49.95	51.27	52.57	53.73	54.77

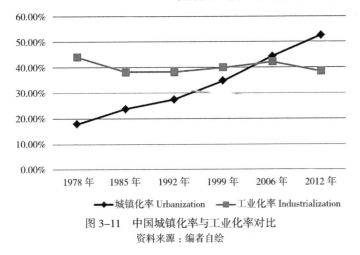

图 3-11　中国城镇化率与工业化率对比
资料来源：编者自绘

区建设投入，加快产业发展，工业化率与城镇化率差距在逐渐缩小（图 3-11）。

（3）城镇体系日益完善，布局日趋合理

改革开放以来，我国城镇体系日益完善。从宏观空间看，我国城镇空间合理布局的"大分散、小集中"格局正在形成，表现为与我国地理环境资源基本相协调的东密、中散、西稀的总体态势。从微观看，城市内部空间，中心城区、近郊区以及远郊县的城镇空间结构层次日益显现。

（4）人口流动的促进作用增强

随着户籍制度的改革和农村剩余劳动力的大量产生，我国人口迁移呈现出量大面广的特点，对城镇化进程起到了促进作用。东南沿海地区是国内人口流入最多的地区，由于经济发展较快，吸引了大量外来务工人口，在一定程度上促进了这些地区的城镇化，使之成为当前人口城镇化水平最高和近年来城镇化进程推进最快的地区。

3.3.3　中国的城镇化问题
3.3.3　The problems of China's urbanization

中国城镇化发展水平快速提升，从 1978 年到 2014 年，城镇人口占全国总人口的比重由 17.9% 提高到 54.7%，36 年间增长了 37 个百分点。快速的城镇化进程使中国的城镇化发展问题日益突出，主要表现为以下四个方面：

（1）城乡二元结构（The Urban-rural Dual Structure）突出，城乡发展失衡

城乡二元结构是我国城镇化进程中的突出问题。中华人民共和国成立以

来，中国实行优先发展重工业战略，城市实现快速发展。城市和乡村在计划经济体制下进行分治，导致城市大量吸纳农村资源，城乡二元结构固化。随着市场经济（Market Economy）的建立，城乡二元体制逐步松动，但资源遵循效率原则流向更发达的城市，城乡间产品与生产要素不平等、收入不均衡以及城乡公共服务的差距仍然制约着城乡一体化的发展。

（2）城镇规模和层级发展不协调

从我国城镇化的形态看，不同规模和层级发展不协调。多数的城市群，如环渤海、珠江三角洲、长三角三大城市群的经济实力比较强，大多数中小城市还处于城镇化的初级发展阶段，吸纳人口能力不足。大城市普遍面临较为严重的"城市病"问题，众多的建制镇和集镇规模太小，发展动力不足；中间规模的城镇数量缺乏，人口从农村向城市转移缺乏必要的过渡环节，城镇规模和层级发展表现出不协调。

（3）城镇化区域发展不平衡

由于各地城镇化发展背景、政治经济发展水平、自然资源、地理区位等各种因素的制约和差异，中国各地区城镇化发展水平存在明显差异（表3-6和扩展阅读3-3-1）。

中国各省、直辖市城镇化发展水平 表3-6

类型	省份	类型	省份
高城镇化慢速发展	上海、北京、天津	中城镇化慢速发展	黑龙江、吉林
高城镇化中快速发展	广东、辽宁、江苏、浙江	低城镇化快速发展	江西、河北、安徽、河南
中城镇化快速发展	福建、重庆、宁夏、陕西	低城镇化中速发展	青海、湖南、四川、云南、甘肃、贵州
中城镇化中速发展	内蒙古、湖北、山东、海南、山西	低城镇化慢速发展	新疆、西藏

资料来源：整理自梁书民.中国城镇化区域差异的原因分析与发展对策 [J]. 人口与发展 PKU CSSCI, 2015, 21（2）.

（4）城镇化过程中社会矛盾凸显

城镇化是伴随着工业化进程而产生的，早起沿海城市走粗放型工业化道路，随后其他城市照抄照搬经验，大力发展工业，进而导致资源浪费，环境污染。由于城镇的不断扩张，大量耕地被征用，导致土地城镇化快于人口城镇化，这一过程造成大量耕地被闲置。城镇化快速发展过程中，各个阶层的群体向大城市不断涌入，例如农民工的流动，大学毕业生谋求就业机会，由于经济条件、户籍等各个方面的受限，在大城市中逐渐形成了如城中村、"蚁族空间"[23]（详见扩展阅读3-3-2）等现象。

3.3.4 新型城镇化
3.3.4 New type of urbanization

（1）新常态下的时代背景

根据世界城镇化发展普遍规律，我国处于城镇化率30%～70%的快速发展区间，但延续过去传统粗放的城镇化模式，致使出现了前文中所阐述的各类城镇化问题，影响我国的现代化进程。2014 年 11 月，在亚太经合组织（APEC）工商领导人峰会上，习近平主席系统阐述了我国经济社会发展的"新常态"特点，即经济从高速增长转为中高速增长，经济结构优化升级，从要素驱动、投资驱动转向创新驱动。面对日益严峻的外部挑战和更加紧迫的内部要求，城镇化必须进入以提升质量为主的转型发展新阶段。从 1999 年的以人为本理念、2002 年的小康与城乡统筹、2003 年的科学发展观、2004 年的和谐社会、2005 年的新农村建设、2006 年的农业多功能、2007 年的生态文明建设、2008 年的强调宏观调控和 2009 年的包容与可持续发展，中国 21 世纪战略体系的不断优化与完善，城镇化转型发展的基础条件日趋成熟[24]。

（2）发展目标

在这个背景下，我国国务院与 2014 年颁布了《国家新型城镇化规划 (2014—2020 年)》（以下简称《规划》）[25]，将新型城镇化的发展目标定位为：①城镇化水平和质量稳步上升：促进城镇化健康有序发展，缩小城镇户籍人口城镇化率和常住人口城镇化率的差距，吸收 1 亿左右农业转移人口和其他常住人口。②城镇化格局更加优化：基本形成"两横三纵"为主体的城镇化战略格局，进一步完善城市规模结构，更加突出中心城市的辐射带动作用并增强，增加中小城市的数量并增强小城镇的服务功能。③城市发展模式科学合理：使集约紧凑型开发模式成为主导，严格控制人均建设用地并推进城市可持续发展。④城市生活和谐宜人：扩大各类城镇基本公共服务设施的覆盖范围并完善设施环境，实现城市发展个性化，城市管理人性化、智能化。⑤城镇化体制机制不断完善：基本消除阻碍城镇化健康发展的体制机制障碍。

（3）新型城镇化发展的新思路

在《规划》中，按照走中国特色新型城镇化道路、全面提高城镇化质量的新要求，明确了未来城镇化的发展路径，据此将新型城镇化背景下城乡发展的新观点总结为如下 7 个方面[25]（图 3-12）。

1）经济方面

经济方面的发展要点主要为创建城镇化资金保障机制，包括完善财政转移支付制度、完善地方税体系以及建立规范透明的城市建设投融资机制三个方面。

2）社会层面

社会层面，《规划》主要提出推进城乡规划、基础设施和公共服务一体化。在推进经济社会发展规划、土地利用规划和城乡规划三规合一的基础上，合理安排市

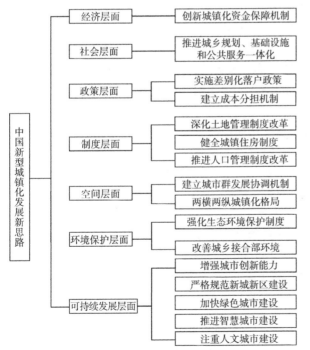

图 3-12 中国新型城镇化的新观点
资料来源：整理自中共中央国务院 国家新型城镇化规划
（2014—2020 年）. 北京：新华社，2014.[3-16].
http://www.gov.cn/zhengce/2014-03/16/content_2640075.htm.

县域城镇建设、农田保护、产业集聚、村落分布、生态涵养等空间布局，提高农村地区基础设施和公共服务保障水平，推进城乡社会保障制度衔接，加快形成政府主导、覆盖城乡、可持续的基本公共服务体系，推进城乡基本公共服务均等化。

3）政策层面

政策层面上主要提出差别化落户政策和成本分担体制。首先，差别化落户政策指分别按全面、有序、合理为原则放开建制镇和小城市、中等城市以及大城市落户限制，但须严格控制特大城市人口规模。其次，建立成本分担机制指的是政府和企业要承担农业转移人口市民化在义务教育、劳动就业、基本养老、基本医疗卫生、保障性住房以及市政设施等方面的公共成本。

4）制度层面

制度层面上的新观点主要包括土地管理制度、人口管理制度以及城镇住房制度的改革。第一，土地管理制度的深化涉及城镇用地规模结构调控机制、节约集约用地制度、建设用地有偿使用制度、农村土地管理制度、征地制度以及耕地保护制度等六个方面。第二，城镇住房制度的健全包括健全住房供应体系、健全保障性住房制度以及健全房地产调控长效机制三方面。第三，人口管理制度改革的推进涉及建立居住证制度和健全人口信息管理制度两方面。

5）空间层面

《规划》中涉及空间的新观点包括建立城市群（Urban Agglomeration）协调发展机制和"两横三纵"的城镇化格局两方面。首先，建立城市群发展协调机制意味着统筹制定实施城市群规划，明确城市群发展目标、空间结构和开发方向，明确各城市的功能定位和分工，统筹交通基础设施和信息网络布局，加快推进城市群一体化进程。与此同时，建立完善跨区域城市发展协调机制。以城市群为主要平台，推动跨区域城市间产业分工、基础设施、环境治理等协调联动。至此，七个城市群被明确地提出来，分别是哈长城市群、京津冀城市群、中原城市群、成渝城市群、长三角城市群、长江中游城市群以及珠三角城市群[26]。

其次，"两横三纵"的城镇化格局构建指以陆桥通道、沿长江通道为两条横轴，以沿海、京哈京广、包昆通道为三条纵轴，以轴线上城市群和节点城市为依托、其他城镇化地区为重要组成部分，实现大中小城市和小城镇协调发展。

6）环境保护层面

这个层面以强化生态环境保护制度和改善城乡接合部环境为主要内容。首先，生态环境保护制度的强化包括建立生态文明考核评价机制、建立国土空间开发保护制度、实行资源有偿使用制度和生态补偿制度、建立资源环境产权交易机制以及实行严格的环境监督制度五方面。其次，城乡接合部环境的改善涉及规范城乡接合部的建设行为，加强环境整治和社会综合治理、保护生态用地和农用地等多方面的内容。

7）可持续发展层面

《规划》提出的发展要点中关于可持续发展的内容占据了较大篇幅。可将其归纳为增强城市创新能力、规范新城新区建设、加快绿色城市建设、推进智慧城市建设和注重人文城市建设五个方面。

词汇表（Glossary）

urbanization：Urbanization is a population shift from rural to urban areas, "the gradual increase in the proportion of people living in urban areas", and the ways in which each society adapts to the change. (*Source*：*https*：// *en.wikipedia.org/wiki/Urbanization*)

suburbanization：the growth of areas on the fringes of cities. It is one of the many causes of the increase in urban sprawl. Many residents of metropolitan regions work within the central urban area, and choose to live in satellite communities called suburbs and commute to work via automobile or mass transit. Others have taken advantage of technological advances to work from their homes.

counter—urbanization：a demographic and social process whereby people move from urban areas to rural areas. It first took place as a reaction to inner— city deprivation and overcrowding.

reurbanization：the movement of people back into an area that has been previously abandoned. Reurbanization is usually a government's initiative to counter the problem of inner city decline otherwise known as gentrification. Inner—city decline usually occurs when problems such as pollution, overpopulation, inadequate housing, etc. arise.

gentrification：The process of neighborhood upgrading by relatively affluent incomers who move into a poorer neighborhood insufficient numbers to displace lower—income groups and transform its social identity.

rent gap：The hypothesized gap between actual rent attracted by a piece of land or property and the rent that could be obtained under a higher and better use. As the rent gap enlarges, opportunities for profitable reinvestment increase, as in the process of gentrification.

Yuppies：short for "young urban professional" or "young upwardly—mobile professional", is defined by one source as being "a young college—educated adult" who has a job that pays a lot of money and who lives and works in or near a large city.

over—urbanization：The concept that, in Third World countries/ economic growth is unable to keep pace with urban population growth, leading to major social and economic problems in most large cities.

under—urbanization：The achievement of high industrial growth without a parallel growth of urban population, typical of pre—reform socialist economies.

middle—income trap：is a theorized economic development situation, where a country which attains a certain income (due to given advantages) will get stuck at that level.

urban bias：The decision—making elite within third world countries live in the main cities. The urban bias argument suggests that they are far more concerned with the well—being of urbanites and of the cities they inhabit than they are with rural areas. As a consequence, the overwhelming majority of capital investment, public spending, and high—quality labor is found within the cities.

circular migration：Circular migration or repeat migration is the temporary and usually repetitive movement of a migrant worker between home and host areas, typically for the purpose of employment.

chain migration：movement in which prospective migrants learn of opportunities, are provided with transportation, and have initial accommodation and employment arranged by means of primary social relationships with previous migrants.

informal sector：The sector of an economy that involves a wide variety of activities that are not subject to formalized systems of regulation or remuneration. In addition to domestic labor, these activities include strictly illegal activities such as drug peddling and prostitution as well as a wide variety of legal activities such as casual labor in construction crews, domestic piece work, street trading, and providing personal services such as shoe—shining.

formal sector：The formal sector is made up of those jobs, either in government or private concerns, that provide a reasonably steady wage. The formal sector consists of the large industries, services, and the government, which employ those workers privileged enough to find a steady, permanent job. It also includes firms that employ people on a more temporary basis.

market economy：Market economy is an economy in which decisions regarding investment, production, and distribution are based on supply and demand, and prices of goods and services are determined in a free price system. In a market economy, the investment decisions and the allocation of producer goods are mainly made by negotiation through markets.

urban agglomeration：In the study of human settlements, an urban agglomeration is an extended city or town area comprising the built—up area of a central place and any suburbs linked by continuous urban area.

讨论（Discussion Topics）

1. 什么是城镇化？
2. 城镇化测度的方法有哪些？
3. 阐述城市发展周期的各个阶段的过程和特点。
4. 举一个你熟悉的国家的例子，来说明城镇化、郊区化、逆城镇化和再城镇化这四个阶段的演变历程。

5. 如何用城乡人口"推—拉"假说来解释我国的城镇化问题？

6. 对比发达国家和欠发达国家的城镇化进程的特点。

7. 阐述第三世界的城乡移民现象的动因，其与发达国家有何不同？

8. 利用表3-4中的人口数据制作一张2030年世界前25大都市区的分布地图。你认为哪些因素导致了这样的空间分布？

9. 简述中国城镇化的主要特点和面临的主要问题。

10. 简述新常态背景下中国城镇化的转型方向。

扩展阅读（Further Reading）

本章扩展阅读见二维码3。

二维码3 第3章扩展阅读

参考文献（References）

[1] McGee T.G.Catalysts or cancers？ The role of cities in Asian society [J].Urban Natl Dev，1971（1）：157—181.

[2] 森川洋．都市化与都市体系 [M].日本：大明堂，1989.

[3] Lampard E.E.The history of cities in the economically advanced areas [J].Economic Development and Cultural Change，1955，81—136.

[4] 顾朝林，吴莉娅．中国城市化问题研究综述（Ⅰ）[J]. 城市与区域规划研究，2008，1（2）：104—147.

[5] Rosenberg M.Demographic Transition [OL].About.Com，2015.http：//geography.about.com/od/cultural geography/a/demo transition.htm.

[6] Hall P.Cities of tomorrow [M].3rd.New York：Basil Blackwell，2002：316—319.

[7] Knox P.，McCarthy L.Urbanization：An introduction to Urban Geography [M].3rd.Pearson Prentice Hall，2011.

[8] 周一星．城市地理学 [M].北京：商务印书馆.1995.

[9] Pacione M.Urban Geography：A Global Perspective [M].2nd.London：Routledge，2005.

[10] 朱翔．城市地理学 [M].长沙：湖南教育出版社，2003.

[11] 钟水映,李晶,刘孟芳．产业结构与城市化:美国的"去工业化"和"再城市化"现象及其启示 [J]. 人口与经济，2003（02）：8—13.

[12] 托尼·尚皮翁．城市化，郊区化，逆都市化以及再都市化 [M]// 帕迪森诺．城市研究手册．格致出版社，上海人民出版社，2009.

[13] Champion T.Urbanization，suburbanization，counterurbanization and reurbanization [M]//R.PADDISON，W.LEVER.Handbook of urban studies.Beverly Hills：CA：Sage.2000.

[14] 许学强，周一星，宁越敏．城市地理学 [M].第二版．北京：高等教育出版社，2009.

[15] 赵荣，王恩涌，张小林等．人文地理学（第二版）[M]．北京：高等教育出版社，2006：191—199．

[16] Heilig G.K.World urbanization prospects：the 2014 revision [M].New York：United Nations，Department of Economic and Social Affairs (DESA)，Population Division，Population Estimates and Projections Section，2014．

[17] Johnston R.J.City and society：an outline for urban geography [M].London：Routledge，2007．

[18] 郑秉文．"中等收入陷阱"与中国发展道路——基于国际经验教训的视角 [J]．中国人口科学，2011（01）：2—15+111．

[19] Kohli H.S.，Sharma A.，Sood A.Asia 2050：realizing the Asian century [M].India：SAGE Publications India，2011．

[20] Kaplan D.，Wheeler J.，Holloway S.Urban Geography [M].Hoboken：John Wiley & Sons，2009．

[21] 李强，唐壮．城市农民工与城市中的非正规就业 [J]．社会学研究，2002（06）：13—25．

[22] 许学强，周一星，宁越敏．城市地理学 [M]．北京：高等教育出版社，1997．

[23] 顾朝林，盛明洁．北京低收入大学毕业生聚居体研究——唐家岭现象及其延续 [J]．人文地理，2012（05）：20—4+103．

[24] 单卓然，黄亚平．试论中国新型城镇化建设：战略调整，行动策略，绩效评估 [J]．规划师，2013（4）：10—4．

[25] 中共中央国务院．国家新型城镇化规划（2014—2020 年）[OL]．北京：新华社，2014 [3—16].http：//www.gov.cn/zhengce/2014—03/16/content_2640075.htm．

[26] Wong T.—C.，Sun Sheng Han，Zhang H.Population Mobility，Urban Planning and Management in China [M].Cham：Springer International Publishing，2015．

第4章 城市结构和土地利用
Chapter 4 Urban structure and urban land-use

　　城市结构是指构成城市各类要素之间的相互关系及其相互作用，这些要素不仅包括自然要素，还包括社会要素、经济要素、文化要素，甚至是政治要素和历史要素等。城市结构所涉及的要素的多元性，决定了城市结构的复杂性，而这些要素之间复杂而长久的动态作用关系，使得城市结构具有动态演化的特点。城市土地利用，作为城市结构的一种典型空间表现形式，是城市地理学研究中关注的一个核心话题。本章介绍了城市土地利用的类型、英国与我国的土地分类标准、揭示城市空间分布内在机制的经典经济模型；从人类生态学、社会学的跨学科视角认知、解读城市结构模式，介绍了城市地域结构的经典模式和城市社会学的经典学说；分析了后现代对城市规划思想、城市物质空间结构产生的影响；最后基于我国国情，分析了土地、住房政策变迁对于城市土地利用的影响。

4.1 城市土地利用类型与经典城市经济模型
4.1 Classification of urban land-use and the classical urban economic models

4.1.1 城市土地利用类型
4.1.1 Classification of urban land—use

城市土地从广义上来说，它包括了城市行政管辖范围内的陆地、水域以及地上、地下等地理空间的总体。从城乡规划实践的角度来看，需要明确城市土地所涉及的三个层次：

（1）城市建成区的土地

指城市建成区所在范围内的土地。城市建成区的实际界定，在不同的城市案例中，其具有较大差异。根据《城市规划基本术语标准》GB/T 50280—1998，在单核心城市，建成区是一个实际开发建设起来的集中连片的、市政公用设施和公共设施基本具备的地区以及分散的若干个已经成片开发建设起来，市政公用设施和公共设施基本具备的地区。对一城多镇来说，建成区就由几个连片开发建设起来的，市政公用设施和公共设施基本具备的地区所组成。

（2）城市（乡）规划区范围的土地

在1989年颁布的《中华人民共和国城市规划法》中，将城市规划区定义为城市市区、近郊区以及城市行政区域内实行规划控制的区域。城市规划区的具体范围，由城市人民政府在编制的城市总体规划中划定。2008年颁布的《中华人民共和国城乡规划法》强调了将城市与农村的规划建设进行统筹考虑的需要,使用了"规划区"的概念。《中华人民共和国城乡规划法》第二条指出，规划区是指城市、镇和村庄的建成区以及因城乡建设和发展需要，必须实行规划控制的区域.规划区的具体范围由有关人民政府在组织编制的城市总体规划、镇总体规划、乡规划和村庄规划中，根据城乡经济社会发展水平和统筹城乡发展的需要划定。

（3）城市行政辖区的土地

该概念与我国的行政区划等级制度密切相关。根据《中华人民共和国宪法》第三十条规定，我国行政区域划分有三个层次：第一个层次将全国分为省、自治区、直辖市；第二个层次再将省、自治区分为自治州、县、自治县、市；第三个层次则进一步将县、自治县分为乡、民族乡、镇。因此，在一个城市的行政辖区范围内，通常还包含县及其所辖的农村地区。也就是说，行政辖区范围内的土地，既包括了一部分城市土地，也包括了一部分农村土地。

考虑到实际城市土地管理需要和规划话语的统一性，城市土地通常指狭义上的城市建成区的土地。

为了科学合理调查、统计、分析城市土地资源，引导土地需求主体的开发建设行为，合理布局城市不同功能的空间布局，就需要对城市土地进行详细分类。由于各国的发展阶段和土地制度、管理办法和城市管治模式的差异，不同国家对城市土地的划分具有较大差异。例如在英国（英格兰和威尔士），在土地私有、规划管理权力相对分散以及个体市场行为自由的条件下，其城市土地利用分类采用了"框架加演绎"的逻辑模式[1]：上级政府给出大的划分框架（表4-1），地方政府在总体框架约束下，根据地方特点进行进一步的划分。

英格兰和威尔士的土地利用分类 表4-1

代码	用地名称	用地描述
A1	商店（Shops）	包括一般的商店、美发店、旅行社、宠物店、澡堂等
A2	金融与专业服务（Financial & Professional Services）	金融服务包括银行、建筑会、外汇兑换机构等；专业服务包括房地产代理、就业代理等；其他服务还包括一般博彩店、日贷款代理等
A3	旅馆与咖啡馆（Restaurants & Cafes）	最主要的业务是销售食物和一般小吃等的场所
A4	饮酒设施（Drinking Establishments）	主要用于销售和消费带酒精的饮品的地方，例如酒馆、酒吧等
A5	热食物外卖店（Hot Food Take-away）	主要用于销售外卖热食品的商店
B1	商业（Business）	第一类为办公用地（不包括A2的金融服务）；第二类为研发用地；第三类为轻工业（light industry）
B2	一般工业（General Industrial）	除了B1类中涉及的工业外的其他工业
B8	仓储与物流（Storage & Distribution）	各类货物的存储与配送中心
C1	旅馆（Hotels）	用于住宿、就餐等目标，无非常细致特别的服务
C2	住区服务机构（Residential Institutions）	为需要帮助的居民提供服务，包括医院、疗养院、培训中心、寄宿学校等
C2A	保障住区安全的机构（Secure Residential Institutions）	为居民提供安全保障服务，例如监狱、青年犯罪教育所、拘留中心、安全培训中心、兵营等
C3	住房（Dwelling Houses）	主要用于居民居住的地方，包括一人居住的情况，六人以下构成一户居住的情况（不包括C4所列的情况）
C4	多住户住房（Houses in Multiple Occupation）	三到六人的多住户家庭，超过六人的情况单列为特殊用地类型（见注释）
D1	非住区服务机构（Non-residential Institutions）	包括诊所、健康中心、博物馆、公共图书馆、艺术馆、展览馆、法院、非居住区的培训教育机构、祷告场所、宗教训诫场所、教堂等
D2	聚会休闲场所（Assembly & Leisure）	电影院、音乐会场、舞会会场、游泳馆、体操馆、室内（外）运动场等

注：除A、B、C、D四大类外，还单列了特殊用地（Sui-Generis）和其他用地（Other Changes of Use）。其中特殊用地包括剧院、夜总会等。其他用地主要指农业构筑物（Agricultural Buildings）。

资料来源：整理自 Cullingworth B., Nadin V.Town and country planning in the UK [M]. London：Routledge，2006.

　　而在我国，土地制度具有特殊性。城市建成区所辖范围内土地属国家所有，而城市郊区和划定为农村地区所辖的土地，除由法律规定属于国家所有以外，属于农民集体所有。农村的宅基地、自留地、自留山等均属于农民集体所有。因此，我国对城市土地的使用管控采取了三级市场制度，强调国家对全国土地资源的宏观管控和对城市建设用地的严格监督管理，相应地在城乡规划实践中，城市用地分类则采取了树形结构：根据管理尺度不同，对不同层次的用地类型都做出了详细的划分。2012年实施的《城市用地分类与规划建设用地标准》GB 50137—2011，考虑到城乡统筹的需要，制订了统一的城乡用地（Town and Country Land）分类体系，将城乡用地分成了建设用地（Development Land）和非建设用地（Non-development Land）两大类（表4-2）。在此基础上，又将城市建设用地（Urban Development Land）分成了8大类、35中类、42小类。

我国城乡用地分类 表4-2

代码		用地名称
		建设用地
H	H1	城乡居民点建设用地
	H2	区域交通设施用地
	H3	区域公用设施用地
	H4	特殊用地
	H5	采矿用地
	H9	其他建设用地
		非建设用地
E	E1	水域
	E2	农林用地
	E9	其他非建设用地

资料来源：《城市用地分类与规划建设用地标准》GB 50137—2011

我国城市建设用地分类 表4-3

代码	用地类型
R	居住用地（Residential）
A	公共管理与公共服务用地（Administration and Public Services）
B	商业服务业设施用地（Commercial and Business Facilities）
M	工业用地（Industrial）
W	物流仓储用地（Iogistics and Warehouse）
S	交通与交通设施用地（Road，Street and Transportation）
U	公用设施用地（Municipal Utilities）
G	绿地（Green Space and Square）

资料来源：《城市用地分类与规划建设用地标准》GB 50137—2011

表4-3列出了我国城市建设用地第一个划分层次的8大类用地类型。根据国际现代建筑协会（Congrès International d'Architecture Moderne，简写为CIAM）在1933年制定的城市规划的纲领性文件《雅典宪章》的分析定义，城市包含了四个最为根本的功能：居住、工作、游憩和交通。为了保障这些基本功能在城市中实施实现所需的土地空间，我国《城市用地分类与规划建设用地标准》GB 50137—2011对居住用地、公共管理与公共服务设施用地、工业用地、道路与交通设施用地和绿地与广场用地等的比例构成做出了具体的要求。例如规定城市总体规划方案中居住用地的比例必须达到25.0%～40.0%（表4-4）。同时，对于关系城市居民日常居住、工作、游憩和交通需要的人均用

地标准也做出了相关规定，例如规定人均居住用地面积在Ⅰ、Ⅱ、Ⅵ、Ⅶ气候区为 28.0 ~ 38.0m²/人，在Ⅲ、Ⅳ、Ⅴ气候区为 23.0 ~ 36.0m²/人；人均公共管理与公共服务用地面积不应小于 5.5m²/人；人均交通设施用地面积不应小于 12.0m²/人；人均绿地面积不应小于 10.0m²/人（其中人均公园绿地面积不应小于 8.0m²/人）。

我国规划城市建设用地结构要求　　　　　　　　表 4-4

类别名称	占城市建设用地的比例（%）
居住用地	25.0 ~ 40.0
公共管理与公共服务设施用地	5.0 ~ 8.0
工业用地	15.0 ~ 30.0
道路与交通设施用地	10.0 ~ 30.0
绿地与广场用地	10.0 ~ 15.0

资料来源：表中数据来自《城市用地分类与规划建设用地标准》GB 50137—2011

4.1.2 冯·杜能模型
4.1.2 The Von Thunen model

城市是各种人类活动的载体，那么随之而生的一个问题是：这些活动在城市空间中如何布局，其根本的内在机制是什么？从经济学角度对这一问题进行系统化研究，可追溯到德国农业经济学家冯·杜能（Von Thunen）关于区位与用地关系的理论模型。该模型试图探讨农业生产区位与土地租金之间的关系问题，其所采用的经济分析思路帮助我们理解不同城市活动需要占用多少城市土地空间以及在市场竞争条件下满足不同城市活动需求而形成的城市土地分配／分布结构。在此模型中，有如下几个假设：

（1）在此研究的空间范围内，有且仅有一个农产品市场处于区位 M，所有的农产品都被运送到该点进行交易；

（2）城市建成区的土地在此研究的空间范围内，所有的农业主均生产同一种农产品，并且采用相似的生产技术（Production Technology）和生产系数（Production Coefficient）；

（3）城市建成区的土地在此研究的空间范围内，所有的土地都具有相同的品质，农产品的生产、销售市场处于完全竞争状态，即任何农业主都能够自由进入该农产品生产、销售市场参与竞争；

（4）城市建成区的土地为了生产该农产品，农业主需要支付两类投入成本：土地投入成本和非土地投入成本（包括劳动力、生产工具等），且两者之间无法替代。

在此假设前提下，杜能模型的数学表达为：

$$\frac{\partial r}{\partial d} = -\frac{t}{s_m} \qquad (4-1)$$

r 表示单位土地面积的租金价格；d 表示从农产品生产点到市场 M 的运输距离；t 表示单位里程单位重量的货物的运输价格；s_m 表示单位农产品所需要

的土地面积；$\frac{\partial r}{\partial d}$ 为 r 对于距离 d 的偏倒数。根据该公式可以推测，在交通费率 t 保持不变的情况下，生产单位农产品所需要的土地面积 s_m 越大，则斜率的绝对值越小。将这一结论运用到城市生产生活的不同领域和门类，则可以得到不同类型城市活动的投标租金曲线（图4-1）：一般来说服务业活动生产单位产品所需要的土地面积较少，所以商业活动的投标租金曲线的斜率绝对值较大（比较陡峭）；而零售业活动生产单位产品所需的土地面积较大，因此其投标租金曲线较为平缓。而制造业的投标租金曲线斜率则处于两者之间。以市场 M 为中心，由于商业服务活动能够支付的 M 附近的土地租金较高，因此土地所有者愿意将土地租赁给商业服务机构，其结果就是商业活动主要分布于 M 周围，紧接着就是制造业，而后是零售业。

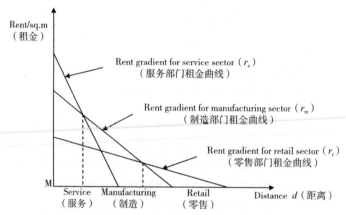

图4-1　杜能模型框架下不同用地类型用地的投标租金曲线

资料来源：作者自绘

4.1.3　投标－租金模型
4.1.3　The bid—rent model

投标－租金模型的研究发源于阿隆索对区位和土地利用关系的研究[2]，随后米尔斯、穆斯和伊文思等学者对其做了进一步发展，其基本思路是将杜能模型这一研究框架置于更加广阔的研究背景下，能够广泛采用微观经济学的相关理论。土地投标－租金模型是描述城市经济主体依据到市中心的距离及其便利度与区位地租水平而进行选址决策的模型。包括企业选址、居民购房、机构选择办公地点等行为，因此可以引申为企业投标－租金模型和住房投标－租金模型。

（1）企业投标－租金模型（The Bid—Rent Model for A Firm）

根据杜能模型，投标－租金曲线的斜率的表达式为 $-t/s_m$，对某一企业而言 s_m 取值不变。而在企业投标－租金模型中，假设土地投入和非土地投入之间可以相互替代；对土地价格而言，离市场 M 点越远，土地价格越低；而对于非土地投入而言，我们已经假设其价格不变；由此，随着与市场 M 点的距离的增加，土地投入价格与非土地投入价格相比，相对较低。在此情况下，

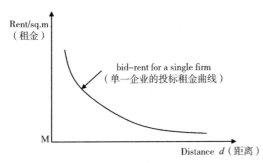

图 4-2　单一企业的投标租金曲线

资料来源：Philip Mccann.Urban and Regional Economics[M]. Oxford：Oxford University Press，2009.

企业将增加土地的投入而降低非土地投入。

因此随着距离的增加，s_m 有增大的趋势，投标－租金曲线的绝对值将减小，即曲线越平缓（图 4-2）。

（2）住房投标－租金模型（The Bid-Rent Model For a Residential Household）

城市住房投标－租金模型的基本原理与企业的投标－租金模型类似。不同的是，我们假设在地理空间上有一个点 M（通常也可以理解为中央商务区），该点是各类工作机会的集聚之地。每一个个体为了工作，都需要从居住地通过某种交通方式到 M 点工作，由此产生交通成本。而每一个个体选择在某一地点居住，将消耗一定面积的住房。假设个体消费住房产生的效用是交通通勤投入、住房面积和其他非土地投入成本的函数，记为：

$$U=U（K（d），S（d，r），T（t，d））\qquad(4-2)$$

其中 K 表示非土地要素的投入成本，S 表示住房占用的土地面积，T 为交通通勤用成本，d 为居住地到中心区的距离，t 表示交通单位距离的价格，r 为土地的租金价格。个体的居住选择的目标就是在预算约束条件下达到效用最大化。

$$约束条件为：Y-iK（d）-r（d）S（d，r）-td\geqslant 0\qquad(4-3)$$

其中，Y 表示预算约束，由个体收入水平决定；i 为与距离无关的其他非土地成本投入的价格。达到均衡状态时，有：

$$Y=iK（d）+r（d）S（d，r）+td\qquad(4-4)$$

对公式（4-4）两边求关于 d 的偏导数，并令其值为 0（以取得最大效用值），运用包络定理（Envelope Theorem）[3] 得到（推导过程见扩展阅读4-1-1）：

$$\frac{\partial r}{\partial d}=-\frac{t}{s}\qquad(4-5)$$

为了分析收入水平的变动对城市住房空间分布结构，对式（4-5）两边分别对家庭收入进行求导，得到：

$$\frac{\partial\left(\frac{\partial r}{\partial d}\right)}{\partial Y}=-\frac{1}{s}\left(\frac{\partial t}{\partial Y}\right)+\frac{t}{s^2}\left(\frac{\partial s}{\partial Y}\right)\qquad(4-6)$$

当式（4-6）取值为正时，表示随着收入的增加，投标租金曲线将变得更加缓和。由此得到城市土地对不同收入群体的分配模式如图 4-3 所示。即低收入人群居于城市中心区，紧邻其的为中等收入人群，而高收入人群则居于城市外围。

这一结果似乎与经验观察产生了明显的矛盾。根据经验，通常是高收入人群居于城市中心而低收入者居于城市外围。为了解释这一结果，假设式（4-6）取正值，有 $\frac{t}{s^2}\left(\frac{\partial s}{\partial Y}\right)>\frac{1}{s}\left(\frac{\partial t}{\partial Y}\right)$，两边同时乘以家庭收入 Y，得到

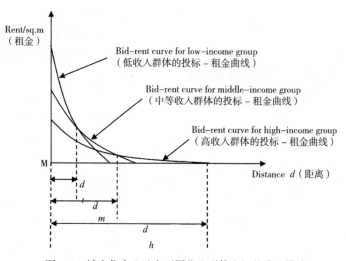

图 4-3　城市住房土地在不同收入群体之间的分配模式

资料来源：Philip Mccann.Urban and Regional Economics[M]. Oxford：Oxford University Press，2009.

$$\left(\frac{Y}{\partial Y}\right)\left(\frac{\partial s}{s}\right) > \left(\frac{Y}{\partial Y}\right)\left(\frac{\partial t}{t}\right)，也即：$$

$$\frac{\left(\frac{\partial s}{s}\right)}{\left(\frac{Y}{\partial Y}\right)} > \frac{\left(\frac{\partial t}{t}\right)}{\left(\frac{Y}{\partial Y}\right)} \tag{4-7}$$

其中，$\dfrac{\left(\frac{\partial s}{s}\right)}{\left(\frac{Y}{\partial Y}\right)}$可以理解为某一个体对住宅面积需求的收入弹性，而$\dfrac{\left(\frac{\partial t}{t}\right)}{\left(\frac{Y}{\partial Y}\right)}$则可以理解为某一个体对交通成本的收入弹性。

图 4-3 描述的是住宅面积需求的收入弹性大于个体交通成本的收入弹性，即个体对空间需求比对交通成本需求考虑更加敏感。除了交通和收入，环境质量也是影响居民住房选择的一个重要因素（详见扩展阅读 4-1-2）。

4.1.4　对经典城市经济模型的批判
4.1.4　Critiques of urban economic models

本节讨论关于上述经典投标 - 租金模型的两点不足。第一个方面是关于其单中心的假设带来的局限。在投标 - 租金模型中，整个城市地域中有且仅有一个占据绝对中心地位的中心点 M。而在现实中，特别是在大城市中，往往含有两个或多个中心。在这种结构影响下，城市的投标 - 租金曲线将呈现如图 4-4 所示的模式。

对投标 - 租金模型的第二个评判来自于模型中关于土地供给和土地所有权的假设。投标 - 租金模型中，潜在的假设条件是城市所有土地归唯一的土地所有者所有，并且土地的供

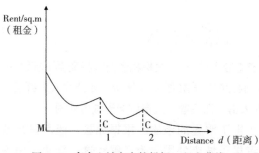

图 4-4　多中心城市中的投标 - 租金曲线

资料来源：Philip Mccann.Urban and Regional Economics[M].
Oxford：Oxford University Press，2009.

给不受到政策和城市投机约束。而在土地私有的土地制度下，城市土地往往被分割成为不同地块，而其所有权也属于不同的所有者，这就使得在现实中所有土地所有者面对市场需求的竞争会采取不同的供给行为。受未来期望利益驱使，许多土地所有者会将城市中心的土地暂时闲置或作为停车场，由此形成价格陡坎。而许多郊区农民，可能也为了土地投机，将土地闲置或者种植无须大量农业劳动的低价值作物。

4.2 城市结构模式：人类生态学视角
4.2 Urban structure：an ecological perspective

4.2.1 城市地域结构
4.2.1 Urban area structure

城市地理学中的城市地域结构理论研究城市的内部布局模式，并解释城市内部空间分异的过程。该理论与后面章节中将要介绍的城镇体系理论共同构成城市地理学研究的"城内"和"城际"研究体系。广义的城市结构（Urban Structure）是指构成城市经济、社会、环境发展的主要因素在一定时期内形成的相互关联、相互影响与相互制约的关系，是城市空间的抽象表达；本节中所指的城市（内部）结构是狭义的城市结构，关注城市布局（Urban Location）和城市形态演化（Urban Morphogenesis）[4]，即城市土地利用在空间地域的分布形态（详见扩展阅读4-2-1）。

要了解城市空间地域的分布形态，先要理解城市地域的两个特征：均质性（Homogeneousness）和结节性（Nodositas）。均质性是指城市地域在职能分化中表现出来的一种保持等质、排斥异质的特性，可以根据土地利用、建筑样式、居民职业、人口密度等要素的差别来判断，这里主要强调土地利用的均质性。均质地域（Homogenous Region）指在均质性的作用下，城市功能呈均质分布的地区，即以某种特定职能为主构成的地域，如商业区、工业区、居住区。而结节性指城市中的某些地段对人口流动和物质能量或信息交换具有吸引作用。结节地域（Nodal Region）由结节点（Nodal Point）和吸引区（Attraction Area）共同构成城市的势力圈。结节点是城市中具有聚集性能的特殊地段，是区域功能核心，比如城市中央商务区（CBD）；吸引区是指与结节点在功能上紧密联系，具有共同利益的外围地区，受到核心的影响、支配和控制[3]。由此，在城市及其周围一定范围内，便可以根据城市地域的均质性，以城市中心为核心划分出若干功能区（Functional Area），各个功能区共同构成城市的结节地域。

4.2.2 城市地域结构的经典模式
4.2.2 Classical models for urban area structure

1920 年代，美国芝加哥大学建立了人类生态学派（Human Ecology），人类生态学是城市社会学研究的第一个主流范式，也是首个系统地关注空间的学派，其空间思想是社会空间理论的奠基力量。人类生态学认为城市空间的结构和秩序是人类群体竞争的自然结果，认为"各种物种之间的竞争性合作关系的分析或许可以很好地用作人类学类似的研究模式"，人类社会空间的变迁同样受到生物群落的入侵（Invasion）和演替（Succession）原则的支配[6]。人类生态学派主要采用描述性的历史形态方法，来概述城市土地利用的空间分异规律，即不同的人群和社会组织如何依据自身的实力（家庭收入、教育水平、种族等多种因素）占据不同的区位。最著名的是伯吉斯（E.W.Burgess）的同心圆模式，霍伊特（H.Hoyt）的扇形模式和乌尔曼（E.L.Ullman）的多核心模式，这三者在学术界被誉为城市地域结构三模式，被称为"城市土地利用的理论基础"[4]。

（1）同心圆模式（Concentric Zone Model）

城市发展的同心圆模式是较早的一种城市内部结构理论，最早出现在美国社会学家伯吉斯与帕克（R.E.Park）、麦肯齐（Mckenzie）共同发表的《城市：对城市环境中人类行为研究的建议》（Suggestions for the Investigation of Human Behavior in the Urban Environment）一文中。图4-5即伯吉斯以当时芝加哥的城市土地利用结构为原型提出的同心圆模式。他的假说认为城市的发展是从城市中心向外圈层式扩展的，并按照这种扩展模式将城市划分为5个圆形地带，分别为中央商务区（Central Business District）、过渡区（Zone in Transition）、工人住宅区（Zone of Working Men's Homes）、高级住宅区（Residential Zone）以及通勤居住区（Commuting Zone）[5]（详见扩展阅读4-2-2）。随着时间的推移，这5个环形地带均不断扩大，向外侵占下一个区域，各个区域内的人口也处于不断的流动之中，因为总有新的移民来填充从过渡区搬迁出去的居民留下的空缺，这个过程是入侵和演替在人类社会空间中的体现。

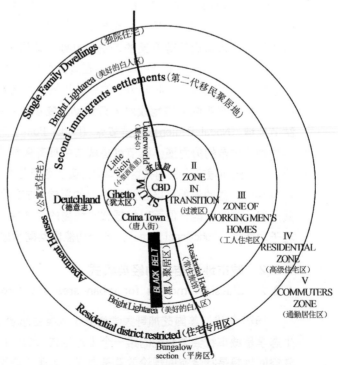

图4-5　伯吉斯的同心圆模式及其在芝加哥的体现

资料来源：R.Park & E.Burgess. The City[M]. Chicago：University of Chicago Press，1925.

值得注意的是同心圆模式是作为一种理想模式而被提出，因此并不能真实地反映城市空间分异与变迁的实际情况，实际上，由于时间和空间的差异，任何一个城市地域结构模型都难以完美地适用于所有城市。因此要客观地认识同心圆模式，就必须理解该模式的前提假设（详见扩展阅读 4-2-3）。比如，伯吉斯是以芝加哥作为研究原型而提出同心圆模式，而芝加哥的飞速发展与大量外来移民的激增密不可分。更为关键的是，同心圆模式是基于非常严格和特定的经济和政治环境，即对土地区位的竞争完全基于竞争者的经济实力，而政府机构不作任何干涉，而这在大多数城市中都是难以实现的。

同心圆模式是伯吉斯根据自身对芝加哥的印象抽象出的描述性模型，后来城市研究学者用土地经济学中的竞租曲线（Bid-Rent Curve）（图 4-6）赋予了同心圆模式经济学解释。基于古典的价格与地租理论，在城市土地区位选择中，所有竞争者都倾向于花费最少的租金和运费获得最高的效用。越靠近城市中心的可达性（Accessibility）越高但地租（Land Rent）也越高，竞租者需根据自身付租能力选择自身能够支付并最适合的区位。因此对可达性要求最高并且具备相应付租能力的竞租者便可以占据越靠近市中心的位置，如百货、精品商店等零售商业（Retail）；而那些同样对可达性要求较高但不具备相应付租能力的竞租者便只能占据靠近市中心的外围区域，如货仓（Warehouses）、轻工业（Light Industries）、批发业（Wholesales）等，而对区位可达性的要求较低的居住区（Residential）和农业区（Agricultural）则分布在城市外围。从中央商务区到城市外围，付租能力减少程度由大到小依次是商业、工业和批发业、居住、农业，将其投影到城市平面图上形成了类似伯吉斯同心圆模式的土地圈层模式。

（2）扇形模式（Sector Model）

芝加哥学派的另一个学者霍伊特较早提出了对伯吉斯的同心圆模式的质疑。他认为同心圆模式对均质性平面的假设是不现实的，他基于 142 个美国城市从 1878 年到 1928 年间的住区房租的分布情况，提出了扇形模式理论（图 4-7）。同伯吉斯的同心圆模式类似，扇形模式也认为城市只有一个中心商业区，中心商业区伴随着商业和服务活动的扩展而扩展，穷人靠近工业区和中心商业区居住。两者的区别在于扇形模式考虑了线性易达性（Linear-accessibility）和定向惯性（Directional Inertia）的影响，它指出随着人口的增加，城市将沿着交通运输线路逐渐向外扩展，因此城市的发展是由市中心向外呈楔形或扇形而非呈同心圆向外扩展。扇形理论的主要研究结论见知识盒子 4-1。

和同心圆模式不同，扇形模式认为城市土地利用结构和住区的演变是由高收入家庭（Affluent Households）的区位选择行为来决定的。霍伊特认为，高收入家庭

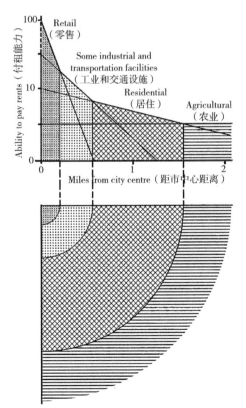

图 4-6　竞租曲线

资料来源：Pacione M.Urban Geography：A Global Perspective[M]. 3rd ed. London：Routledge，2009：195.

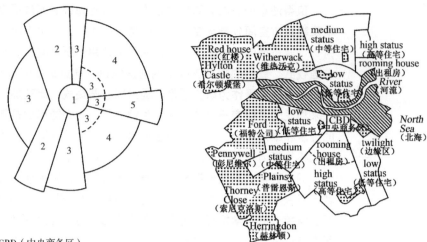

1 CBD（中央商务区）
2 Wholesale, light manufacturing（批发与轻工业）
3 Low-class residential（低等级住宅）
4 Medium-class residential（中等住宅）
5 High-class residential（高级住宅）

▒ Council housing（公屋）
▨ Industry（企业）

图 4-7　霍伊特的扇形模式及其在 Sunderland 中的应用

资料来源：Pacione M.Urban Geography：A Global Perspective[M]. 3rd ed. London：Routledge，2009：193.

总是优先占据交通线路两侧或河流、湖泊沿岸等景色优美、远离工业、环境质量较高的扇形区；中等收入家庭则占据毗邻高租金地区左右的位置，而低租金地区则沿着与高租金地区相反的方向延伸。随着中上层社会的代际转移（Generational Shift），即新一代的富人总是倾向于购买城市外围的新住宅以远离市中心的嘈杂和拥挤，而他们空出的旧宅则出让给较低一层居民，这个过程形成一个住房空置链（Vacancy Chain），使城市不断向外围呈扇形推进。

扇形模式的缺陷在于，第一，它从土地的居住功能出发而忽视了土地的其他使用功能；第二，它仅根据房租这一指标来对城市地域进行划分，而对土地使用的经济和社会因素关注不够，如忽视了宗教和种族因素对美国城市土地使用的重大影响。

 知识盒子 4-1

扇形模式的主要研究结论（Main conclusions of the sector model）：

1. Rent and therefore socioeconomic status，varied within cities primarily by radial wedges（sectors）.

（不同的地租和社会经济地位在城市中呈放射状的扇形分布。）

2. The highest rents were to be found in a single sector that often extended out continuously from the CBD.

（高租金地区通常沿径向从城市中心向外围扩展并呈单一扇形布局。）

3. Intermediate rents，associated with middle-class neighborhoods，were commonly found in sectors on either side of the high-rent，high-status sector.

（中等租金地区，即中产阶级居住区，通常布局在高租金扇形地域的两侧。）

4. Low rents, associated with working class and low-income housing, were usually found on the side of the city opposite the high-rent sector.

（低租金地区，即工薪阶层和低收入家庭，通常布局在高租金地区的反方向。）

5. Over time, the high-rent sectors :

tended to grow outward along major transportation routes ;

tended to grow along ridges of high ground, free from the risk of flooding and with panoramic views ; and

tended to be drawn toward the homes of community leaders.

（随着时间的推移，高租金地区：

将沿着主要交通干线向外延伸；

将占据城市中的高地，以远离洪水威胁，同时获得最好的景观视线；

将靠近社会领袖的住所布置）

资料来源：Knox.P.Urbanization : An Introduction to Urban Geography [M]. Upper Saddle River : Prentice-Hall.1994 : 100-102.

（3）多核心模式（Multiple-nuclei Model）

哈里斯和乌尔曼（Harris &Ullman）认为，伯吉斯和霍伊特的模型均假设城市只有一个中心且位于城市的几何中心，这种假设过于简单。他们提出了城市发展的多核心模式，认为一个大都市地区的城市增长是围绕多个经济活动中心进行的，即除了中央商务区，城市地域内部还存在其他的中心，如轻工制造业中心（Light Manufacturing Center）、重型制造业中心（Heavy Manufacturing Center）、城市外围商业中心（Outlying Business Center）等。这些次一级的中心都吸引着一定的地域范围，以这些中心为核心又可将城市地域划分为多个地区（图4-8）[6]。多中心的形成某种程度上也是由于不同的生产活动需要不同的区位、地租成本以及配套设施条件（详见扩展阅读4-2-4）。

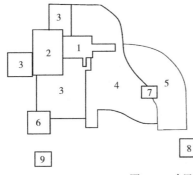

District （分区）

1 Central Business District（中央商务区）
2 Wholesale, light manufacturing（批发与轻型制造业）
3 Low-class residential（低等住宅）
4 Medium-class residential（中等住宅）
5 High-class residential（高等住宅）
6 Heavy manufacturing（重型制造业）
7 Outlying business district（外围商业区）
8 Residential suburbs（郊外住宅区）
9 Industrial suburbs（郊外工业区）

图4-8　哈里斯和乌尔曼的多核心模式

资料来源：Harris.C.D, Ullman.E.L.The nature of cities [J]. Annals of the American Academy of Political and Social science, 1945,（242）: 7-17.

哈里斯和乌尔曼不仅认识到城市地域发展的多元结构（Multi-nodal Nature of Urban Growth），还承认了不同城市之间的差异。他们认为城市的土地利用模式是随着当地语境（Local Context）的改变而改变的。有些城市的多核心从城市形成之初便存在，而有些城市的多核心则是在城市发展过程中逐渐形成的。例如，伦敦和威斯敏斯特分别作为金融商业和政治中心而相对独立存在，这在城市开始形成时便是如此；而芝加哥附近的卡梅鲁区则是得益于芝加哥重工业的迁移而逐渐发展出新的城市中心。

4.2.3 三大模型的演进
4.2.3 The modification of the classical models

上述三大经典模式的一个很大的局限在于它们都是以典型的美国城市为原型提出，1965 年曼恩（P.Mann）结合伯吉斯和霍伊特的模式，并结合英国城市的风向特征，提出了英国典型中等城市模式[7]（图 4-9，A Typical Medium-Size British City）。克斯利（G.Kearsley）进一步深化了曼恩的思想，提出了对同心圆模型的改进模型[8]（图 4-10，Modified Burgess model），考虑了现代城市化进程中的更多因素，比如英国城市发展过程中政府的干预（Governmental Involvement）、贫民窟清洗运动（Slum Clearance）、郊区化（Suburbanization）、中产阶级化（Gentrification）、内城的衰退（Inner-city blight）等。万斯（J.Vance）则在多核心模型的基础上建立了城市领域模型[9]（图 4-11，Urban Realm Model）和多核心模型不同的是这个模型中每个地区中心都是自给自足（Self-sufficient）的，不依靠传统的城市中心而独立存在。需要注意的是，任何一个模式都无法完美地适用于所有城市，在一个大城市中，往往可以看到上述多个模式的综合体。

生态学的城市地域结构理论停留在对城市地域结构的描述阶段，对其空间分化的内部机制只是从社会因素的角度进行概括地解释，不能建立一个适应于跨文化和不同社会经济形态的统一模式，也忽视了社会文化因素土地使用结构的影响。实际上在很多其他城市中，相对于经济因素，社会价值对社会空间组织起到更为决定性的作用。因此在后面的内容中，将从社会学的角度理解与分析城市结构。

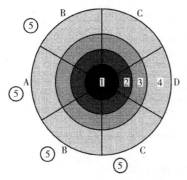

1.City center（城市中心）
2.Transitional zone（过渡区）
3.Zone of small terrace houses in sectors C and D, bye-law houses in sector B, large old house in sector A（在 C 区和 D 区为小型联排式住宅，在 B 区为公屋，在 A 区为老式大房子）
4.Post-1981 residential areas with post-1945 development mainly on periphery（"一战"后的住宅区外围主要在"二战"后发展起来）
5.Commuting distance villages（通勤村庄）
A.Middel-class sector（中等阶级住区）
B.Lower-middle-class sector（中下等阶级住区）
C.Working-class sector（and main municipal housing areas）（工人阶级住区以及主要公用住宅区）
D.Industry and lowest working-class areas（工业区和底层工人阶级住区）

图 4-9 曼恩的英国典型中等城市模型

资料来源：Mann.P.An approach to Urban Sociology [M]. London：Routledge，1965.

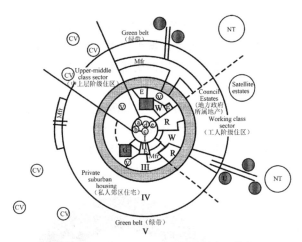

R :Local body development scheme
(当地机构发展计划住宅)
Mfr :Manufacturing district located on radial
and concentric routeways or in twilight
zone
(位于发射状和环状道路上或边缘区内的制造业)
V :Encapsulated village
(城中村)
G :Ares of gentrification
(中产阶级化区)
W :Area of stable working-class communities
(稳定的工人阶级社区)
CV :Commuter village
(通勤村庄)
E :Area of residence of ethnic minority
(少数民族聚居区)
U :Inter-urban commercial/industrial site
(城际商业/工业区)

I :Central business district
(中央商务区)
II :Zone in transition: twilight zone
(过渡区：边缘区)
III :Pre-1918 residential development
(一战前发展的居住区)
IV :Pre-1918 suburban development
(一战前发展的郊区)
V :Exurban zone of commuter settlement
(通勤者聚居的城市远郊带)
NT :New town
(新城)
▨ :The divide between inner city and outer
suburbs—often marked by a fringe belt
of institutional land use.
(内城和外围郊区的分界——通常表现为由公
共土地利用构成的边缘带)

图 4-10 克斯利的同心圆模型改进模型
资料来源：Kearsley G.Teaching urban geography：the Burgess model [J]. New
Zealand Journal of Geography，1983，（12）：10-13.

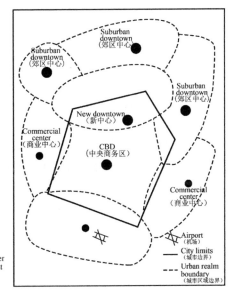

图 4-11 万斯的城市领域模型
资料来源：Lantis D W.Geography and Urban Evolution
in the San Francisco Bay Area by James E.Vance [J].
Geographical Review. 1964：454.

4.2.4 世界各地的城市地域结构
4.2.4 Urban structures in the world's major regions

在世界范围内，不同国家和地区的城市地域结构存在一定程度的分异。这种差异是由于历史变迁、意识形态、社会文化等多方面的原因综合影响而成的。下文将分区域介绍几种典型的城市地域结构。

现代拉丁美洲城市的地域结构和空间布局（spatial layout）反映了其殖民历史的影响、不同阶层的地域分异，也反映了市政服务和公共设施的有限性。如图4-12所示，拉美城市和很多西方城市一样，中心商务区坐落在城市中心，周围是成熟居住区，再往外则是混合居住区，其中分布着很多贫民窟。城市边缘则是最贫困的地区，聚集着拾荒者、流浪者等社会群体。

中东欧国家的城市地域结构主要受政府和国家的宏观调控影响而非市场规律。斯大林主义（Stalinism）时期，有一种强烈的意识形态上的声音，即社会主义城市具有统一的特征。苏联的马格尼托哥尔斯克城展示了共产主义城市的一些原则。功能分区呈线性模式。离这条河最近的是一个漫长的线性公园，其次是居民区，绿化区域，通道，工业区，铁路，平行腰带状分布的居住区和工业区由绿化区域隔离。这种布局意图强调理想城市的线性规律，也有利于工业的发展，且能提供充足的绿色空间。

南亚城市地域结构保留了一系列殖民时期的空间分异特点。由图 4-13 可以看出，南亚殖民城市的空间格局产生阶级分异。城市以通商港口和行政管理中心为核心，为殖民者服务。中心外围是本地居民的聚居地，城市最外围才是新兴资产阶级和中产阶级的聚居地。

东南亚国家的城市地域结构也显示出阶级分异，空间隔离的特点。东南亚大规模的殖民港口城市的特点是高强度的经济活动和土地的混合利用。城市以港口区为核心，围绕其布置政府区和殖民商业区。政府区外围是中密度居住区以及高收入的封闭社区。同时，新兴工业庄园也被建在城市边缘吸引跨国公司，促进就业增长。

非洲的城市地域结构呈现多元化的特点。殖民历史遗留的种族问题深刻影响了非洲城市的地理空间布局。其中最明显的就是种族隔离导致土地利用的分异。这种现象广泛存在于南非国家中。殖民城市地理空间的显著特点是西方殖民者占据城市的中心区位。

同时，非洲还存在一种混合型城市（图 4-14），表现非洲本土文化和西方文化的交织与融合。该模型展现了一种种族的不规则分布特点和宗教飞地和不同收入阶级的居住单元的叠加特点。混合型城市以历史行政区为核建设中心商务区，围绕中心区分布着相互之间存在隔

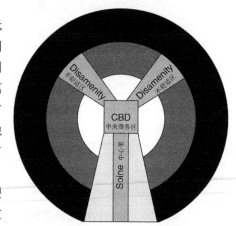

■ Commercial / industrial 商业 / 工业
▨ Elite residential sector 精英居住区
□ Zone of maturity 发展成熟区
▨ Zone of in situ accretion 现状发展区
▨ Zone of peripheral squatter settlements 外围棚户区

图 4-12 拉丁美洲城市模型
资料来源：Kaplan D，Wheeler J，Holloway S.Urban Geography [M]. Hoboken：John Wiley & Sons.2009：462.

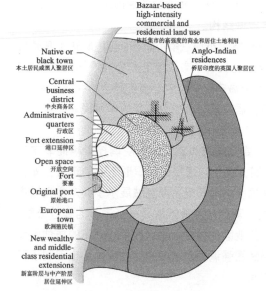

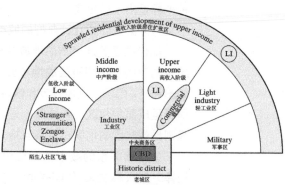

图 4-13 南亚的殖民城市（左）
资料来源：Knox P &McCarthy L.Urbanization：An introduction to Urban Geography [M]. 3rd ed. Pearson Prentice Hall.2011：154.

图 4-14 混合型城市（右）
资料来源：Knox P &McCarthy L.Urbanization：An introduction to Urban Geography [M]. 3rd ed. Pearson Prentice Hall.2011：148.

离的低收入阶级聚集区、中产阶级聚集区以及高收入阶级聚集区。同时，高收入阶级居住空间不断向城市外围扩张。

4.3 城市结构认知：社会学视角
4.3 Urban structure cognition from the perspective of sociology

4.3.1 马克思主义
4.3.1 Marxism

1970 年代，经历战争后的世界各国的经济格局、政治格局和社会格局都发生了重大改变。一方面社会主义国家的崛起，与西方资本主义世界形成分庭抗礼之势，在这些国家马克思主义思想影响渗透到社会的各个领域。另一方面，战后资本主义社会经济危机引发了人们对城市问题、城市发展本质的思考，马克思主义（Marxism）的观点则提供了一个全新的理论视角。最后，由于空间分析学、行为地理学自身的理论方法限制，已不能解决现有的城市地理问题。这些都成为马克思主义地理学产生和发展的重要背景。西方马克思主义者主张在资本主义生产方式的理论框架下探讨城市的发展、解决城市的问题。

（1）马克思主义地理学的研究方法

首先，马克思主义地理学将辩证唯物主义和历史唯物主义恰当地应用于自己的论证中。"大部分新马克思主义城市学派学者的认识论和方法论都继承了马克思和恩格斯理论研究的特点，坚持'历史唯物主义'的理论原则，将物质生活的生产方式作为分析社会的基本出发点，将社会生产关系和矛盾分析作为研究社会的根本方法"[10]。

其次，马克思主义地理学注重调查统计资料的收集和引证，通过对案例的研究为理论提供强有力的支撑。

再次，马克思主义地理学吸收了同时代西方马克思主义研究的方法。结构主义马克思主义和存在主义马克思主义思潮是马克思主义研究的主流观点，其代表人物卡斯特尔（Manuel Castells）和哈维（David Harvey）都受到了阿尔都塞结构主义马克思主义的影响，主张人的本质属性只有通过认识社会结构或社会关系而实现，社会结构是社会科学的研究客体，只有通过研究结构才能理解和解释观察到的现实，具体将会在下一节进行介绍。而列斐伏尔（Henri Lefebvre）则是人文主义者的代表，强调人的主体和决定性的存在地位，他对城市进程与空间的联系的深入研究，开创了马克思主义城市理论的先河。列斐伏尔最后一部重要的城市研究著作《空间的生产》(The Production of Space)，对空间的历史、现实和未来做了极富想象力的描述，并且修正了之前研究的观点，将空间的生产作为城市学研究的核心问题（详见扩展阅读 4-3-1)。

（2）马克思主义地理学主要研究内容

1）劳动地域分工

经济空间是相关经济的社会关系差异和相互作用的产物。研究劳动地域分

工所引起的社会组织的空间形式，可以探究生产关系和空间格局之间的控制和依赖关系（详见扩展阅读4-3-2）。

2）区位决策

区位决策理论将马克思主义的某些基本概念，如劳动、资本、生产方式、劳动力与资本的矛盾、剩余价值、资本积累、阶级关系、社会结构等，用来作为硬性区位决策的基本因素[11]。个人、公司、组织的空间行为和区位选择以及由此产生的经济空间结构，是由其特定的生产方式、权力结构、劳资关系、生产关系以及资源与财富的分配方式来决定的。譬如一家劳动密集型企业的区位选择，势必会根据劳动力数量、价格和运输条件来确定可以带来较大利润的区位。

3）自然——环境关系

马克思对资本主义社会的抨击是建立在对社会与自然关系的基础之上的。马克思主义认为，自然和社会并不是各自独立的王国，相反它们之间有着基本的相互关系，即：通过社会劳动来实现自然与社会的统一。劳动不仅把自然存在的物质凝聚到社会商品之中，而且在改变自然形式的同时也改变了人类社会自己[12]。

西方马克思主义者揭露和批判了当代资本主义社会中人与自然关系的异化的现实以及各种生态问题，并探索人与生态关系恶化的根源，将之与资本主义制度联系起来考察。他们认为，资本主义社会中，自然被当作控制或统治的对象而不是协调的对象；技术手段被当作掠夺自然的工具，对自然的掠夺性态度导致了一系列的生态及社会问题。

4.3.2 结构主义
4.3.2 Structuralism

以语言学为缘起的结构主义（Structuralism）为我们提供了研究城市结构与形态的方法论依据。结构一词来源于拉丁文"structura"，是指系统内部各组成要素之间的相对稳定的联系方式、组织秩序及时空关系的内在表现形式[13]。结构不仅规定了整体，联络整体的各组成部分，同时还构成了整体，具有自组织性；结构始终处于一个动态的发展过程之中，具有历史性，是一个"时间"和"空间"的综合体。城市具有自组织性，城市结构经过历史的演化而具有稳定的生命力，城市同时也是"时间"和"空间"的综合体。因此，结构这一概念所呈现的特性与城市的基本属性极其相似。

（1）结构主义源起及发展

结构主义并不是一个统一的哲学派别，而是在多门科学中共同使用的研究方法。结构主义最早由瑞士语言学家索绪尔（Ferdinand de Saussure）创立于结构主义语言学方法，导致了现代语言学革命，其影响进一步扩展到哲学社会科学的许多部门。1950年代末～1960年代初，大量的社会问题涌现，而原有的基于物质空间的实证、计量主义空间分析方法无法解决社会关系和空间关系的矛盾，遭到众多城市地理学家的批判，结构主义的思想开始逐渐应用于城市地理学。

结构主义学者认为社会关系和空间关系是被资本主义生产方式所决定或所影响的，对城市空间结构的解析应建立在社会结构体系的层面上，而不是建立在个体选址行为上，因为社会结构体系是个体选址行为的根源，资本主义的城市问题是资本主义的社会矛盾的空间表现。结构主义学者皮亚杰（Jean Piaget）认为结构具有整体性、转换机制、自我调整功能三大特性[14]（详见扩展阅读4-3-3）。

结构主义学派中值得一提的是哈维对城市化的研究和卡斯特尔对城市问题的研究。卡斯特尔用结构马克思主义的观点来解释资本主义城市化的结构与进程。他认为城市空间是社会结构的表现，社会结构是由经济、政治、意识形态系统组成的，其中经济系统起决定作用。为了进一步分析他的理论，卡斯特尔提出了一个核心概念：集体消费，并从劳动力再生产的过程来阐述。卡斯特尔认为作为集体消费过程发生的主要场所——城市，其发展和演变是占统治地位的资本家阶级和被压迫的劳动者阶级之间不断进行的资本斗争的结果。卡斯特尔认为国家干预是要消除或缓和资本家的投资活动以及在投资过程中所产生的问题。他以这种观点理解和把握城市的构成和发展，即城市是集体消费单位，而国家提供教育、医疗、公共服务等集体消费的经费和服务，并逐渐涉及日常性和家庭性劳动力的再生产。哈维则从生产来界定城市化过程，在其早期著作如《社会正义和城市》（1978）中，直接从社会制度这一根本层次来进行研究。根据马克思主义关于资本主义生产和再生产的周期性原理，他以"相互关联的资本循环"为基础，提出了资本运动"三次循环"的理论（详见扩展阅读4-3-4），并以此来解释资本运动和城市空间发展的关系。哈维通过这一分析框架，探讨了城市危机的动力机制和开发、再开发的循环过程。

（2）结构主义地理学方法论

结构主义理论认为一切是由人类行为构成的社会现象，表面上看来杂乱无章，其实内在遵循着一定的结构，这种结构支配并决定着一切社会现象的性质和变化。结构主义地理学在方法论上可归纳为以下几个特性。

1）整体性

结构主义是一种整体主义，强调整体性、集体性和社会性。在地理研究中，结构主义认为孤立的各个部分本身是没有意义的，只有将部分置于整体之中才有重要性。城市是由一个由多元空间、多元时间及多元关系网络所组成的整体，虽然其中的某一部分会发生变化，但并不一定会改变其结构本身。结构主义的这种整体性研究与系统研究又有所不同，系统（system）指一套相互关联的实体结合而成的体系，而结构更侧重系统内部的整套关系。

2）内部性

结构主义反对实证主义仅仅满足于表面现象的罗列和描述，而是主张应把握深藏于现象中的结构。所有看似杂乱无章的地理现象背后，都由其内部结构统一支配。因此，结构主义关注的问题是：事物发生的原因是什么？事物是怎样转变的？转变过程中各种因素又是如何促进事物发展的？通过研究现象的外部关系（表层结构）去寻找支配现象的内部关系（深层结构），在它们所依附

的事物的结构中寻找其作用机制，是结构主义研究的方法。

3）客观性

结构主义地理学认为，一切社会现象和文化现象的意义和性质都是由其先验的结构所"规定"的，人的一切行为都无意识的受结构所支配，人只能体现结构的作用，是结构的载体，而不能改变结构。结构主义与以存在主义为代表的人本主义不同，它主张把人融合到客观化的、无个性的和无意识的结构中，实际上是以集体的主体性去代替存在主义的个人主观性。

4.3.3 城市马赛克
4.3.3 Urban mosaic

"马赛克"原本是一个物理形态的概念，指不同主体拼接组合在一起而形成的整体空间现象。"城市马赛克"是在 1920 年代，随着城市居民多元化的加剧而产生的一种描述人口和社会现象的概念。

开创美国城市社会学研究的帕克（Park R.E）最早指出城市马赛克的概念：城市其实是一个"社会马赛克"（A Mosaic of Social Worlds），每个单元都在结构和文化上与其他单元区别开来[15]。概括来看，城市马赛克现象本质上是一种城市空间结构或者城市形态，突出表现为每一个单体都是均质的，但是整体却呈现异质性。当以不同的属性特征加以标记时，则有相应的马赛克现象，如社会马赛克、人群马赛克、生态景观马赛克等。

1938 年，城市社会学芝加哥学派的创始人之一沃斯（Louis Wirth）以移民社会学为主要视角研究芝加哥的人口、民族构成，并在《作为生活方式的城市主义》中指出：城市主义的特征是人口数量巨大、高密度，各种各样的聚居区像马赛克一样拼接在一起[16]。城市之所以形成马赛克的现象，其实是因为存在着明显的社会群体的隔离。从社会群体隔离的影响因素来看，社会群体隔离可以划分为多种类型（知识盒子 4-2）。

社会隔离从心理层面体现为社会距离（Social Distance），从物质层面则体现为空间上的隔离（Spatial Segregation）：主要表现为居住的隔离。从有形的城市空间内来看，居住马赛克是城市马赛克现象的首要表现。芝加哥学派在 1930 年代的城市社会研究中发现：人群居住空间演变就像生物群落的演替一样，当一种新物种侵入后，原物种会逐渐迁出，从而新物种接替原物种形成新的物种群落[17]。该学派认为移民迁入城市遵循入侵——演替理论（Invasion-succession Model），不同的移民居住区与原住民居住区形成空间上的隔离。造成这种隔离的因素很多，除了经济和文化因素外，制度和政策也对居住隔离有明显影响。

 知识盒子 4-2

社会群体隔离的多种类型（Different types of social isolation）：

按照隔离的内在影响因素划分的四种类型：

1. Social segregation of social factors.For example，the nobility and gentry class live in a specific block，however，the craftsmen are clearly distinguished.

（社会因素带来的社会阶层的隔离。如贵族和绅士阶层居住在特定的街区，与工匠和小贩阶层区分明显。）

2. Social segregation of economic factors.Economic factors belong with other factors such as social preferences，urban structure，discrimination，leading to the result of isolation.

（经济因素带来的社会隔离。经济因素与其他因素如社会偏好、城市结构、歧视等因素一起，形成隔离的最终结果。）

3. Racial segregation.

（种族的隔离。）

4. Segregation brought by religious belief.

（宗教信仰带来的隔离。）

按照隔离的成因划分的三种类型：

1. 区位性隔离（Ecological Segregation）。人们由于经济压力选择的结果。

2. 自愿性隔离（Voluntary Segregation）。由于文化因素、心理因素影响下人们自觉自愿选择的结果。

3. 非自愿性隔离（Involuntary Segregation）。在外力作用下（如被法律或习俗）生活在某一特定的区域。

资料来源：王红霞. 中国城市马赛克：人口多元化进程及其社会影响 [M]. 上海社会科学院出版社，2013：9-10.

通过建立指标体系，可以对社会隔离进行定量测度。马西（Massey）和登顿 (Denton) 分析了 20 多种隔离指数并把其划分为五类：均匀性（Eveness）指数，暴露性(Exposure)指数，集中性指数(Concentration)，中央化指数(Centralization)，集聚性指数（Clustering）。五类指标数常用的指标见表 4-5，其中分异指数、孤立指数的计算公式见扩展阅读 4-3-5。

居住隔离的度量维度及指标　　　　　　　　　　　　表 4-5

隔离维度	度量含义	具体指标
均匀性（Eveness）	不同人群分布的均匀性	分异指数、基尼系数、熵、阿特金森指数
暴露性（Exposure）	不同人群潜在的联系程度	交流指数、孤立指数、相关性
集中性（Concentration）	人群在物理空间上集中的相对数量	Delta 指数、绝对集中指数、相对集中指数
中央化（Centralization）	某类人群靠近城市中心的程度	绝对中央化指数、相对中央化指数
集聚性（Clustering）	少数群体不均匀分布在邻近区域的程度	绝对集聚、空间邻近性、相对集聚、距离衰减交流、距离衰减孤立

资料来源：表中数据来自王红霞. 中国城市马赛克：人口多元化进程及其社会影响 [M]. 上海：上海社会科学院出版社，2013：18.

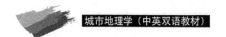
4.4 后现代主义对城市空间结构的影响
4.4 The influence of postmodernism on urban spatial structure

第二次世界大战结束以后的 1970 年代，西方社会普遍进入"丰裕社会"阶段，享受着长期的和平、繁荣。艺术、文学、建筑都逐步转向娱乐性、享受性，千篇一律的设计风格已成为新生代厌烦的目标，他们希望设计风格更富于变化。后现代主义以色彩绚丽、装饰华贵、材料奢华的方式引起广泛的注意[21]。

后现代主义这一名称来自查尔斯·詹克斯（Charles Jencks），理论基础则来自罗伯特·文丘里（Robert Venturi）。后现代主义（Postmodernism）产生于现代主义（Modernism）之后，文丘里曾对现代主义的逻辑性、统一性和秩序性提出质疑，主要批判机器工业化，反对科学独裁性，宣扬超越历史和思想自由。如果说现代主义是基于工业革命、机器化生产的基础之上，那么后现代主义则是基于电子信息化、时空压缩基础之上的。后现代主义不仅影响着社会和文化，还影响着城市规划的不同层面。

4.4.1 后现代主义思潮对建筑风格的影响
4.4.1 The influence of postmodernism on architectural style

后现代建筑的主要特点之一是"双重编码"——既符合现代主义的风格又结合其他材料或图案等。这是从历史主义、复古主义出发的形而上学和隐喻折衷象征手法的运用。

在更广泛的城市化背景下，随着后现代主义文化和哲学的出现，后现代的建筑可以解释为伴随着全球化而转变为形式更灵活的资本主义企业。哈维认为，虽然这种转变以及对现代主义的批判已经持续了一段时间，但是直到 1973 年国际经济危机的出现，艺术与社会的关系才产生严重矛盾而让后现代主义成为公认的、制度化的新自由主义。

后现代主义的另外一个重要特点是传承历史文脉，或者称之为历史的连贯性，提倡运用装饰，讲究文脉而同现代主义分离。这些传统符号的出现并不是简单地模仿古代建筑式样，不是单纯的仿古，而是对历史关联趋于抽象、组合、夸张、变形，并具有典雅、浪漫的折衷主义色彩[18, 19]。现代主义建筑与后现代主义建筑的差异详见扩展阅读 4-4-1。

4.4.2 后现代主义思潮对城市规划思想的影响
4.4.2 The influence of postmodernism on urban planning

将后现代主义引入地理学可以追溯到迈克尔·迪尔（Michael Dear）和埃德·索亚（Ed Soja）的著作中。自 18 世纪的启蒙运动以来，西方的现代思想就建立在逻辑、理性和科学认识的基础上。现代主义的思维也就是人们共识的科学，相反，后现代主义排斥科学、理性与理解，却表现出差异敏感性。事实上，后现代主义很难用任何简单解释来定义。后现代主义更多地表现出复杂性和多元性，主观性和不确定性以及混乱和矛盾。表 4-6 所示内容，引导我们关注后现代主义的基本属性。

| 后现代主义的属性 | 表 4-6 |

Postmodern Perspectives/ 后现代主义的视角
Revolt against rationality of modernism/ 反对现代主义理性
Complexity celebrated/ 复杂性
Disorder and chaos/ 混乱
Diversity/ 多样性
Paradigms renounced/ 范例式的放弃
Heterogeneity/ 异质性
Subjective and indefinable/ 主观性和不确定性
Multiple voices/ 多重声音
Ephemeral and ad hoc/ 临时性
Plurality and contradictions/ 多元化矛盾
Disjointed and incomplete/ 不完整性
Tolerates the incommensurable/ 包容不匹配性
Eclectic kaleidoscope/ 折中性

资料来源：整理自 Kaplan D.，Wheeler J.，Holloway S.Urban Geography [M]. Hoboken：John Wiley & Sons，2009：13.（his source from J.O.Wheeler.Compiling）

大多数城市地理学家认为后现代思想是一个用来理解城市的多样性和不平等性的有价值的角度。因为不同的人经历着不同的生命周期有不同的城市经验。每个人的参与城市都和其他人一样具有不同的效用，因此后现代主义者认为所有人的观点都是同等重要并准确的。例如，迈克尔曾在《后现代主义城市条件》(Postmodern urban condition) 一书中这样写道："现代主义思想的理论已经被破坏了，名誉扫地；取而代之的是一个多样性的全新方法。"另外他还有这样的观点："随着 21 世纪新地理学的诞生，后现代主义思潮将再次兴起。"

菲利普·约翰逊 (Philip Johnson) 在美国建筑师协会会议上认为，现代主义已经走到尽头，后现代主义时代已经来临。依布尔·哈桑 (Ibur Hassan) 概括后现代城市规划：多元差异性，强调边缘化，反对宏大，强调断裂，生态伦理与可持续发展观。因此，关于后现代的城市规划，意味着更灵活、更民主、更具差异和更和谐。概括其特点为：①反理性和工具性；②强调差异和多元；③强调文脉。其核心在于多元性和包容性，强调社会正义与公平，重视公众参与。

与此同时，后现代主义的拥护者认为现代主义世界本质上是过时的，因此后现代主义思想激发了许多批评的声音，他们认为这仅仅是一种"思考"方式，而且是自我满足的、曲折的、危险的和有错误的倾向的地理学。

后现代主义与现代主义思想对比见表 4-7。

| 后现代主义与现代主义思想对比 | 表 4-7 |

比较 （Compare）	后现代主义	现代主义
文脉 （Context）	反对与过去一刀两断的做法	追求表象
方法 （Ways）	寻求特点与城市识别性，寻求独有特征和地标	非文脉主义，国际主义，模式化，中立化，破坏与推倒一切的方式
手法 （Methods）	象征主义，装潢，智慧，创新，拼贴，强调人的尺度	理性主义，功能主义，泰勒主义（科学管理），机器比喻主义；少就是多，形式追随功能，功能分离

续表

比较 （Compare）	后现代主义	现代主义
问题 （Problems）	引导平等社会，设计解决环境问题	乌托邦主义
参与 （Participation）	平等主义，对独裁统治，反权威主义， 小规模规划，拼贴设计，参与设计	资本主义，依赖权威和干预
形态 （Form）	回归传统建筑形态	追求新建筑形态
识别性 （Recognition）	使用熟悉的要素，使人们产生归属感， 产生可识别性	冲击性技术，陌生的做法

资料来源：整理自程海帆．从《Postmodern Urbanism》看后现代主义的城市规划；proceedings of the 第七届全国建筑与规划研究生年会，F，2009 [C].

4.4.3　后现代主义思潮对城市空间结构的影响
4.4.3　The influence of postmodernism on urban spatial structure

城市空间结构（Urban Spatial Structure）作为城市构成要素之间的关系组合，从其表征上看，它是城市各物质组成要素平面和立面的形式、风格、布局等有形的表现，是多种建筑形态的空间组合格局；而从其实质内涵而言，它正是一种复杂的人类经济、社会、文化活动和自然因素相互作用的综合反映，是城市功能组织方式在空间上的具体反映。

进入1960年代以后，随着发达国家由工业化社会向信息化社会的迅速转化，现代城市物质空间结构与人类行为、情感、环境等方面存在的冲突日益明显。于是城市空间结构研究发生了新的转变，开始倡导对城市结构深层次的社会文化价值、生态耦合和人类体验的发掘，进入了一个强调结构模式适应人类情感的人文化、连续化模式的发展阶段。经典科学崇尚的秩序、因果单一与稳定可复的理性思维原则，相对论、混沌逻辑、突变论等科学与哲学的变革则给我们展示了一个"后现代"思维概念。

现代城市从早期霍华德（Howard）的田园城市，到后来柯布西耶（Corbusier）的光辉城市均是以理性思维作为规划城市结构的核心。然而经过二三百年的发展，遇到了种种矛盾无法解决，而后现代主义的出现变成了最终的一种改变城市结构的力量。

可以看出后现代主义城市内涵是突出人的作用，以多元的方法构造现实环境，主要有以下几种主导的规划思想：

（1）多元并存的空间规划观念

后现代概念追求环境的连续性，用多元的涵义把城市各部门、各单元组合起来，并试图借助含混折衷、复杂性、矛盾性，集中反映一个开放性的城市综合体系，最典型的莫过于有机城市、生态城市、簇群生长城市等空间结构模式。后现代主义以有机思想理解城市空间结构，强调城市中多元社区文化、精神单元的并存，并尽可能自给自足，用"拼贴"方式构成以流动、生长和变化为特征主体的"簇群"（Cluster）城市结构。

（2）文脉主义的空间规划手法

现代技术用钢筋、水泥、玻璃堆砌起来的缺乏生机的城市，已与现代人类的生活情趣、要求格格不入。城市为了保持它的持久魅力，必须实现历史的延续，反补一种被现代主义所割裂的历史情感。后现人主义城市结构实践中常用的文脉主义手法有两种：①地区—环境文脉手法，把整个地区的居民生活方式和社会文化模式作为一个整体单元加以延续，它倾向于传统式所述的簇群结构的拼贴模式；②时间—历史文脉手法，讲求从传统城市结构中提取符号、传统的历史信息，赞同现代与传统结构的兼容。后现代主义强调城市空间结构的文脉主义，并不是一种片面复古的历史情结，而更体现了现代、未来社会对传统、人性回归的渴求。

(3) 模糊不定的空间规划模式

后现代主义推崇的城市空间结构是以软环境为主导的，具有历史的特定性和人的主观性，因而其也是一种无限与不定的理想模式。詹克斯（Jencks）曾生动地把后现代主义追求的城市空间结构比喻成中国园林的空间，"把清晰的最终结果悬在半空，以求一种曲径通幽、永远达不到的某种确定目标的路线"。

对于后现代主义而言，任何事物都存在着不确定和多样性，因此它们的要素之间并不存在因果性的、决定性的相互关系，要把它们统一起来是不可能的也是不应该的；后现代主义者关注的是不可重复的事物，是独一无二的事物，这与现代主义关注一般性和总体性的事物、反复出现的事物正好相反，因此，后现代主义者不追寻规律，也不相信真理[20]。

4.5 中国的土地政策及其对土地利用的影响
4.5 The land use and housing policies in China and its influences

4.5.1 我国城市土地政策变迁
4.5.1 The history of Chinese urban land system

我国的土地制度（Land System）主要分为城市土地制度（Urban Land System）和农村土地制度（Rural Land System）两大类，在本章节中主要讨论我国的城市土地政策。我国与美国等西方国家土地制度根本不同在于，我国土地归国家或集体所有，而西方国家土地属于私有财产。

由于受到政治、经济、社会等各方面因素的影响，我国的城市土地使用（Land Use）经历了漫长、复杂的演变过程。因而在我国历史上，城市土地所有权也有着复杂多样的形式。从1949年至今，我国城市土地政策大致可以分为五个阶段：中华人民共和国成立初期、全面建设社会主义时期、"文化大革命"时期、改革开放时期、土地改革深化时期。

(1) 中华人民共和国成立初期：1949—1956年

此时期中华人民共和国刚刚成立，国内百废待兴，国外形势变化诡谲，这一阶段完成的是新民主主义到社会主义（Communism）的转变。在1949—1953年，我国继续推行土地改革运动，城市土地改革政策主要是没收和征收帝国主义、国民党等占有的城市土地，将其变为国有财产。在1953—1956年，主要是制定并执行总路线，初步建立农村土地所有制政策，在1955年前后，

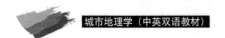

为了与计划经济（Planned Economy）相匹配，我国各大城市相机取消城市土地使用税，土地使用制度与计划经济制度相匹配，此时期的土地使用权实行行政划拨，无偿、无限期地提供给使用者，同时不允许转让。

（2）全面建设社会主义时期：1956—1966 年

1956 年 9 月中共第八次全国代表大会的召开，开始了社会主义建设道路的初步探索。这一时期，国家采用赎买的方式，将私营房地产公司、房地产业主以及资本主义工商业所拥有的城市地产接管，使之成为国有财产。其中，自用房地产所有权得以保留。这期间，初步形成了无偿、无限期、无流动为特点的城市土地产权制度，这是和我国当时高度集中的计划经济体制密切相关联的。

（3）"文化大革命"时期：1966—1976 年

"文革"十年我国经历了空前的浩劫，整个国家在经济、科研、教育等各方面陷入了混乱，国家的土地政策也处于基本停滞甚至倒退的不正常状态。由于极"左"思潮的影响，城市土地管理极度混乱，不少城市私有房产被非法接收、没收，公房被强占、破坏。此时期造成了许多房产纠纷。

（4）1978—2000 年

在实行了改革开放（Reform and Opening-up）政策后，土地使用制度也进行了相应的改革，此时期实现了城市土地的国有化、建立了城市土地有偿使用制度（Charged Land Use System）以及城市土地流转制度（Land Transfer System）。在 1982 年，通过的《宪法》第十条规定："城市土地属于国家所有。"至此，在全国范围内（除港、澳、台以外）实现了城市土地的国有化，将城市上位国有化的土地转变为了国有土地。这点美国和我国有很大的不同，美国土地是私有制（详见扩展阅读 4-5-1）。

在这一时期，城市土地从无偿使用制度转变到为有偿使用制度。在 1979 年国务院颁布了《中华人民共和国中外合资经营企业法》，其中规定"如果场地使用权未作为中国合营者投资的一部分，合营企业应向中国政府交纳使用费"。1982 年，深圳开始征收土地使用费。1988 年国务院发布《中华人民共和国城镇土地使用税暂行条例》，自此中国城市土地在法律上正式步入有偿使用轨道。

在土地流转制度上，深圳市政府于 1989 年率先进行了土地有偿出让的实验。1988 年，第七届全国人民代表第一次会议通过了《中华人民共和国宪法修正案》，将原来《宪法》中规定的土地不得转让改为"土地的使用权可以按照法律的规定转让"。我国土地使用制度进入了新的阶段，城市土地有偿使用制度逐步建立和完善，城市土地流转的市场也随之建立。

（5）土地改革深化时期：2000 年至今

目前，我国城市土地使用制度的基本形式是所有权和使用权分离，土地使用权可以有限期地出让给土地使用者。2007 年，《中华人民共和国物权法》进行了明确规定："工业、商业、旅游、娱乐和商品住宅等经营性用性用地以及统一土地有两个以上意向用地者的,应当采取招标、拍卖等公开竞价的方式出让"，从法律上确立了国有建设用地使用权出让的市场制度。通过这一过程，国家拥有的城市土地所有权实现了确实的经济收益。

4.5.2 我国城镇住房制度变迁
4.5.2 The history of Chinese urban housing system

城镇住房制度（Urban Housing System）是国家在解决城镇居民住房问题方面实行的基本政策和措施。我国的城镇住房制度与国家的基本经济制度有着不可分割的联系，而且住房制度改革是整个国家经济体制改革中重要的一环。城镇住房制度主要包括城镇住房的投资、管理、分配等。我国的城镇住房制度大致可以分为三个时期，按照时间顺序是计划经济福利住房体系、住房制度改革的探索阶段、住房制度建立和完善阶段。

（1）计划经济福利住房体系：1949—1978年

在中华人民共和国成立后，我国逐步建立其高度集中的计划经济体制。受国内经济环境和"苏联范式"的影响，我国住房制度采用了福利住房体系（Welfare Housing System），住房建设资金全部来自于国家投资，政府和职工单位负责住房的建设、管理和维修养护。此时期的住房制度有着"低工资、低租金、加补贴、实物配给制"的特点。住房分配标准主要以工龄、家庭人口等非经济因素为依据，与职工的劳动贡献关系很小。单位职工使用住房时候向国家缴纳少量的租金，实际上，所缴纳的资金并不能与住房维护成本相抵消，亏损部分由国家和单位进行补贴。此时期的土地制度是国有土地使用权无偿使用，由国家统一进行行政划拨，单位和个人不得进行转让。

此时期实行的国家供应的福利住房制度有很多弊端，其一是住房建设和管理给国家财政和单位造成了不小的经济负担，不能实现住房建设的良性循环；其二，住房建设存在房屋总量匮乏、居住空间小、房屋缺乏维护等问题，居民的居住品质差；其三，住房采用行政划拨，容易产生不正之风。

（2）住房制度改革的探索阶段：1978—1994年

住房制度与经济制度是高度相关的，在我国实行改革开放后，原有的福利住房制度已不再适合当前经济形势。在1978年，邓小平提出了关于房改的问题，明确提出我国城镇住房制度的改革方向是住房商品化。在1980年，国务院批转了《全国基本建设工作会议汇报提纲》，正式确立了住房商品化政策。此时期提出了"三三制"，这是以出售旧公房为突破点的一种公房出售措施，政府、单位、个人各负担房价的1/3。但由于当时职工工资低，又没有其他金融借贷等做事，实行"三三制"后能购买住房的人很少。随后我国提出了以提租补贴为核心的住房政策，可简要概括为"提租增资"。"提租"是指将原来象征性的公房租金提升到相应成本的租金，"增资"指的是在提高公房租金后相应提高职工的工资。

1992年，公积金制度（Housing Accumulation Fund System）在上海率先实行。上海实行了"五位一体"的住房改革方案，具体包括推行公积金、提租发补贴、配房买证券、买房给优惠、建立房委会五项措施。上海方案开辟了新的住宅资金筹集渠道，对全国房改产生了很大的影响和推动作用。

（3）住房制度建立和完善阶段：1994年至今

1994年，国务院印发了《关于深化城镇住房制度改革的决定》，基本内容是把住房投资由国家、单位统包的体制改变为国家、单位、个人三者合理负担的体制；把住房实物分配的方式改变为以按劳分配为主的货币工资分配方式；建立以中低档收入家庭为对象、具有社会保障性质的经济适用住房供应体系和以高收入家庭为对象的商品房供应体系；建立住房公积金制度；发展住房金融和住房保险等。随着经济体制和住房体制改革的不断深入，在 1998 年，我国开始停止住房的实物分配，逐步实行住房分配货币化，这标志着实物福利分房的终结，以市场供应为主的城镇住房供应体系确立。政府和单位的角色已经从房屋的提供者（Provider）转变成为市场的推动者（Enabler）[21]。

由于过度的市场化以及政府在住房市场上一定程度的缺位，住房出现房价上涨过快和保障性住房进展缓慢等问题。住房价格大大超过国民收入的承受能力，中低收入群体购房十分困难，产生一系列社会矛盾。2008 年底，国务院下发了《国务院办公厅关于促进房地产市场健康发展的若干意见》，第一部分就提出要加大保障性住房建设力度。目前我国的公共住房有着不同的产品形式，如：北京的经济适用房、廉租房；上海的中低价商品房、配套商品房；深圳的安居房。尽管形式不同，但在本质上都是国家的公共住房政策的公共住房（关于国外的公共住房政策，在扩展阅读 4-5-2 中有简单介绍）。

4.5.3　中国的土地政策对土地利用的影响
4.5.3　The influence of land system on land use in China

由于我国土地制度为公有制，土地政策的变化对土地利用的变化有着直接的影响。其影响复杂而且涉及面广，下文将从经济、社会、生态三个方面来讨论。

（1）经济方面

在我国实行计划经济年代，土地基本不具有流动性，行政划拨制度让各单位都希望得到更多的土地，但是开发规模和得到土地的规模往往相差很大。土地的开发利用效率很低，政府拥有土地这一稀缺资源的所有权，却很难从中产生收益。同时，住房建设和管理给国家财政和单位造成了不小的经济负担。

改革开放后，在从法律上确立了国有建设用地使用权出让的市场制度，通过这一过程，国家拥有的城市土地所有权实现了确实的经济收益。市场制度让土地流动性大大提高，土地利用进入良性循环，土地利用效率大大提高。受城镇化政策推动，大量土地被开发建设，使得房地产成为很多城市的支柱产业，带动了地方经济的发展。同时，地方政府通过出让土地获得大量资金，在分税制后此来源成为政府主要财政收入。但是，政府出让过程中存在权力寻租现象，开发商通过不法手段获取手段，滋生了一系列经济腐败问题。

（2）社会方面

在福利分房时代，住房建设存在房屋总量匮乏、居住空间小、房屋缺乏维护等问题，居民的居住品质差。但是此时期居民之间差距小，较为平等。在土地改革后，由于过度的市场化以及政府在住房市场上一定程度的缺位，住房出现房价上涨过快和保障性住房进展缓慢等问题。住房价格大大超过国民收入的承受能力，中低收入群体购房十分困难。此外，由于质量、区位、配套设施的不同，住房形成了的不同级别，在市场经济自由化的选择过程中，住房的等级和居民社会等级相关联，形成了居住的空间分异，不同阶层的居住隔离较明显。

(3) 生态方面

近年来，我国在经济高速发展的过程中，土地面临着荒漠化、盐碱化、水土流失等问题。这其中有自然因素的作用，但是由于土地政策不完善导致的土地无序利用，对生态也有较大影响。

词汇表（Glossary）

Envelope Theorem：It is a result about the differentiability properties of the objective function of a parameterized optimization problem. As we change parameters of the objective, the Envelope Theorem shows that, in a certain sense, changes in the optimizer of the objective do not contribute to the change in the objective function.

urban structure：The arrangement of land use in urban areas. Urban structure can also refer to the urban spatial structure, which concerns the arrangement of public and private space in cities and the degree of connectivity and accessibility.

urban morphogenesis：A process involving evolutionary or revolutionary change in forms, as in the study of urban morphogenesis.

homogeneous region：Uniform region, defined by the homogeneous distribution of some phenomena within it, and is referred to as a geographical region which contains a main function, such as commercial, industrial or residential area.

nodal region：The hinterland of city formed by a nodal point and its attraction area.

human ecology：The study of the relationships of human beings with their physical and social environments. As developed by the Chicago school, it represented an interactive perspective on urban social life which replaced notions environmental determinism.

Concentric Zone model：The Concentric zone model, also known as the Burgess model or the CCD model, is one of the earliest theoretical models to explain urban social structures. It was created by sociologist Ernest Burgess in 1923.

Bid—Rent curve：A theory that assumes a trade—off between the cost of land and distance from the city center, rent bids generally decreasing with increasing distance from the center.

Sector model：The sector model, also known as the Hoyt model, is a model of urban land use proposed by economist Homer Hoyt. It is a modification of the concentric zone model. The benefits of the application of this model include the fact it allows for an outward progression of growth.

Multiple—Nuclei model：an economical model created by Chauncey Harris and Edward Ullman, it describes nodes or nuclei in other parts of the city besides the CBD, and better reflects the complex nature of urban areas, especially those of larger size.

Marxism：is a method of socioeconomic analysis, originating from the mid-to-late 19th century works of German philosophers Karl Marx and Friedrich Engels, that analyzes class relations and societal conflict using a materialist interpretation of historical development and a dialectical view of social transformation.

structuralism：In sociology, anthropology and linguistics, structuralism is the theory that elements of human culture must be understood in terms of their relationship to a larger, overarching system or structure. It works to uncover the structures that underlie all the things that humans do, think, perceive, and feel.

postmodernism：Postmodernism is a late—20th—century movement in the arts, architecture, and criticism that was a departure from modernism. Postmodernism includes skeptical interpretations of culture, literature, art, philosophy, history, economics, architecture, fiction, and literary criticism. It is often associated with deconstruction and post—structuralism because its usage as a term gained significant popularity at the same time as twentieth—century post—structural thought.

modernism：Modernism is a philosophical movement that, along with cultural trends and changes, arose from wide—scale and far—reaching transformations in Western society in the late 19th and early 20th centuries. Among the factors that shaped Modernism were the development of modern industrial societies and the rapid growth of cities, followed then by the horror of World War I. Modernism also rejected the certainty of Enlightenment thinking and many modernists rejected religious belief.

land use：Land use involves the management and modification of natural environment or wilderness into built environment such as settlements and semi—natural habitats such as arable fields, pastures, and managed woods. It also has been defined as[11] the arrangements, activities and inputs people undertake in a certain land cover type to produce, change or maintain it.

讨论（Discussion Topics）

1．什么是投标－租金模型？该模型如何帮助我们理解城市土地价格梯度模式？

2．如何在不同竞争收入群体之间分配城市土地？

3．哪些因素参与了城市形态的形成？

4．辩证地评价伯吉斯的同心圆模式对城市结构研究做出的贡献。

5．介绍结构主义的代表人物和各自的主要理论观点。

6．如何运用城市马赛克的量化方法来考察城市中一个区的人口多样化程度？需要哪些资料数据？

7．尝试总结中国农村土地改革的变迁。

8．改革开放前后，中国住房制度各有什么特点？

扩展阅读（Further Reading）

本章扩展阅读见二维码4。

二维码4　第4章扩展阅读

参考文献（References）

[1] 程遥．我国城市建设用地分类标准调整研究——背景分析和方案设计 [D]．同济大学，2009．

[2] Alonso W．Location and Land Use：Toward a General Theory of Land Rent [J]．Economic Geography，1964，42．

[3] 朱翔．城市地理学 [M]．长沙：湖南教育出版社，2003．

[4] Chapin．E．S，Kaiser．E．J．Urban Land Use Planning[M]．3rd．University of Illinois Press，1967：20．

[5] Parker E．，Burgess．E．The City [M]．University of Chicago Press，1925：47—62．

[6] Harris．C．D，Ullman．E．L．The nature of cities[J]．Annals of the American Academy of Political and Social science，1945（242）：7—17．

[7] Mann P．An Approach to Urban Sociology [M]．London：Routledge，1965．

[8] Kearsley G．Teaching urban geography：the Burgess model [J]．New Zealand Journal of Geography，1983（12）：10—13．

[9] Lantis D W．Geography and Urban Evolution in the San Francisco Bay Area by James E Vance[J]．Geographical Review．1964：454．

[10] 高鉴国．新马克思主义城市理论 [M]．上海：商务印书馆，2006．

[11] 顾朝林．人文地理学流派 [M]．北京：高等教育出版社，2008．

[12] Marx K．Capital volume one：The process of production of capital [J]．1867．

[13] 魏洪森，曾国屏．系统论——系统科学哲学[M]．北京：清华大学出版社，1995．

[14] 皮亚杰．结构主义 [M]．倪连生，王琳，译．北京：商务印书馆，1984．

[15] Park R．E．The city：Suggestions for the investigation of human behavior in the city environment [J]．The American Journal of Sociology，1915，20（5）：577—612．

[16] Wirth L．Urbanism as a Way of Life [J]．American journal of sociology，1938，1—24．

[17] Burgess E．W．The growth of the city：an introduction to a research project [M]．Ardent Media，1967．

[18] 周迪．后现代主义建筑风格的发展和衰落 [J]．中外建筑，2004（1）：53—54．

[19] 张旺．对后现代主义建筑风格的理解 [J]．美术大观，2004（10）：10—11．

[20] 孙施文．后现代城市规划 [J]．规划师，2002，18（6）：20—25．

[21] 朱亚鹏．国外中国住房政策研究：述评与启示 [J]．学术研究，2006（07）：67—72．

第5章 城市内部典型地域结构
Chapter 5 Typical types of land use within the cities

　　本章分节讲述了五个主要的城市典型地域空间：中央商务区、城市开发区、城市居住空间、城市边缘区和新城的发展，五种城市典型地域空间都是在城市发展的不同阶段逐渐形成和发展起来的特殊区域，在城市中所承担的功能各有侧重，并且在城市空间中的布局也各有特点。中央商务区（CBD）通常是城市中以商务办公功能为主的核心功能区；城市开发区是城市发展知识密集型和技术密集型工业为主的特定区域；城市居住空间是城市中以居住功能为主的社会型空间，第三节中还详细介绍了西方的贫民窟和中国的城中村；城市边缘区是土地利用、社会和人口特征等方面发生连续变化的地带；新城是与城市主城区联系紧密，并且逐渐形成的功能健全的独立城市。本章五个小节分别从它们的概念内涵、基础理论演进、空间布局以及发展中的问题等方面详细介绍这些典型地域空间，让学生初步了解相关概念。

5.1 中央商务区
5.1 Central business district（CBD）

5.1.1 中央商务区的定义及特征
5.1.1 Definition and characteristics of CBD

中央商务区（Central Business District，CBD）是美国城市学家E.W.伯吉斯（E.W.Burges）在1923年创立"同心圆学说"（Concentric Zone Model）时首次提出的概念（详见扩展阅读5-1-1）。他认为，中央商务区是大城市中以零售、办公、俱乐部、金融、宾馆、剧院等功能为核心的，城市商业活动、社会活动、市民生活和城市交通的焦点；也是大城市发展到一定阶段、从城市中心区（Downtown）中剥离出来且明显区别于传统城市商业服务区的特定城市地域。这个概念后被国际城市学界广泛接受。

中央商务区的本质是商务功能（Business Functions）在大城市核心区的聚集、互补、演化和辐射。它是大城市的经济和信息中枢（Economic and Information Center），对于所有区域具有核心功能。随着全球经济一体化和信息产业的迅猛发展，中央商务区的核心功能日益突出。一般来说中央商务区具有以下几个特征：①高楼大厦的高度集中，建筑高度和密度高；②城市商业和零售业最为集中的地区；③土地价格最为昂贵，是最重要的地方税（如房地产税）税源；④是城市交通（机动车和步行）最为集中的地区；⑤交通网络可达性与就业可达性（Employment Accessibility）最高[1]。

5.1.2 中央商务区的空间组织
5.1.2 Space Organization of CBD

中央商务区是国际性商务活动的聚集区，目前世界上典型的中央商务区分布在美国纽约、英国伦敦、法国巴黎、日本东京等一些国际性大城市中的区域。从空间形态来看，这些中央商务区具有各不相同的空间形态（Spatial Form）类型和特征，可分为市中心密集发展型、双中心开拓发展型和多中心网络化发展型[2]。

（1）市中心密集发展型

不少中央商务区在传统城市中心（区）（City Center）的基础上逐渐发展演化而来，最典型案例是纽约曼哈顿（Manhattan）。曼哈顿是纽约的市中心，该区包括曼哈顿岛，依斯特河（即东河）中的一些小岛及马希尔的部分地区，总面积57.91平方公里，占纽约市总面积的7%，人口150万。纽约著名的百老汇、华尔街、帝国大厦、格林威治村、中央公园、联合国总部、大都会艺术博物馆、大都会歌剧院等名胜都集中在曼哈顿岛，使该岛中的部分地区成为纽约的CBD（图5-1）。传统上人们习惯把曼哈顿笼统地称为纽约的城市中心区或CBD，然而实际上，曼哈顿的商务功能主要分布在下曼哈顿（Lower Manhattan）以及中城区（Midtown）的部分地区。今天的中城区已成为世界大公司总部和专业服务机构的聚集区，下曼哈顿地区则发展成为世界最大的金融中心（IFC）和贸易中心。

这种在传统的城市中心（区）发展起来的中央商务区，是国际上中央商务区空间形态的主要类型，芝加哥、休斯敦、多伦多、悉尼等城市均属此种类型。它们的形成主要是受到市场经济（Market Economy）的推动，而非行政力量或规划行为的作用结果。

1959 年，美国城市学者埃德加·霍乌德（Edgar·W·Horwood）和罗纳尔德·博依斯（Ronald·R·Boyee）提出了 CBD 核－框理论（The Core－frame Concept of The CBD），将 CBD 分为核与框两大部分（图 5-1、知识盒子 5-1）。

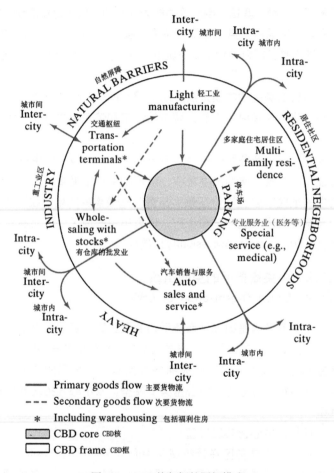

图 5-1　CBD 核与框的图解模式

资料来源：Knox P &McCarthy L.Urbanization：An introduction to Urban Geography [M]. 3rd ed. Pearson Prentice Hall，2011：71-72.

📖 **知识盒子 5-1**

CBD 的空间组织（The Spatial organization of CBDS）[3]

1. The overall spatial structure tends to be dominated by a high-density core.

（CBD 的整体空间结构由一个高密度的核主导。）

2. The core contains the retail, office, entertainment, and civic zones.

（这个核包含零售，办公，娱乐和市民区。）

3. The lower-density frame contains zones of ware-housing, educational facilities, hotels, medical services, and a mixture of specialized shops and services.

（密度较低的外框则包括福利住房区、教育设施，宾馆，医疗服务以及专卖店和专业服务等。）

4. The frame have neither the functional linkages nor the potential profitability to justify locations within the core.

（低密度外框的功能区与核心区既没有功能上的联系，也没有潜在的盈利能力去交换核心区的位置。）

资料来源：Knox P &McCarthy L.Urbanization：An introduction to Urban Geography [M].3rd ed.Pearson Prentice Hall，2011：71-72.

（2）双中心开拓发展型

传统的城市中心区往往也是城市功能混杂、建筑和人口密集、各种交通交汇、地价昂贵、产权关系复杂的地区，商务活动的发展自然会受到多方面的束缚或局限。在这种情况下，一些国际性大城市的中央商务区脱离了"单核心"的密集发展模式，规划建设新的商务中心，但传统的城市中心（区）的发展优势依然长期存在，从而形成了双中心开拓发展型的中央商务区，以英国伦敦和法国巴黎的中央商务区最为典型。巴黎的拉德芳斯（La Defense）被公认为副中心（Sub CBD）建设的成功典范。拉德芳斯副中心位于巴黎市的西北部，巴黎城市主轴线的西端，原是一个默默无闻的小村庄。1958 年，为了满足巴黎日益增长的商务空间需求，缓解巴黎老城区的人口、交通压力，保护巴黎古都风貌，巴黎市政府决定在拉德芳斯区规划建设现代化的城市副中心。政府计划用30 年的时间将包括库尔布瓦（Courbevoie），南泰尔（Manterra），皮托（Puteaux）三镇，面积750 公顷的拉德芳斯区建设成为工作、居住、娱乐设施齐全的现代化商务中心。经过近半个世纪的建设，拉德芳斯区现已成为欧洲最具影响力的商务中心，被誉为"巴黎的曼哈顿"。

伦敦金融城位于伦敦著名的圣保罗大教堂东侧，被称为"一平方英里"（Square Mile）的地方。这里楼群密布，街道狭窄，虽不像纽约曼哈顿那样高楼密集，但稳健、厚重的建筑风格和室内豪华、大气的装饰却有过之而无不及。这里聚集着数以百计的银行及其他金融机构，被看作是华尔街在伦敦的翻版。

（3）多中心网络化发展型

除了市中心密集发展和双中心开拓发展这两种主要类型之外，世界各国的中央商务区还有一种多中心网络化的空间形态，如日本东京的中央商务区（图 5-2）。东京的城市中心（区）传统上主要由3 部分组成：千代田区（Chiyoda）、中央区（Chuo）和港区（Minato），合称日本的"都心"。其中，千

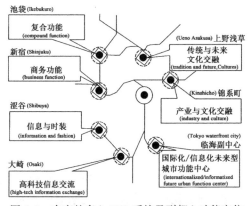

图 5-2 东京的多心 CBD 系统及副都心功能定位
资料来源：陈瑛. 城市 CBD 与 CBD 系统 [M].北京：科学出版社，2005.

代田区从 1920 年代开始逐渐具有一定的商务办公功能，1960 年代以后金融办公功能迅猛发展，成为日本最早的中央商务区。1980 年代开始，日本提出新宿副中心和临海副中心的建设计划并付诸实施，新宿副中心主要发展总部办公功能，临海副中心主要发展为商务信息港。之后，伴随着东京湾开发计划的实施，外围的幕张副中心和横滨也逐渐承担一些商务功能。因此，东京的中央商务区是一种多中心的网络化发展格局。这种多中心网络化发展的中央商务区，可以被看作是双中心开拓发展型中央商务区的一种"变体"，它主要是在大城市的用地发展空间极为紧张（或紧凑）的条件下产生和出现[4]。

5.1.3　中央商务区的功能分类
5.1.3　Functional Classification of CBD

中央商务（CBD）区最突出的功能包括商务、房地产开发（Real Estate Development）、交通和旅游[5]。

（1）商务功能

CBD 是大城市的商业枢纽，大型商场、大公司总部、银行、商贸服务机构、保险公司、会展中心、高级宾馆、信息中心等在此云集，中高档次的零售商业往往最为发达。CBD 通过金融、信息、贸易、人才交流等各种渠道保持与外界的广泛和便捷的联系，对所有城市和周围区域发挥着显著的主导功能和带动作用。在 CBD，资金、信息与人才高度聚集，这里通常也是大城市经济贸易活动强度最大的区域。

（2）房地产开发功能

大城市的地价和房价中，CBD 无疑位居前列，其平均价格要高于城市边缘区数倍乃至数十倍。世界性大都市的 CBD，如纽约的华尔街、东京的银座和新宿，我国北京的王府井，上海的南京路等，由于房地产价格非常昂贵，一般性的经营项目难以在此立足，只有高回报率的精品项目才能够入驻其间，这就决定了 CBD 具有较高的准入门槛和经营档次。在 CBD 开发过程中，居住功能逐渐让位于商务功能，原先的城市居民陆续迁出，居住用地遂演变为商业和商务用地。

（3）交通功能

CBD 是大城市的交通核心区域，人流车流集中，交通量相当大。随着城市的不断拓展，CBD 的交通问题日趋严重，许多大都市采取建设立体交通的方式来疏散 CBD 过于拥挤的交通，如地铁、高架铁路、轻轨等。还有相当一部分大城市兴建步行街，只允许行人进入 CBD 核心地带，将机动车限制在 CBD 核心区外围。在东京涩谷（Tokyo Shibuya），首都高速公路、涩谷车站、公交车站、行人高架桥等构成立体交通枢纽。

（4）旅游功能

CBD 高层建筑密集、基础设施水准很高，往往具有现代化的城市景观，有些大都市的 CBD 甚至成为一个国家的象征。CBD 一般拥有形形色色的购物中心、娱乐场所、宾馆、餐馆、展览馆、博物馆等，通过现代化的城市文化来吸引游人。所以，大城市的 CBD 往往成为旅游的"热点"地区，每天会有大量游客来此购物、娱乐、聚会或登上高楼远眺。

5.1.4　中央商务区的空间界定
5.1.4　Defining the boundary of CBD

CBD 的空间界定是一个较困难的问题，不同类型的大城市采取相对统一的标准。1954 年，美国城市学者墨菲（Raymond Murphy）和万斯（James. E.Vance）对美国 9 个城市的 CBD 进行了三维空间的土地利用调查，在此基础上提出了衡量 CBD 的具体标准 [6]：①中心商务高度指数（Central Business Height Index，CBHI）即中央商务已建筑面积总和与总建筑基底面积之比，CBD 的比数值应大于 1；②中心商务强度指数（Central Business Intensity Index，CBII）即中心商务用地建筑面积总和与总建筑面积之比，CBD 的比数值应大于 0.5。

CBHI= 中央商务区建筑面积总和／总建筑基底面积

CBII= 中心商务用地建筑面积总和／总建筑面积 ×100%

CBD 内部的硬核和核缘的划分标准　　　　　表 5-1

CBD 内部分区	指数值
硬核	CBHI>1.5，CBII>60% 或 CBHI>2.0，CBII>50%
核缘	CBHI>1.0，CBII>50% 或 CBHI>1.5，CBII>40%

表中数据来自：1. 陈瑛 . 城市 CBD 与 CBD 系统 [M]. 北京：科学出版社，2005：28.
2.Murphy R.E，Vance J.E.Delimiting the CBD[J]. Economic Geography，1954，30（3）：189-222.

墨菲指数（Murphy Index）测定法简单易行，具有很强的可操作性，成为划分 CBD 的经典方法。在城市中心，通常将符合 CBHI ≥ 1；CBII ≥ 50% 的周边街道所包围的连续街区，认定为 CBD。墨菲指数法是界定 CBD 的最早计量方法，对深化 CBD 研究有很大贡献，是由定性（Qualitative）向定量（Quantitative）研究发展的标志。

由于 CBD 的范围内部，板值区与边缘区的土地利用系数仍有较大落差，墨菲和万斯根据 CBHI 和 CBII 的值，把 CBD 细分为硬核（hand core）和核缘（core fringe）两个部分，并明确了具体划分指标（表 5-1）。

1959 年，城市学家戴维斯（Davies）在墨菲指数的基础上，提出了划分硬核和核缘的标准，认为 CBD 的硬核应达到 CBHI > 4，CBII > 80%。这提示我们，美洲的城市中心区高层建筑密集，而欧洲城市中心区很少高层建筑，所以墨菲指数的应用应因地制宜 [4]。

为了界定上海 CBD 的范围，弄清 CBD 土地利用和功能结构的现状特点，汤建中（1995）对地价峰值区的 15 条主要道路的 7334 间沿街建筑进行逐户调查，并将调查数据进行分类处理，将界定 CBD 的 CBHI 和 CBII 值汇总。另外，中国学者提出一些定量的指标来度量和界定 CBD，包括建筑高度（Building height）、人口（密度）（Population Density）、就业（密度）（Employment Density）、土地价值（Land Value）、土地利用等。

5.1.5 中外中央商务区发展中的问题
5.1.5 Development problems of CBD in China and abroad

大城市 CBD 具有突出的商务中心功能，对于城市的发展可谓功不可没，但同时又是"城市病"相当严重的地区，比如建筑密度大、交通拥挤、空气质量恶劣等；在西方国家的城市发展过程中，曾先后出现逆城市化（Counter-urbanization）现象，突出表现在市中心区，尤其是 CBD 的衰落。

国际上有许多 CBD 建设失败的案例，美国休斯敦市的 CBD 开发，可以说是世界 CBD 开发史上的一个教训，其功能单纯地定位于办公，基本无公寓、住宅及配套商业、娱乐设施，这样虽符合 CBD 的商务功能定位，但明显过于单一。休斯敦 CBD 内每天都发生着大量的通勤交通，早晨大批上班的人流涌入 CBD，而到了下班时，这些人又都纷纷乘坐各种交通工具离开 CBD 区域、回到各自的居住地。下班后很少有人留在区域内活动。这样不但导致夜晚的冷清，而且也造成巨大的停车场面积的低效占用。休斯敦 CBD 商务功能的过度集中致使出现城市中心区活力衰退的现象，因此受到广泛的批评[7]。

与国际经验相似，中国 CBD 的发展是与国家及地区经济发展战略紧密相连的，中国 CBD 的发展历程较短，CBD 规划建设始于 1980 年代。先后形成了上海陆家嘴 CBD、北京 CBD、深圳福田 CBD 和广州 CBD，在当时国家及地区经济战略转型中承担着试验田和桥头堡的作用。进入 21 世纪后，随着中国加入世界贸易组织，大量的全球跨国公司、金融机构和国际组织进入中国市场，对高档办公环境和商务服务产生了空前的需求，中国包括中、西部地区在内的各省（市）掀起了 CBD 建设热潮。CBD 为地区发展贡献了大量的产值和税收，然而，不少 CBD 的发展出现功能结构失衡，尤其是部分 CBD 为了快速回笼开发资金，规划了较高比例的住宅用地，实质性商务服务功能占比远低于国际 CBD 平均水平的 70%，从长远发展来看，不利于形成 CBD 的优势产业，更不利于培育企业的根植性和创新活力。

随着中国经济由高速增长转向高质量发展阶段，CBD 的空间形态、核心功能和发展模式也面临深度调整[8]：①空间形态由单一中心向区域网络转型，例如发育较为成熟的珠三角城市群，已经形成包括香港中环、深圳福田、广州天河、珠海十字门等 CBD 在内的区域 CBD 网络，四个 CBD 初步形成了分工合理、协作共享的网络化发展格局，并促进珠三角城市群向更高级形态演进；②产业发展由商务主导向融合创新转型；③建设模式由高端复合向绿色智慧转型；④区域合作由竞相发展向务实合作转型。

5.2 城市开发区
5.2 Development zone

5.2.1 城市开发区的定义及特征
5.2.1 Definition and characteristics Of Development Zones

城市开发区（Development Zone）是指以城市为依托，实行特殊的经济政策与管理体制来促进自身发展的特定地区[9]，其类型主要包括经济技术开发区 (Economic and Technological Development Zones)、保税区 (Bonded Area)、高新技术产业开发区 (High-tech Industrial Development Zone) 等。开发区的概念在国外更加宽泛，包括经济特区 (Special Economic Zone)、自由港 (Free Port)、自由贸易区 (Free Trade Zone)、出口加工区 (Export Processing Zone)、科技园 (Science Park) 等。

国际上对开发区的研究始于 1960 年代对科学园区的研究。1980 年代末，一批西方学者讨论了科学园区的概念，如蒙克 (Monck)、马西 (Massey) 等。卡斯特尔 (Castells) 和霍尔 (Hall) 从产业综合体的角度对世界上著名的高技术园区进行及研究[10]。

国内对开发区的研究开始较晚，如苏珊 (2002) 以深圳和西安高新区、上海浦东新区以及苏州新加坡工业园区为例，研究了中国高新区发展的阶段、作用等。

诸多学者以为开发区具有如下特征：①以城市为依托，具有明确的地域范围；②实行特殊的经济政策与管理体制；③产业与技术集中；④交通便利，基础设施完善[11-14]。相对于城市建成区，开发区具有新区的特点；相对于文化教育等区域，开发区具有鲜明的经济特点，其制造业或相关服务业活动集聚；相对普通行政区，开发区管理方式包括政策、体制等手段，在发展的某些阶段具有特殊性[9,11]。

5.2.2　国外开发区的基本类型
5.2.2　Types of Foreign Development Zones

（1）科技园

1950 年代第一个科技园美国斯坦福研究园 (Stanford Research Park) 建立后，1960 年代英国剑桥科技园 (Cambridge Science Park)、法国索菲亚科技园区 (Sophia Antipolis) 也相继建立[15]。很多欧洲国家（包括英国）直到 1980、1990 年代才建立科技园[16]。

美国学者鲁格 (M.I.Luger) 和古尔德斯坦 (H.A.Gold Stein) 分别在 1987 年和 1988 年的论文中，规定了科技园的概念："科技园、技术园或研究园，是一种实业园 (Business)，园内主要企业的基本活动是研究或产品开发，而不是制造、销售总部或其他实业功能。园内从事研究与开发活动的主要是高水平的科学家和工程师。"

（2）企业孵化器 (Business Incubator)

企业孵化器由美国曼库索 (Mancuso) 首创。1956 年约瑟夫曼库索将大楼中的不同单元租给不同企业，同时为企业提供设施和服务，这种模式由一家入驻的养鸡公司获得灵感，所以被称作"孵化器"[16]。

与工业园、科技园不同之处在于，企业孵化器致力于为公司提供更多商业援助，而园区往往把重点放在将其思想、技术在其周边扩散[17]。一般来说，企业孵化器的功能有提供创新环境，培养创新型小企业，有利于降低风险并促进科研成果的商业化。美国企业孵化器协会做了一个统计，没有经过孵化器的

小企业，超过一半在创业的前 5 年就倒闭了；经过孵化器的小企业，80% 能生存下来并进一步发展，成功率显著提高[18]。

孵化器是科学园组成中最基础的部分，英国的科学园基本都有孵化器，同时科学园也是科学工业园区、科学城、技术城、高技术产业带的组成部分，如硅谷包含斯坦福研究园[18]。

（3）科学城（science city）

科学城最早源于 1950 年代苏联的新西伯利亚科学城，是一种科学、教育和工业互相结合的综合体[19]。科学城起初大多为科研机构和大学的集中地，从事基础研究和应用研究，在后来的发展中成为融科技、教育、工业、社会管理、服务为一体的新型城镇，如日本的筑波科学城[18]。此外，还有科学工业园、高技术产业带、高技术产品加工、技术城等。典型案例如日本筑波科学城和美国斯坦福和硅谷等（详见扩展阅读 5-2-1、扩展阅读 5-2-2）。

5.2.3　国内开发区的主要类型
5.2.3　Types of development zones in China

（1）经济特区

1970 年代末，中国实行改革开放的战略方针，在以经济建设为中心的背景下，1980 年，我国在广东的深圳、珠海、汕头和福建的厦门首次建立"出口特区"，后改名为经济特区[20]。

经济特区内实行特殊的经济政策和经济管理体制，是中国改革开放的实验区。其主要目的为引进国外先进技术及资金，进行市场导向为主的改革实验[21]。

继经济特区之后，在中国又出现了两类新型的开发区：经济技术开发区和高新技术产业开发区[22]。

（2）经济开发区

1984 年 5 月，为了加快对外开放的步伐，推广经济特区建设取得的经验和成就，中国决定开放大连、天津、上海、广州等 14 个沿海港口城市和海南岛，给予境外投资者以优惠待遇，并建设经济技术开发区，实行某些特殊政策，营造良好的投资环境[22]。根据中华人民共和国商务部提供的名录显示，到 2015 年 9 月，国家级经济技术开发区的数量已达 219 个[23]。

经济开发区的目的主要有推动科学研究、开发高技术产业或者引进外资、扩大出口，是国家吸引外商投资的重要载体，为我国改革开放以来的经济发展做出了重大贡献[18]。

（3）高新技术产业开发区

高新技术产业开发区指的是知识密集、技术密集的发展高新技术产业的开发区。一般聚集在具有良好产业发展基础的大中城市的大专院校、研究机构附近[24]，其主要任务是研究、开发和生产高科技产品，将科研成果商品化、产业化[25]；国内学者曾将高新技术产业开发区分为星火技术区和火炬技术区[26]。除了上述几类数量较多、规模较大、最具有代表性和影响力的开发区外，其他类型中还有自由贸易试验区、工业园区（也可归入高新技术产业区）、主题类园区等。我国开发区种类各异、数量众多，详见扩展阅读 5-2-3。

5.2.4　城市开发区的选址布局
5.2.4　Location choice of urban development zones

城市开发区以发展外向型经济为主，其布局必须考虑交通便利、运费低廉、接近劳动力和其他自然资源的地方。通常，地理条件优越的沿海港口、交通枢纽、大城市近郊等都是比较合适的设区位置[27]。

（1）布局在沿海港口

沿海港口尤其是国际港口，一般多为大城市，具有完善的设备基础，有利于发展来料、来样加工，转口贸易、船舶修造等业务和接纳国外投资。比如，中国香港、新加坡、科隆均是建立在世界三大良港的基础上。1960 年代以后，亚洲"四小龙"在沿海港口附近设置城市开发区尤其是自由贸易区；韩国、新加坡在港口附近兴建了 27 和 24 个城市开发区；德国在不莱梅、库克斯等 6 个海港城市都设立了城市开发区。

（2）布局在大城市附近

大城市尤其特大城市由于通常具有经济发达、科技力量雄厚、交通和通信方便、劳动力素质高等优势，成为开辟出口加工区和高新技术开发区的重要依托，但大城市同时因为存在人口稠密、地价昂贵、环境容量饱和等限制因素，因而，开发区选址往往避开这些不利影响，在距离市中心 20 ~ 50 公里的近郊，如我国大量大城市附近和泰国、叙利亚、塞内加尔、加纳等国首都附近均设有城市开发区。

（3）布局在内陆交通枢纽

内陆设置开发区应注重交通的通达程度，水、陆、空交通枢纽比较适宜。如瑞士苏黎世自由港就位于欧洲中部内陆，对外运输依靠发达的铁路和航空。又如美国五大湖、德国莱茵河谷、巴西亚马逊平原等自由贸易区（带），都是内陆交通便利之地。

（4）布局在环境条件良好的地方

环境因素对开发区布局影响越来越明显。良好的环境可以满足高技术项目对环境、温度、降尘等制造环境的需要。世界许多高科技工业园都布局在气候宜人的地方，如美国"硅谷"、新加坡的裕廊、日本的北九州、中国台湾的新竹等。

（5）布局在区域开发的增长点

设立城市开发区的一种重要类型是成为区域经济的增长点，带动落后地区的开发建设。这类地区交通条件往往不理想，基础条件较差，开发区的布局应特别注意要选择区域开发的增长点。墨西哥选择在美国一墙之隔的北部边境和南部边境地区筹建自由边境区；巴西选择在亚马逊河平原中部水运发达地区筹建自由贸易区，都极大地促进了这些地区的发展。

5.3 城市居住空间
5.3 Urban residential space

5.3.1 城市居住空间的理论演进
5.3.1 The theory evaluation of urban residential space

住宅作为城市的物质载体，构成了城市空间结构的重要组成部分，城市居住和相关理论的研究长期以来成为地理学、经济学、社会学、政治学等不同学科学者的共同关注点。

国外对于城市居住空间的研究涉及生态、新古典经济、行为、马克思主义和制度在内的不同学派。1920年，芝加哥学派基于生态学的基本概念和原理，对城市居住空间演变进行了系统的研究，借鉴"生态隔离""入侵和演替""竞争""优势"等生态学观点把城市居住空间的变化过程看成一种生态竞争过程，把城市居住空间的演变规律概括为"同心圆模型""扇形模型"以及"多核心模型"[28，29]。新古典经济学派基于经济学中的交通成本和住房价格，研究住宅区位的空间选择和交通费用的关系，并试图建立两者之间的均衡模型，即离城市越远，交通费用越高，而住房价格越低，反之亦然。新古典住宅区位模型在一定程度上解释了城市居住空间的形成。行为学派基于行为理论，研究住宅区位的选择和决策行为，布朗（Brown）和摩尔（Moore）[30]利用沃尔伯特（Wolpert）提出的地点效用（Place Utility）和行动空间（Action Space）的概念，构建了迁居行为（Migration Behavior）模型。1970年代，马克思主义学派应用历史唯物主义的观点分析研究城市住宅问题，认为住房市场是社会阶级冲突的场所，居住空间与阶层划分、消费方式和社会关系交织在一起。

改革开放以来，我国城市住房制度发生变革，城市住宅投资开发力度加快，居住空间变化加快并且出现分异（differentiation）现象。国内对城市居住空间的研究主要集中在居住区的布局与规划、居住空间结构及其分异、住宅郊区化及由此引发的职住分离（work residence separation）现象研究、危旧房改造、经济适用房与住房政策研究等领域；居住区的交通组织研究以及社区规划、社区生活圈的研究[31-40]。

5.3.2 城市居住空间的组织模式
5.3.2 The organizational model of urban residential space

20世纪后一些发达资本主义国家的住区规划建设实践，先后对住区规划结构进行了多方面探索，其中最有影响的住区结构模式包括：郊区整体规划社区模式、邻里单位模式、居住开发单元模式、扩大小区模式（居住综合区）、新城市主义模式、公共交通导向开发模式[41]。

（1）郊区整体规划社区模式（suburban master-planned community model）

这一模式是由奥姆斯特德（Olmsted）和沃克斯（Vaux）于1868年为美国伊利诺斯州的河滨小镇（Riverside）提出的规划原则，被称为美国最早的有规划的住区模式，成为以后一个多世纪百座城市发展的指导方针。

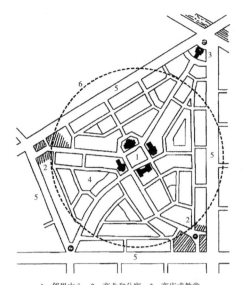

1—邻里中心；2—商业和公寓；3—商店或教堂；
4—绿地（占 1-10 的用地）；5—大街；6—半径 1/2 英里
（1-community center；2-shops and apts；3-shops or church；4-ten percent of
area to recreation and park space；5-main highway；6-radius1/2 mile）

图 5-3　佩里的邻里单位示意图
资料来源：李德华. 城市规划原理 [M]. 北京：中国建筑工
业出版社，2001：368

（2）邻里单位模式（neighborhood unit model）

美国克拉伦斯·佩里（Clarence Perry）1929 年最先提出邻里单位模式（图 5-3），并提出了邻里关系的六条基本原则（知识盒子 5-2）。它以邻里单位作为组织住区的基本形式，以避免由于汽车的迅速增长对居住环境带来严重干扰。克拉伦斯·斯坦因（Clarence Stein）和亨利·莱特（Herry Wright）以邻里单位理念，规划设计了新泽西州的雷德邦（Radburn）。邻里单位模式被广泛应用于在"二战"后英国的新城建设中。1950 年代初，在上海建设的曹杨新村也受到了邻里单位规划思想的影响。

 知识盒子 5-2

邻里关系的六条基本原则（Six basic principles of neighborhood relations）：

1. The neighborhood unit is surrounded by urban roads, and urban roads do not pass through the interior of the neighborhood.

（邻里单位周围为城市道路所包围，城市道路不穿过邻里单位内部。）

2. The internal road system of the neighborhood unit should restrict the passage of external vehicles. Generally, the near-end type is adopted to maintain the quiet, safe and low traffic environment.)

（邻里单位内部道路系统应限制外部车辆穿越。一般采用近尽端式，以保持内部的安静、安全和交通量少的居住氛围。）

3. Based on the reasonable scale of the primary school, the population size of the neighborhood unit will be controlled so that the primary school students do not have to cross the urban roads. The average size of the neighborhood unit is about 5000 people, and the small scale is 3000 to 4000.

（以小学的合理规模为基础控制邻里单位的人口规模，使小学生上学不必穿过城市道路，一般邻里单位的规模在 5000 人左右，规模小的 3000~4000 人。）

4. The central building of the neighborhood unit is the elementary school, which is placed alongside other neighborhood services in the central public plaza or green space.

（邻里单位的中心建筑是小学，它与其他的邻里服务设施一起布置在中心公共广场或绿地上。）

5. Neighborhood unit cover approximately 160 acres（64.75 hectares）and 10 households per acre, ensuring that children are no more than half a mile（0.8 square kilometers）away from school.

（邻里单位占地约 160 英亩（合 64.75 公顷），每英亩 10 户，保证儿童上学距离不超过半英里（0.8 平方公里）。）

6. There are shops, churches, libraries and public event centers near the elementary school in the neighborhood unit.

（邻里单位内的小学附近设有商店、教堂、图书馆和公共活动中心。）

资料来源：李德华．城市规划原理 [M]．北京：中国建筑工业出版社，2001：368.

（3）居住开发单元模式（Housing Estate）

1950 年代初，苏联提出了扩大街坊的规划原则，随后不久，各国在住区规划和建设实践中又进一步总结和提出了"居住开发单元"的组织形式，即以城市道路或自然界线（如河流等）划分，并不为城市交通干线所穿越的完整地段。这一模式对我国 1950 年代末开始的居住小区建设产生了重要影响，至今仍影响我国城市住区规划设计规范的制定。

（4）"扩大小区"与"居住综合区"模式

现代城市交通的发展要求进一步加大了干道间距，住区的组织形式急需更大的灵活性，因而衍生出"扩大小区""居住综合体""居住综合区"等居住组织模式。"扩大小区"是指在干道间的用地内（一般约 100 ～ 150 公顷）不明确划分居住小区的一种组织形式，如英国的第三代新城密尔顿·凯恩斯（Milton Keynes）。"居住综合体"是指将居住建筑与为居民生活服务的公共服务设施组成一体的综合大楼或建筑组合体。"居住综合区"是指居住于工作环境布置在一起的居住组织形式，有居住与无害工业结合的综合区，居住与文化、商业服务、行政办公等结合的综合区等。

（5）新城市主义模式（New Urbanism）

"新城市主义"于 1980 年代末期在美国兴起，倡导传统的邻里区开发和公共交通导向的邻里区开发。提出了一种人性尺度、行人友好、带有公共空间和公共设施的物质环境，以鼓励社会交往和社区感的形成。

（6）公共交通导向开发模式（transit-oriented development，TOD）

一个 TOD 即是一个围绕公交车站将功能密集交织在一起的社区，一个典型的公交导向开发住区的规模从 20 ～ 40 公顷不等。它强调土地混合用途，并以公共交通优先的规划原则，居民距离社区中心或公交车站不超过 600 米，或 10 分钟步行路程。在欧洲的一些城市，如斯德哥尔摩和哥本哈根，公交导向开发是区域性发展战略获得成功的关键所在，强调紧凑增长、开放空间和永续性。

在自 1990 年开始的城镇住房建设过程中，以公共空间私有化为主要特征的封闭住区（gated community）模式在全国得到了广泛应用。2000 年之后，部分国内学者批判了居住小区的现有模式，提出住区应该逐步向社区规划转向[38,39]，李晴（2011）基于"第三场所"理论（the theory of the third place）分析了社区公共空间的可达性、社区设施的多以及居民的参与性，提出居住空间组织范式应该从物质性导向向社会性导向转变[42]。2016 年，《中共中央国务院关于进一步加强城市规划建设管理工作的若干意见》提出，新建住宅要推广街区制，原则上不再建设封闭住宅小区；已建成的住宅小区和单位大院要逐步打开，实现内部道路公共化，解决交通路网布局问题，促进土地节约利用。

5.3.3 居住空间分异
5.3.3 Residential spatial differentiation

居住空间（Residential Space）的含义不仅仅是城市地域空间内某种功能建筑的空间组合，它还是人们日常行为、生活、居住活动所整合社会统一体（Social Integration）而成的社会—空间系统（Social—spatial System）[29]。居住空间不仅仅是物质意义上的要素，它还是各种文化、经济、社会等的投影。居住空间分异（Residential spatial differentiation）指的是不同职业背景、文化取向、收入状况的居民住房选择趋于同类相聚，居住空间分布趋于相对集中、相对独立、相对分化的现象。

居住空间分异现象在古代就已经出现，例如图5-4中的古埃及的卡洪城（Kahun）[30]，奴隶居住于环境极差的城西，贵族居住于环境优美的城东，阶级对立明显。在现代工业社会，住宅空间分布也出现了有规律的分异。比如，在美国郊区化运动后的时代，郊区居住环境优美、交通便捷而住宅价格高，市中心居住条件差、交通拥挤，因而中产阶级多居住在城市外围郊区的别墅中，而低收入群体和少数组群聚集在市中心。

图5-4 卡洪城平面图
资料来源：根据沈玉麟.外国城市建设史[M].ed.北京：中国建筑工业出版社，1989改动.

国外对城市空间分异起源于以帕克（R.E.Park）等人为代表的芝加哥学派。居住空间分异机制一般有政治机制、经济机制、社会机制三个方面。政治机制上，占美国城市理论主要地位的是"城市政体理论"[31]（Urban Regime Theory）（知识盒子5-3）；经济机制上，以地租理论为代表；社会机制上，以伯吉斯（E.W.Burgess）对芝加哥各种族裔居民的迁徙研究后所描绘的同心圆模型为代表（详见本书4.2节）。

 知识盒子5-3

城市政权理论（Urban Regime Theories）：

1. Urban regime theories seek to explain relationships among elected officials and those individuals who influence their decisions.

（城市政权理论寻求解释选举官员和影响他们决策的个人之间的关系。）

2. Corporate regimes or development regimes promote growth and normally reflect the interests of a city's major corporations while neglecting the interests of poor, distressed areas of a city.

（企业制度或发展机制，促进经济增长，通常反映了一个城市大部分企业的利益，而忽略了贫困地区的利益。）

3. Caretaker regimes normally oppose large-scale development projects in fear of increased taxes and disrupting normal ways of life.

（保守派政权通常反对大规模开发项目，担心增加税收和扰乱正常的生活方式。）

4. Progressive regimes respond to the needs of lower-class and middle-class citizens and environmental groups to keep things as they are, rather than to economic growth.

（进步派政体对低阶层和中产阶级的公民和环保团体的需求作出反应，而忽视经济增长。）

资料来源：Levine M.A., Ross B.H.Urban politics：Power in metropolitan America[M]. KY：Wadsworth Publishing, 2006.

城市空间分异是城市中必然出现的现象，但是其对社会也有着不利影响。首先，城市空间分异会引致社会隔离程度加深，形成社会不稳定因素；其次，空间的分异使得城市空间资源出现不公平分配，有碍社会公平的实现；最后，部分城市优质空间被中、高产占据，造成城市全体居民的福利损失（详见扩展阅读5-3-1）。

贫民窟（slums）被视为国外多数大城市都存在的城市住宅问题，尤其以发展中国家的大城市最为明显。贫民窟多为政府批准的贫民区。这里住房破旧，街道狭窄，缺乏或根本没有社会服务，一般位于大城市中心区附近，在某些发展中国家，贫民窟可能出现在城市的任何角落。同样，城中村（city villages）被视为游离于城市型主体社会之外的"体制外灰色社会"[46]，这种体制外的半城市化村落（semi-urbanized village）会导致一系列景观、社会与经济问题，成为城市政府不得不关注的焦点。

（1）贫民窟

在发达国家，贫民窟已经有上百年的历史，产生的社会背景详见扩展阅读5-3-2。自英国的工业革命开始，随着经济的转变，大批失地农民（Land Lost Farmers）迅速转入二、三产业。城市人口的快速增长和租房困难等问题导致大量高密度、低质量、低成本的建筑出现。与欧洲一样，这一时期美国的贫民窟规模巨大，1879年纽约的贫民窟住宅共有21000个，1900年增至43000个，容纳了400万纽约市民中的150万人。

在发展中国家，贫民窟在近几十年来发展特别迅猛。由于国民收入严重不平衡，失地农民大量涌入大城市，造成大城市人口暴涨，严重超过城市的负担能力，结果在大城市周围形成星罗棋布的贫民窟。

从社会形态来看，贫民窟的人口密度非常高，缺乏有组织的管理，并且因为居住人群的不同，也会出现不同的地区，如少数民族聚居区（Ethnic Ghettos）等。贫民窟由于人口的不稳定、社会功能的失调，可能出现许多社会组织，如青少年犯罪团伙（Teenage Gangs）、教会（Church Communities）和民族组织等，构成其独特的社会形态[47]。从空间分布来看，贫民窟通常分布在未铺装街道的最不适宜居住的地方，在城市排水区，甚至是公墓和废弃物倾倒处，通常没有基本的电力或水力供应服务。过度拥挤、卫生设施不足以及缺乏维护等问题导致极高的疾病率和婴儿死亡率。从数量规模来看，据联合国人居署统计[48]，2001年，全世界贫民窟居民的总数大约为9.24亿，占全世界城市人口的32%左右，全球人口的1/6。1990年代全世界贫民窟总人口增长了约36%。

(2) 城中村的概念内涵

1990年代以来，随着全球政治经济环境的巨大变化，发展转型已经涉及世界各国城市发展的诸多领域，城中村被认为是中国发展转型背景与快速城市化过程中所产生的一种独特的地域空间现象[46]。

2006年左右，广州市区外围分布有138个城中村（占城市规划面积的22.67%），深圳全市共有城中村1000多个（其中特区内约200个），北京中心城区八区内有200多个，南京绕城公路内的主城区有71个。国内学者对城中村的界定存在差异，阎小培（2004）[49]认为，城中村是城市建成区或发展用地范围内处于城乡转型中的农民社区，其内涵是"市民城市社会中的农民村"。

城中村的特征主要有：①空间形态和内部功能与周围城市环境格格不入；②人口特征极为混杂，既居住着大量从事非农职业的农民，又集聚着大量外来流动人口；③经济实力主要依靠非正规经济（informal economy）（也被称为"隐性"经济）[50]维系，包括村集体和村民违规出租土地及房屋，以及村内各类非正规经营项目；④社会特征十分复杂，丰裕的物质生活与落后的价值观念和管理体制形成强烈的反差。

城市地理学界将城中村作为城市化进程一类特殊现象看待，规划界和城市管理学界认为城乡二元管理体制是城中村产生的根本原因[51]。张京祥（2007）[46]从制度层面去分析和理解城中村，将其形成与发展的原因总结为四个方面：①政府趋利型（profit-oriented impulse）的土地征收政策是导致城中村形成的重要原因；②城市二元社会保障政策刺激了对城中村的空间需求；③城市就业结构滞涨促进了城中村非正规就业环境的发展；④二元化的市政和行政体制加剧了城中村的孤岛效应。

近几年，国内外对贫民窟和城中村问题的研究主要集中在从城市非正规性（urban informality）视角对城中村和贫民窟的治理策略[52-55]，以及城中村的物质空间和社会变迁[56]、居民居住和就业迁移特征[57]、土地发展问题[58]等。

5.4 城市边缘区
5.4 Urban fringe

5.4.1 城市边缘区的概念演进
5.4.1 The concept evaluation of urban fringe

对城市边缘区（Urban Fringe）的研究，可以追溯到19世纪。之后衍生出许多相类似的术语，如城市蔓延区（The Area of Urban Sprawl）、城乡接合部（Urban-rural Fringe）、城乡边缘区（City-country Fringe）等。1936年，德国地理学家哈伯特·路易斯（Herbert Louis）首次提出了边缘带（Stadtrand Zonen）的概念。他在对柏林城市地域结构形态研究时，发现原先的乡村地区逐步被城市建设区占用而成为城市的一部分，他把这一区域称为城市边缘带（图5-5）。

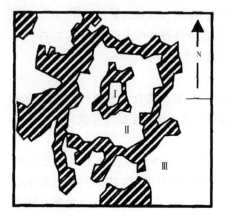

I 老城区（old town）
II 早期的郊区（early suburb）
III 主要的住宅区
（main residential area）
1850–1918 年建立
（established in1850–1918）

0 1 2 3 4km

边缘带
（stadtrandzonen）

图 5-5　路易斯对柏林内部边缘带的划分
资料来源：Cozen M.R.G.Alnwick，
Northumberland：A study in Town–plan Analysis[M].
London：Gorge Pnilip，1960：4，58.

之后概念进一步得到丰富，1942 年，威尔文认为城市边缘区是一个居住人口增长较快并且具有混合土地使用模式的区域；1962 年，威锡克将既有旧的村庄，又有新的居民点，商业、工业、城市服务设施和农场随机分布，未经过系统化组织的区域称为大变异地区。1975 年，洛斯乌姆（Russwurm）认为城市地区和乡村腹地之间存在一个连续的统一体[59]。比较全面地阐述城市边缘区的是普内尔（R.G.Pryor，1968），他认为城市边缘区是城乡间土地利用、社会、人口过渡地带，位于中心城连续建成区与外围几乎没有城市居民住宅及非农土地利用的纯农业腹地之间，兼具有城市与乡村特征，人口密度低于中心城区而又高于周围农村的区域[60]。

我国对城市边缘区的研究始于 20 世纪 80 年代。顾朝林（1993）认为城市边缘区的划分，内边界应以城市建成区基本行政区单位——街道为界，外边界以城市物质要素（如工业、居住、交通、绿地等）扩散范围为限。将这一城乡互相包容、互有飞地和犬牙交错的地域划为城市边缘区[61]。陈佑启认为用"城乡交错带"来定义中国新时期内城市与乡村相互作用所形成的这一新型过渡地域较为合理科学[62]。张建明等将城乡边缘带定义为：位于城市建成区与纯乡村地域之间的受城市辐射影响巨大的过渡地带[63]。城市边缘区的地域结构理论模式详见扩展阅读 5–4–1。

5.4.2　城市边缘区的特征
5.4.2　Characteristics of urban fringe

城市边缘区的形成是由于乡村和城市土地利用相互影响的结果，扩张中的城市会持续不断吸收它的边缘区域，创造一种不同于市中心的"新"的边缘，这个过程导致了城市边缘区的持续变动。在城市土地扩张的影响下，大城市的边缘区域会表现出一些特征（知识盒子 5–4）。

 知识盒子 5-4

Characteristics of large urban fringe（大城市边缘区的特征）：

1. A constantly changing pattern of land occupancy.

（土地占有存在一种持续变化模式。）

2. Small farm sizes because of the inflation of land values as a preliminary to urban development.

（受城市发展的影响，土地价值提高，因而农场规模较小。）

3. Intensive production of crops because of the assured demand for products such as vegetables，flowers and fruits，and the difficulty of transporting them of longer distances.

（对蔬菜、鲜花和水果等产品的稳定需求和运输这些产品的难度促进了集约型的农业生产。）

4. A mobile population of low or moderate density.

（人口变动较大。）

5. Rapid residential expansion as the fringe represents the major area of the expansion for the city.

（边缘地区正是城市进一步扩张的主要地区，因而其居住区扩散迅速。）

6. Incomplete provision of services and public utilities.

（提供的服务和公共设施不完善。）

7. Speculative subdivision and speculative building.

（投机性建筑司空见惯。）

资料来源：Golledge.R.G.Sydney's metropolitan fringe：a study in urban-rural relations[J].Australian Geographer，1960（7）：243-255.

（1）人口特性

人口密度（Population Density）特征显示了边缘区的过渡性（Transitional）。根据顾朝林1993年以上海市12区9县为例进行的研究，城市核心区（包括黄埔、南市、卢湾、徐汇、长宁、静安、普陀、虹口、杨浦、闸北10个区）平均密度 $2.79×10^4$ 人／平方千米，相当于全市平均密度的13倍。从图5-6可以看出人口密度随着距核心位置的增加而迅速下降。从核心区到边缘区，平均半径9.45千米，而人口密度却由 $13.64×10^4$ 人／平方千米下降到接近 $0.2×10^4$ 人／平方千米[61]。

人口构成（Demographic Composition）特征显示出边缘区的复杂性（顾朝林，1993）（Complexity）[61]。主要有：①农村人口仍有一席之地。尽管在城市边缘区农业用地被征用的同时农村人口被不断地吸收为城市人口，但与此同时又会有新的郊区乡村"加盟"为城市边缘区，因此，城市边缘区的农业人口和用地具有动态的相对稳定性。②流动人口（Floating Population）集中。据1988年上海市流动人口抽样调查，30％集中分布在边缘区街道，究其原因，一方

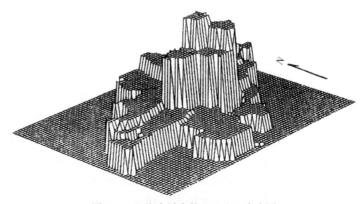

图5-6　上海市城市核心区人口密度图

资料来源：顾朝林，陈田，丁金宏等．中国大城市边缘区特性研究 [J]．地理学报，1993，48（4）：317-328.

面，边缘区相对核心区人口较稀，工厂较多，简单劳动就业机会较其他地带多，易于外来人口谋生；二是边缘区在行政管理上存在一定困难和漏洞，户口控制较松弛。③性别比例偏高，年龄结构偏轻。④文化构成（Cultural Constitution）并不落后。边缘区的人口文化构成水平并不存在明显差距，大学以上文化程度人口占 6 岁以上人口的比重，在普陀区内，属于城市边缘区的长风、曹安、真如三街道其比例高达 17.8%，而非边缘区街道只有 8.6%。

（2）经济特征

边缘区的经济功能被概括为三个方面：①城市蔬菜、副食品的重要生产基地；②城市大工业扩散的重点地区；③大宗商品、物资流通集散中心。首先，边缘区毗邻城区，交通快捷，成为大城市蔬菜、副食品的优先发展地带。其次，自 1950 年代以来，边缘区尤其是 8 ~ 20km 圈层范围内，一直成为城市大工业扩散与发展的重点地域。据北京调查，在其近郊区半径约 10 ~ 15km 的范围内，形成了两条城市大工业集中分布的环形地带。再次，边缘区凭借其交通枢纽位置和"开敞空间"等优势，逐步确立了其在城乡乃至跨省区物资、商品流通集散的中心地位。受级差地租及比较收益规律支配，边缘区经济分布（Marginal Economic Distribution）呈现的特征有：圈层经济分布带和滚动式扩展。具体表现为：农业经济圈层分异（Agricultural Economy）；工业扩散（Industrial Diffusion）圈层分异；大田农业逐步为精细农业、园艺业、设施农业替代，农业用地逐步为工业、运输仓储业用地替代，住房用地逐步为旅游业用地替代，呈现出以城区为中心，由近及远的滚动扩展（Rolling Extension）。

（3）空间特征

顾朝林将边缘区的地域空间特征概括为两种：轴向扩展和外向扩展。轴向扩展根据发展轴的性质有三种类型：①工业走廊，一些对交通线路依附性强的工厂、仓库沿公路、铁路和水道自由或按规划建设，连续向外延伸，形成由厂矿企业组成的"轴"向走廊；②居住走廊，边缘区入城主干道旁独户住宅成组排列，形成沿交通线自发发展的"居住走廊"；③综合发展走廊，居住和就业点沿轴向综合发展。外向扩展是指城市向周围地区蔓延或依附城市本体呈块状向外形成环状或块状用地，根据与城市核心区的关系，有三种类型：连片发展、独立发展和渐进发展[61]。在快速城镇化背景下，城市边缘区的空间表现出新的特征：空间演变方式由郊区化转向都市区化，结构模式由"单中心扩散"转向多中心、网络化发展[64]。

（4）景观与生态特征

城市边缘区具有与城市和乡村不同的景观特征。国内学者陈浮等（2001）认为城市边缘区人为开发利用活动正在从单一的农业生产向城镇建设等多元化并存活动转变，其景观特征正在由比较典型的农业景观（Agricultural Landscape）向城郊混合景观（Suburban Mixed Landscape）类型转变。由于管理混乱，多数城市的边缘区往往成为生态环境脆弱的地区而引人注意[65]。马涛（2004）从生态学的角度分析了城市边缘区的生态特性，认为城市边缘区是具有缓冲、梯度、廊道、复合以及极化等多种效应的生态界面[66]；吕传廷（2004）提出了边缘区的生态隔离机制（The Mechanism of

Ecological Protection）认为城市边缘区目前存在着生态环境恶化和生态失衡的严重问题，提出在城市边缘区建立生态隔离区（Ecological Protected Area）的思路，认为放射状的城市空间扩展模式有助于生态隔离区的形成与发展[67, 68]。

近年来，城市边缘区的发展呈现出一些新特征。国内学者（陈畅等，2016）以天津市为例，对其城市边缘区在1990—2010年的人口分布、人口密度及人口结构的演变进行分析，发现在1990—2010年间，其城市边缘区人口增速高于中心城区，中心城区增长了18.51%，边缘区人口增长了98.05%，同时容纳全市域人口的比例从14.46%上升到19.45%，逐渐显示出人口郊区化的特征。并且边缘区的三次产业结构中三产在逐步增加，边缘区人口中超过1/3的人从事第三产业[69]。

5.4.3 城市边缘区的问题
5.4.3 Problems in urban fringe areas

城市边缘区在多种驱动力共同作用下，形成了各具特色的空间分隔，所呈现的问题更为复杂。范凌云（2009）等将城市边缘区的问题总结为空间布局混乱、产业发展两极化、土地利用对立化、规划管理集权化等特点，并认为以"土地"为核心的产权归属不同和土地发展利益分配以及城乡规划对各主体行为干预作用不利是城市边缘区问题的根源[70]。

（1）空间形态圈层化

大城市边缘区包括了内层和中层两个层次，既有规范建设的新近开发建设项目，也有大量不规范的建设滋生。另外，城市边缘区二元化的空间形态割裂了城乡风貌（Urban and Rural Style），也造成杂乱无序的城市形象。

（2）产业发展两极化

边缘区产业发展较为迅速，市政府以重大工程项目、高新技术项目驱动的跨越式发展来推动城市产业外溢。另一方面，区、镇级政府依托现有城镇、甚至乡村，凭借自身的土地资本，引进中、小规模工业企业，不断产生工业集聚点和特色专业镇，这些专业镇以劳动密集型产业为主，大部分产业层次较低，用地规模偏大，布局分散。

（3）土地利用对立化

边缘区在土地利用上可能会出现"政府主导的高效有序的国有土地开发（State Owned Land Development）"与"农村主导的低效无序的集体土地开发（Collective Land Development）"相混杂局面，造成不同行政级别政府对土地空间的争夺。

（4）规划管理集权化

市政府往往通过行政手段，控制地方工业化、城镇化的多点蔓延发展，为城市建设发展留出尽可能多的成长空间，同时，区级管理部门会不留余力地推动本地工业化、城镇化，针对本地区的发展需求不断编制各类镇、工业区、居民点建设规划，并以渐进发展的"既成事实"影响"市对空间的控制"。

另外，国内学者认为城市边缘区存在一系列社会问题，如边缘区农民的就业、社会保障、权益保护等问题，边缘区的犯罪问题[71,72]等。李世峰（2006）

认为北京城市边缘区问题突出表现为边缘区人口过快增长、空间分布不均、文化素质偏低，边缘区的土地利用与产业结构不合理，城乡差距大，其社会问题如人口居住隔离（residential segregation）、流动人口（floating population）、儿童失学率高、违法犯罪率高等问题[73]。程煜等（2015）认为广州城市边缘区的人居环境"综合症"较为典型，并且认为边缘区人居环境已成为大城市人居环境发展的重点所在[74]。陈畅等（2016）基于1990—2010年天津城市边缘区的人口空间演变特征分析，认为其城市边缘区在人口空间重构方面面临的问题有：人口增长慢于土地扩张；就业与居住空间错位；居住与服务空间错位；人口快速聚集干扰生态环境；社会空间分异[69]。

5.5 新城
5.5 New towns

5.5.1 新城的内涵与特征
5.5.1 The connotation and origin of new towns

新城（New Town）最早起源于英国，其本意是解决城市发展过程中的社会、经济问题，以公共政策的形式为居民提供一个有充分就业机会、住房条件、合理的公共服务设施的城镇，建设成"即能生活又能工作的、平衡和独立自足的新城"。不同国家内，新城的内涵也不相同：在英国，新城指的是根据《新城法》（New Town Act，1946）建立的一系列城市，具有特定的目标和条件；在美国，新城的外延被扩大至卫星城、都市更新（New Town in Town）项目，甚至更小层次的社区建设也能称为新城[75]。之后新城的概念逐渐发展，强调新城充满机会和选择自由、交通方便、多样化、吸引人且有充分的物质设施。

新城运动的理论来源霍华德（Ebenezer Howard）的"田园城市"（Garden city，后又称之为"社会城市"）。"田园城市"集中了城市和农村的优点，摒弃了之前城市与农村完全对立、分割的观念，创造出一种城乡结合的新型城市（详见扩展阅读5-5-1）。霍华德和他的支持者于1902年在莱奇沃思（Letchworth）开发建设第一个田园城市，目标是居住30000人。1920年，霍华德在韦林（Welwyn）着手建造第二个田园城市。虽然两个田园城市的建设在资金及其他各个方面上都遇到了麻烦，建成后的效果也不是很理想，但"田园城市"运动使霍华德饮誉全球，其理论思想对后来的城市建设运动有着深远的影响，为有机疏散理论（Theory of Organic Decentralization）、卫星城镇理论奠定了基础。

沙里宁（Eliel Saarinen）的有机疏散理论对新城建设也有较大影响。相比于霍华德的人口分散与勒·柯布西耶（Le Corbusier）的人口集中，沙里宁提出了一种相对折衷的理论——"有机疏散理论"。他认为城市是人类创造的一种有机体，人们应该从大自然中寻找与城市发展规律类似的生物生长、变化的规律来建设城市。重工业没必要布置在城市中心，应该把重工业、轻工业疏散出去，但应保留行政管理部门、事业单位等，城市中心因疏散出来的用地应用来增加绿地。其思想集中体现在1942年出版的《城市：它的发展、衰败和未来》中。

值得注意的是，新城与卫星城虽然一脉相称，但其内涵并不相同，经常有互相混淆的情况。卫星城理论是在"田园城市"的启发下形成的，1919年韦林开始采用"卫星城"的名称；1922年恩温（R.Unwin）在规划中首次提出分散伦敦的人口和就业机会到附近的卫星城中；1944年大伦敦规划（Greater London Plan）建设的8座新城，最初也以"卫星城"命名。在后续的城市演进过程中，除了卫星城，也逐渐纳入新城、开发区等作为新城镇建设的标志。1946年瑞思勋爵（Lord Reith）领导委员会对新城的总体特征作了定义（知识盒子5-5）。

📖 知识盒子5-5

新城的总体特征：

1. Be sited around large, densely built-up urban areas to help reduce their populations.

（建立在大型、密集的城市建成区周围以助于减少其人口。）

2. Not be located less than 40km from London or less than 20km from the regional cities, to allow the development of independent communities.

（为了保证独立社区的发展，不在距离伦敦40千米或距离区域城市20千米的范围内建设新城。）

3. Have populations of between 20000 and 60000 the upper limit reflecting one of Howard's principles and the lower limit based on the concept of a threshold population needed to ensure a satisfactory level of service provision as well as a mixed class structure.

（人口规模控制在20000人到60000人之间，上限根据霍华德的原则确定，下限则基于能够提供满意的服务水平和混合等级结构的最少人口。）

4. Normally be built on greenfield sites to give planners full scope and avoid disruption of existing communities, although in practice most New Towns were built around an existing settlement nucleus.

（通常应建立在未开发地区以便规划师有完整的规划地块并避免分割已存在的社区，尽管实际建设中新城经常建立在已有的居住中心。）

5. Avoid building on the best agricultural land.

（避免在良田上建造新城。）

资料来源：Knox P &McCarthy L.Urbanization：An introduction to Urban Geography [M].3rd ed.Upper soddle river:Pearson Prentice Hall.2011.

5.5.2 英国的新城运动
5.5.2 New towns in UK

19世纪工业城市恶劣的城市环境以及田园城市的实践影响，极大地促进了英国的新城运动。19世纪初，伦敦有将近100万人口，是世界上最大的城市。1940年英国政府发表了《巴罗报告》（Barlow Report），认为应基于人口在原城市中的地理分布，通过建设卫星城来分担城区的人口压力。该报告提出了两个关键性的结论①控制工业的发展与布局；②防止人口进一步向城市中心的集聚。按照这两个

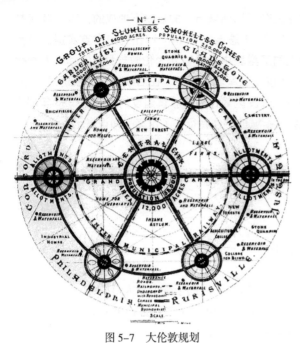

图 5-7　大伦敦规划

资料来源：Knox P &McCarthy L.Urbanization：An introduction to
Urban Geography [M]. 3rd ed. Upper Saddle River ：Pearson
Prentice Hall.2011.

结论，当时皇家委员会成员之一的艾伯克隆比（Patrick Abercrombie）于 1942 年开始主持编制大伦敦规划，并于 1945 年由英国政府正式发表（图 5-7，知识盒子 5-6）。1946 年，在全面接受瑞思勋爵（Lord Reith）领导委员会就新城开发事宜做出报告后，英国工党政府正式颁布《新城法》（New Town Act），新城运动由此拉开建设的序幕[75]。

《新城法》指导下的 28 座新城建设运动大致可分为两个主要阶段（国内有学者将其归纳为三代新城）。第一代新城为 1946 年至 1950 年间建设的，位于英格兰（England）、苏格兰（Scotland）和威尔士（Welsh）的 14 个新城。这一代新城建设的主要目的是解决城市住房问题，包括解决低收入者无房可住的问题和改善大城市中居民居住质量低劣的情况[76]。

同时，战后新城规划者们想要实现社会公平的社区，这一系列的建设使得作为物质规划基础的邻里单元（Neighborhood Unit）被广泛采纳。这种"社会工程"的尝试在克劳利新城（Crawley）中非常明显，不论是邻里单元还是整个城市都保证有 20％ 的中产阶级家庭。这种尝试避开了城市生活的复杂性，通过物质设计决定了居民的社交结构及活动。1950 年代，人们日益认识到邻里单位在社会关联上的局限性，导致其作用被简化为确保基本设施布置在距离住房合理的范围内[76]。

到 1961 年，几个因素引发了英国第二代新城的建设浪潮：①之前的新城建设显示出较大优势；②坎伯诺尔德规划（Cumbernauld Plan）以及其疏散人口、交通的做法收到国际赞誉；③在许多城市，针对生活环境的批评日益增长，并且在城市发展计划中待安置人口的数量不断增加；④要求释放土地来容纳大城市的过剩人口的呼声越来越高，当地委员会受到压力。

第二代新城设计的目标是容纳大都市的过剩人口，例如，斯凯尔默斯代（Skelmersdale）和朗科恩（Runcorn）的建立是为了疏解伯明翰市（Birmingham）过分拥挤的人口，所以建立在靠近默西塞德郡（Merseyside），雷迪奇（Redditch）和道利（Dawley）的位置，华盛顿（Washington）的建立是为了疏解英格兰过分拥挤的人。[76]

📖 知识盒子 5-6

大伦敦规划（Greater London Plan）

Following the Barlow report recommendations，the Greater London Plan proposed a ban on additional industrial development within the plan area, with planned redevelopment in the inner ring, and an enlarged green belt.The most radical proposal was the planned decentralization of over a million people from the inner ring to the outer ring.This was to be achieved by the expansion of existing towns and the construction of eight New Towns to accommodate 400000 people, with full local employment and community facilities.

（大伦敦规划采用的基本原则是疏散人口，遏制城市发展，新建卫星城以及区域平衡发展。根据巴罗报告的建议，大伦敦规划提出禁止在规划区内新建工业，同时规划内圈的复兴，并且在伦敦建成区外设置一条宽约5英里的"绿带"来阻止城市的进一步无序扩张。该规划中最激进的建议是将内圈中超过100余万的人口疏散到伦敦外围，通过扩大现有城镇以及8座新城，利用充足的就业机会和完善的社区设施来安置40万人口。）

资料来源：Knox P & McCarthy L.Urbanization:An introduction to Urban Geography[M].3rd ed.Pearson Prentice Hall.2011.

5.5.3 美国的新城
5.5.3 New towns in the USA

在美国，第一个田园城市的尝试位于新泽西州的雷德朋（Radburn）新镇。美国区域规划协会（RPAA：Regional Planning Association of America）试图"建设一座美国的田园城市"，由1923年至1933年完成规划建设。雷德朋的规划旨在适应美国的居住条件并满足日益增长的汽车使用，因此对街道系统进行了较大的改动。雷德朋新镇的主要特点为：使用大街区（superblock）的居住单元取代传统的狭窄的街区；使用天桥、地道等实现人车分离系统；道路功能不同；用连续的公园连接大街区。

1934年美国经济大萧条，雷德朋的建设停止了。美国第一次大规模的新社区建设发生在1930年代，当时的郊区居民安置计划试图为城市贫民窟提供不同的选择。由此而建设的三个绿带城镇（Green-belt Towns）被绿带包围以限制其无序扩张，而这种城镇与完全独立的新城不同。其规模非常小，到1938年底精心规划的郊区只安置了2100个社区。虽然在解决居住问题上，绿带城镇并无多大贡献，但其象征意义是重大的。

为了有序地开发建设新城，控制郊区化的无序发展，1968年，联邦政府颁布《新城开发法》，提出了建设新城的建议。1970年美国国会制定了《住房和城市发展法》，推动了新城的建设开发。在后续的发展中，美国陆续出现了新城市主义思潮（New Urbanism）、边缘城市（Edge City）等。

1980年代中期，城市形态从传统的单核心格局向多核心、网络化方向发展，城市核心区扩散过程中出现新的集聚，继卫星城市、外围城市、郊区城市、技术郊区之后，在原中心城市周围郊区发展起来了兼具商业、就业与居住等综合功能的综合功能中心，乔尔·加洛（Joel Garreau）将之称为"边缘城市"，其特点详见知识盒子5-7。边缘城市（Edge Cities）成为美国大都市区外围区域新的城市形态。

📖 知识盒子 5-7

边缘城市的特点（Characteristics of an edge city）：

1. 5million square feet or more of leasable office space.

（拥有 500 万平方英尺以上的可出租办公空间。）

2. 600000 square feet or more of leasable retail space.

（拥有 600000 平方英尺以上的可出租零售空间。）

3. More jobs than bedrooms town.

（比卧城有更多的就业机会。）

4. Perceived by the population as one place.

（被人们认知为一个地方。）

5. Not considered part of a "city" as recently as 30 years ago.

（30 年前并非像现在这样被认为是"城市"的一部分。）

资料来源：Greene，R.P.and J.B.Pick，Exploring the urban community a GIS approach[M].2nd ed.New York：Pearson Education.2012：288.

5.5.4 我国的新城建设
5.5.4 New towns in China

在我国的城市化进程中，新城建设已经逐步成为大都市地区优化空间结构的重要手段之一。我国的新城建设经历了几个重要的阶段，首先是中华人民共和国成立初期的工业卫星城建设。在北京、上海、沈阳等城市都进行过卫星城建设，这段时期的卫星城虽然有明确的建设目标，但是在功能上依赖中心城，对居民的吸引力有限，在疏散人口及产业的作用上非常有限。然后是改革开放时期的开发区建设，此类新城往往基于重大项目在政策扶持下形成，其结构较为单一，配套设施不够齐全。大规模的新城建设主要集中在 1990 年代后，以上海浦东新区的建立为起点，各种新区、新城的建设在国内大批进行。这批新城按照不同的标准可以划分成不同类型：空间布局中可细分为独立型、边缘型及内置型，代表新城分别为上海浦东新区、郑东新城及宁波东部新城；功能中可分为生产型、居住型、会展型、空港物流型及行政中心搬迁型；此外还有其他多种分类。时至今日，新城的建设仍处在高潮中。上海、北京等特大城市的新城规划与建设详见扩展阅读 5-5-2、扩展阅读 5-5-3。

我国的新城建设还处在大规模发展的阶段。纵观国内外新城建设，几个问题值得关注：如何吸引人口，如何解决产城不融合的问题，如何进行融资、如何协调新城与母城之间关系以实现区域平衡，如何实现新城土地的高效利用[77，78]。具体如：

（1）制度保障。英国的新城在 1946 年《新城法》颁布后才拉开建设的序幕，而且坚持实施了整整 30 年；法国则制定了 1960 年和 1983 年的《新城法》；荷兰制定了《私人买卖土地的法律条款》等细则。

（2）资金支持。在英国、美国，新城的建设开发多为政府、新城开发公司、私营开发企业共同完成，这种做法虽然不符合我国的国情，但在开发区等特定的新城实践上可以进行参考借鉴，如现在提倡的 PPP 等管理和融资模式。

（3）新城、中心城的关系。新城和中心城的发展时序及分工关系非常重要。优先发展新城还是中心城，是城市发展的一个难题。英国的第一代新城建设结束后，应该扩张中心城还是另建新城的争议一度导致新城建设停摆。

（4）新城的吸引力。新城的吸引力和新城的产业发展紧密相联，新城的产业发展有利于增强新城的吸引力。人们选择在新城工作生活，一般综合考虑新城与中心城的条件因素，如就业机会、基础设施、交通环境、公共卫生、土地价格等。所以如何最大化新城的优势，实现主动吸引人口而不是从中心城被动疏散人口，成为新城建设值得关注的问题。如上海等地的新城人口集聚效果并不理想，人口近郊蔓延仍然是新城人口增加的主要因素[79, 80]。

（5）新城的集约发展。高密度的规划布局能有效降低生产成本并提高生产力，促进需要面对面进行的服务业发展，进而提升城市活力[81]。此外，土地作为我国最重要的战略资源显得尤为宝贵，但当前诸多新城在土地利用方面，普遍存在空间利用效率不高、空间布局混乱等问题[82,83]。

词汇表（Glossory）

central business district (CBD)：The nucleus of an urban area, containing the main concentration of commercial land uses.Decentralization of the characteristic commercial land uses to suburban or exurban location, such as planned shopping centers and highway—oriented office parks, can undermine the traditional dominance of the CBD.

centrality：The functional dominance of cities within an urban system. Cities that account for a disproportionately high share of economic, political, and cultural activity have a high degree of centrality.

city center：The (often historical) area of a city where commerce, entertainment, shopping and political power are concentrated.The term is commonly used in many English—speaking countries, and has direct equivalents in many other languages.

downtown：A term primarily used in North America by English speakers to refer to a city's core (or center) or central business district (CBD), often in a geographical, commercial, or communal sense.The term is not generally used in British English, whose speakers instead use the term city center.

mixed land use：Land use that blends a combination of residential, commercial, cultural, institutional, or industrial uses, where those functions are physically and functionally integrated, and that provides pedestrian connections.

economic and technological development zone：The special areas of the People's Republic of China where foreign direct investment is encouraged.They are usually called the "Economic and Technological Development Zones" or simply the "Development Zones".

special economic zone：A generic term to refer to any modern economic zone. In these zones business and trades laws differ from the rest of the country. Broadly, SEZs are located within a country's national borders.

free trade zone：A specific class of special economic zone. They are a geographic area where goods may be landed, handled, manufactured or reconfigured, and re-exported without the intervention of the customs authorities. It is a region where a group of countries has agreed to reduce or eliminate trade barriers.

science park：An area managed in a manner designed to promote innovation. It is a physical place that supports university—industry and government collaboration with the intent of creating high technology economic development and advancing knowledge.

business incubator：A business incubator in business speak is a company that helps new and startup companies to develop by providing services such as management training or office space.

slums：An area of overcrowded and dilapidated, usually old, housing occupied by people who can afford only the cheapest dwellings available in the urban area, generally in or close to the inner city.

city village：A migrant settlement with low—rent housing, and an urban self—organized grassroots unit, respectively related to the ambiguous property rights, an informal rental market, and the vacuum of state regulation.

floating population：A terminology used to describe a group of people who reside in a given population for a certain amount of time and for various reasons, but are not generally considered part of the official census count.

migrants：The movement by people from one place to another with the intentions of settling temporarily or permanently in the new location. The movement is typically over long distances and from one country to another, but internal migration is also possible.

urban fringe/rural—urban fringe：Also known as the outskirts or the urban hinterland, can be described as the "landscape interface between town and country", or also as the transition zone where urban and rural uses mix and often clash. Alternatively, it can be viewed as a landscape type in its own right, one forged from an interaction of urban and rural land uses.

population density：A measurement of population per unit area or unit volume；it is a quantity of type number density. It is frequently applied to living organisms, and particularly to humans. It is a key geographic term.

demographic composition：The proportion of the components of the population divided by natural, social, economic, and physiological characteristics.

new town：A free—standing, self—contained and socially balanced settlement primarily planned to accommodate overspill population and employment from nearby conurbations.

neighborhood unit: A relatively self—contained residential area, most often found in planned developments of either new suburban districts in existing towns or in new towns. The concept was popular in UK New Towns planned in the 1950s and 1960s.

new urbanism: A broad school of urban design that advocates a return to 'traditional' human—scale neighborhood development, livable communities/transit—oriented development and smart growth instead of low—density car—oriented urban development.

garden city: A planned new settlement designed to provide a high—quality, low—density residential environment in a garden setting. The original garden cities of Howard stimulated new town development in the UK, as well as smaller—scale intra—urban garden suburbs.

edge city: An office, entertainment and shopping node with "more jobs than bedrooms" that has emerged in suburban locations to challenge the dominance of the metropolitan downtown (city center).

讨论题目 (Discussion Topic)

1. 分析一个你喜欢的大城市中央商务区的空间组织类型。

2. 分析巴黎拉·德芳斯、东京等大城市 CBD 的交通结构，对北京 CBD 的建设，尤其是其日益严重的交通拥堵问题有哪些启示？

3. 详细阅读第 4 章的经济地租曲线理论，分析如何利用地价法则来调整 CBD 的土地利用结构与职能结构？

4. 城市开发区有哪些特征？相对于普通行政区，在发展的某些阶段特殊性表现在哪里？

5. 以日本筑波科学城为例，谈谈科学城的特征有哪些？

6. 城市开发区的布局考虑的因素是什么？举例分析其空间布局的特征。

7. 试举例分析对城市开放式社区的认识。

8. 贫民窟的特征有哪些？

9. 结合广州"城中村"的改造案例，如何实施城中村空间改造和功能重塑的多样化模式？

10. 分析城市边缘区地域空间特征，并从扩展方向、扩展类型等方面分析北京 1994 年以来边缘区的空间扩展。

11. 高速公路、铁路等的交通设施建设对城市边缘区经济功能的影响有哪些？

12. 对于边缘区的规划要转变传统规划思路，结合生态导向下边缘区的规划思路，如何以生态功能引导非建设用地的使用？

13. 阐述新城的起源及发展过程。

14. 是什么因素导致英国第二代新城建设浪潮？

15. 试分析中国新城发展与主城的关系。

扩展阅读（Further Reading）

本章扩展阅读见二维码5。

二维码5 第5章扩展阅读

参考文献（References）

[1] 丁成日，谢欣梅．城市中央商务区（CBD）发展的国际比较[J]．城市发展研究，2010（10）：72—82．

[2] 邹德慈．中心商务区发展概述[J]．南方建筑，2008（4）：8—12．

[3] KnoxP.，McCarthyL．Urbanization：An introduction to Urban Geography[M]．3rd．Pearson Prentice Hall，2011：71—72．

[4] 陈瑛．城市CBD与CBD系统[M]．北京：科学出版社，2005．

[5] 朱翔．城市地理学[M]．长沙：湖南教育出版社，2003：294—296．

[6] MurphyR.E.，VanceJ.E.DelimitingtheCBD[J]．EconomicGeography，1954：189—222．

[7] 徐淳厚，陈艳．国外著名CBD发展得失对北京的启示[J]．北京工商大学学报：社会科学版，2005，20(5)：101—106．

[8] 武占云，单菁菁．中央商务区的功能演进及中国发展实践[J]．中州学刊，2018（8）：37—43．

[9] 何兴刚．城市开发区的理论与实践[M]．西安：陕西人民出版社，1995．

[10] 王兴平，许景．中国城市开发区群的发展与演化——以南京为例[J]．城市规划，2008（3）：25—32．

[11] 鲍克．中国开发区研究——入世后开发区微观制度设计[M]．北京：人民出版社．2002．

[12] 周伟林，周雨潇，柯淑强．基于开发区形成、发展、转型内在逻辑的综述[J]．城市发展研究，2017，24(01)：9—17．

[13] 王永进，张国峰．开发区生产率优势的来源：集聚效应还是选择效应？[J]．经济研究，2016，51(07)：58—71．

[14] 丁悦，蔡建明，杨振山．中国城市开发区研究综述及展望[J]．工业经济论坛，2015(01)：148—160．

[15] BakourosY.L.，MardasD.C.，VarsakelisN.C.Science park，a high tech fantasy？：an analysis of the science parks of Greece[J]．Technovation，2002，22(2)：123—8．

[16] 吴寿仁，李湛．世界企业孵化器发展的沿革、现状与趋势研究[J]．外国经济与管理，2002，24(12)：24—30．

[17] Stokan E.，Thompson L.，Mahu R.J.Testing the Differential Effect of Business Incubators on Firm Growth[J]．Economic Development Quarterly，2015．

[18] 卢杰明．智慧园区愿景、规划与行动指南[M]．北京：电子工业出版社．2014．

[19] 陈益升，陆容安，欧阳资力．国际科学城（园）综述[J]．科学与社会，1995（3）：1—13．

[20] 徐现祥，陈小飞．经济特区：中国渐进改革开放的起点[J]．世界经济

文汇, 2008 (1): 14—26.

[21] 石碧华. 我国经济特区与开发区的发展趋势 [J]. 商业经济与管理, 2008 (10): 64—8.

[22] 陈益升, 湛学勇, 陈宏愚. 中国两类开发区: 比较研究 [J]. 中国科技产业, 2002, 7(007).

[23] Bakan J. The pathological pursuit of profit and power[M]. Simon & Schuster, 2004: 8—28.

[24] 张艳. 我国国家级开发区的实践及转型——政策视角的研究[D]. 上海: 同济大学, 2008.

[25] 夏海钧. 中国高新技术产业开发区发展研究 [J]. 暨南大学, 2001.

[26] 顾朝林. 中国高技术园类型及发展方向 [J]. 经济地理, 1996, 16(1): 9—13.

[27] 何兴刚. 世界城市开发区的布局特点 [J]. 浦东开发, 1994 (1): 40.

[28] Burgess E. The growth of the city. V. Park, R., Burgess, E[M]. Chicago: Chicago University Press, 1925.

[29] Harris C. D., Ullman E. L. The nature of cities[J]. The Annals of the American Academy of Politicaland Social Science, 1945, 7—17.

[30] Brown L. A., Moore E. G. The intra—urban migration process: a perspective[J]. Geografiska Annaler Series B, Human Geography, 1970, 52(1): 1—13.

[31] 吴启焰. 大城市居住空间分异研究的理论与实践 [M]. 北京: 科学出版社, 2001.

[32] 廖邦固, 徐建刚, 梅安新. 1947～2007 年上海中心城区居住空间分异变化——基于居住用地类型视角 [J]. 地理研究, 2012, 31 (6): 1089—1102.

[33] 周春山, 罗仁泽, 代丹丹. 2000～2010 年广州市居住空间结构演变及机制分析 [J]. 地理研究, 2015, 34 (6): 1109—1124.

[34] 刘旺, 张文忠. 国内外城市居住空间研究的回顾与展望 [J]. 人文地理, 2004, 19(3): 6—11.

[35] 孟斌, 于慧丽, 郑丽敏. 北京大型居住区居民通勤行为对比研究——以望京居住区和天通苑居住区为例 [J]. 地理研究, 2012 (11): 2069—2079.

[36] 周焕云, 黄飞, 丁建明等. 基于交通特征的居住区空间模式比较研究 [J]. 规划师, 2012 (28): 26—29.

[37] 李飞, 张峰. 居住区"多元化生态交通"的低碳化规划方法 [J]. 规划师, 2015 (8): 81—86.

[38] 徐一大, 吴明伟. 从住区规划到社区规划 [J]. 城市规划汇刊, 2002 (4): 54—55.

[39] 赵蔚, 赵民. 从居住区规划到社区规划 [J]. 城市规划汇刊, 2002 (6): 68—71.

[40] 于一凡. 从传统居住区规划到社区生活圈规划 [J]. 城市规划, 2019, 43 (5): 17—22.

[41] 李德华. 城市规划原理 [M]. 北京: 中国建筑工业出版社, 2001: 368.

[42] 李晴. 基于"第三场所"理论的居住小区空间组织研究 [J]. 城市规划

学刊，2011（1）：105—111.

[43]吴启焰. 大城市居住空间分异研究的理论与实践 [M]. 北京：科学出版社，2001.

[44]沈玉麟. 外国城市建设史 [M]. 北京：中国建筑工业出版社，1989.

[45] Levine M.A.，Ross B.H.Urban politics：Power in metropolitan America[M]. KY：Wadsworth Publishing，2006.

[46]张京祥，赵伟. 二元规制环境中城中村发展及其意义的分析 [J]. 城市规划，2007，31（1）：63—67.

[47] Driedger L.The Urban Factor New York[M].Oxford University Press，1991.

[48]联合国人居署. 贫民窟的挑战——全球人类住区报告 2003[M]. 北京：中国建筑工业出版社，2006.

[49]闫小培，魏立华，周锐波. 快速城市化地区城乡关系协调研究——以广州市"城中村"改造为例 [J]. 城市规划，2004，28（3）：30—8.

[50] [美]Paul Knox，Steven Pinch 著. 柴彦威，张景秋等译. 城市社会地理学导论 [M]. 北京：商务印书馆，2005：351—353.

[51]仝德，冯长春. 国内外城中村研究进展及展望 [J]. 人文地理，2009（6）：29—35.

[52]ROYA.Urban in formality：toward an epistemology of planning[J].Journal of the American Planning Association，2005，71（2）：147 158.

[53]汪明峰，林小玲，宁越敏. 外来人口、临时居所与城中村改造——来自上海的调查报告 [J]. 城市规划，2012，36（7）：73—80.

[54]刘毅华，陈浩龙，林彰平等. 城中村非正规经济的空间演变及其对土地利用的影响——以广州大学城南亭村为例 [J]. 经济地理，2015，35（5）：126—134.

[55]李明烨，亚力克死·马格尔哈斯. 从城市非正规性视角解读里约热内卢贫民窟的发展历程与治理经验 [J]. 国际城市规划，2019，34（2）：56—63.

[56]张京祥，胡毅，孙东琪. 空间生产视角下的城中村物质空间与社会变迁——南京市江东村的实证研究 [J]. 人文地理，2014，（2）：1—6.

[57]林文盛，冯健，李烨.ICT 对城中村居民居住和就业迁移空间的影响——以北京 5 个城中村调查为例 [J]. 地理科学进展，2018，37（2）：276—286.

[58]赖亚妮，桂艺丹. 城中村土地发展问题：文献回顾与研究展望 [J]. 城市规划，2019，43（7）：108—114.

[59]张晓军. 国外城市边缘区研究发展的回顾及启示 [J]. 国外城市规划，2006（4）：72—5.

[60]Pryor R.J.Defining the rural—urban fringe[J].Social Forces，1968，47（2）：202—15.

[61]顾朝林，陈田，丁金宏等. 中国大城市边缘区特性研究 [J]. 地理学报，1993，48（4）：317—328.

[62]陈佑启. 试论城乡交错带及其特征与功能 [J]. 经济地理，1996，16（3）：27—31.

[63]张建明，许学强. 城乡边缘带研究的回顾与展望 [J]. 人文地理，1997

(3):9—12.

[64]范凌云,雷诚.城市边缘区发展演化的新特征[J].城市问题,2012(10):25—27.

[65]陈浮,葛小平,陈刚等.城市边缘区景观变化与人为影响的空间分异研究[J].地理科学,2001,21(3):210—6.

[66]马涛,杨凤辉,李博等.城乡交错带——特殊的生态区[J].城市环境与城市生态,2004,17(1):37—9.

[67]吕传廷,曹小曙,徐旭.城市边缘区生态隔离机制探讨[J].人文地理,2005,19(6):36—8.

[68]叶林,邢忠,颜文涛.生态导向下城市边缘区规划研究[J].城市规划学刊,2011(6)68—76.

[69]陈畅,刘爱华,周威.快速城镇化中城市边缘区人口空间重构初探——以天津市为例[J].城市规划,2016(10):17—22.

[70]范凌云,雷诚.大城市边缘区演化发展中的矛盾及对策——基于广州市案例的探讨[J].城市发展研究,2009(12):22—8.

[71]林民书,李文溥.郊区被动型城市化农民就业问题研究——厦门市禾山镇农民非农化问题实证分析[J].财经研究,2002,28(9):75—80.

[72]陈峰云,闵敏.城市边缘区犯罪问题的环境影响[J].城市问题,2003(2):45—7

[73]李世峰.北京城市边缘区存在的主要问题及解决对策[J].经济师,2006(2):272—3.

[74]程煜,林玥希,邹秀琦等.大城市边缘区人居环境问题及其优化调控研究——以广州市为例[J].福建农林大学学报(哲学社会科学版),2015,18(2):6—10.

[75]张捷.新城规划与建设概论:Introduction to new town planning and development[M].天津:天津大学出版社,2009.

[76]PacioneM.Urban Geography:A Global Perspective[M].2nd.London:Routledge,2005.

[77]张学勇,李桂文,曾宇.我国大城市地区新城发展模式及路径研究[J].规划师,2011,27(5):93—8.

[78]林华.关于上海新城"产城融合"的研究——以青浦新城为例[J].上海城市规划,2011(5):30—6.

[79]王春兰,杨上广.上海人口郊区化与新城发展动态分析[J].城市规划,2015,39(04):65—70.

[80]顾竹屹,赵民,张捷.探索"新城"的中国化之路——上海市郊新城规划建设的回溯与展望[J].城市规划学刊,2014(03):28—36.

[81]常晨,陆铭.新城之殇——密度、距离与债务[J].经济学(季刊),2017,16(04):1621—1642.

[82]谭勇,徐文海,韩啸等.新时代区域建设用地节约集约利用评价——以长沙梅溪湖国际新城为例[J].经济地理,2018,38(09):200—205.

[83]冯奎.中国新城新区转型发展趋势研究[J].经济纵横,2015(04):1—10.

第6章 经济活动与城市职能
Chapter 6 Urban economic activities and urban functions

　　城市的两个基本功能是生产功能和生活功能。为了满足这两个功能，就要求城市能够满足各种产业发展的空间需求、能够提供各类经济活动有效运行所需要的需求市场。那么，各种经济活动如何分类？它们与城市总体经济发展表现具有怎样的关系？为什么有些企业的办公地点在城市郊区，有些则在城市最为繁华的中央商务区？而有些经济活动又倾向于将办公和生产空间布局在工业园区？在城市中，我们还常常会观察到许多相类似、相关联的企业集中分布在城市的某一个地段，形成诸如北京中关村电脑、软件服务公司集聚地等城市景观，其内在的经济学逻辑是什么？同时，我们还可以看到我国东部沿海城市（如上海）与中西部城市（例如成都）无论是城市形象，还是城市建成环境、经济结构等方面均存在较大差别，那么为什么会存在这样的差别，它们之间是否分布代表了不同的城市发展类型和路径？这种类型划分的科学依据是什么？

　　以这些问题为线索，本章分四节介绍经济活动与城市职能的相关理论、方法、一般规律和研究进展。第一节主要介绍经济活动、经济部门及其划分方法；第二节主要介绍城市经济发展的相关理论和经济发展带来的产业结构转型的一般规律；第三节主要介绍了农业和工业区位理论、制造业和零售业区位行为演进的一般过程；第四节则主要介绍城市职能的概念、城市职能分类的方法以及我国相关研究的进展。

6.1 经济活动的分类
6.1 Classification of urban economic activities

6.1.1 城市非基本经济部类和基本经济部类
6.1.1 The non-basic economic activities and basic economic activities

一个城市的全部经济活动，可以分成满足本市需求的服务和满足本市外其他城市区域需要的服务两部分。为本城市以外城市区域服务的经济活动从本城市以外的其他城市获得收入，这部分经济活动输出本城市内部生产的产品与服务，它是城市得以存在和发展的经济基础，是促使城市发展的主要动力，这一部分经济活动称为城市的基本经济部类（Basic Economic Activity）[2]。另一部分是非基本经济部类（Non-basic Economic Activity），是从本城市内部获得收入，满足本城市内部需求的经济活动，随着基本部分的发展而发展。传统的观点认为，非基本经济部类与零售业和其他消费服务相联系，并且非基本经济部类中的服务行业有逐渐高端化的趋势。非基本经济活动与基本经济活动的关系如图6-1所示。

在一个城市的发展中，基本经济部类和非基本经济部类起到了不同的作用。一般认为，基本经济部类是城市经济发展的主要动力，即通过出口商品与服务为本地经济带来发展，而基本经济部类的发展又可以进一步促进与本市居民消费相关的非基本经济部类的发展（详见扩展阅读6-1-1）。尽管基本经济部类是城市发展的主导力量，但是基本经济部类与非基本经济部类相互依存（图6-2），两者之间需要保持必要的比例。

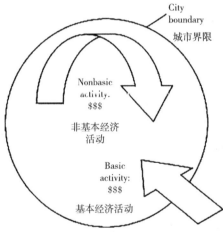

图6-1 基本经济活动与非基本经济活动的概念区别图

资料来源：Kaplan D，Wheeler J，Holloway S.Urban Geography[M]. Hoboken：John Wiley & Sons.2009：168.

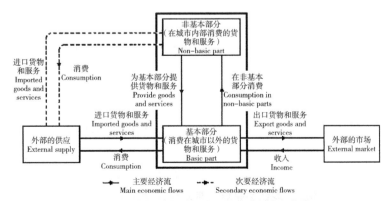

图6-2 城市经济活动基本和非基本部分的构成

资料来源：周一星，城市地理学 [M]. 北京；商务印书馆 .1995：117.

在城市经济基础理论中，区分城市经济活动的基本经济部类和非基本经济部类的逻辑概念是比较简单清晰的，然而在实践中要区分统计这两种经济活动却并不容易。一般来讲，按照时间的发展顺序，有这么几种方法，分别是普查法、残差法、区位商法（也称宏观法）、正常城市法和最小需量法。

普查法通过获取每个企业和单位基本和非基本活动的信息，最后都折合成职工数，进而得到整个城市的 B/N 比。

残差法由霍伊特（Hoyt）提出，其方法是先把已知的以外地消费和服务占绝对优势的部门作为基本部分先分出来，不再区分其内部可能包含的非基本部分。对于基本活动不占绝对优势的部门，则从其职工中减去一个假设必须满足当地人口需要的部分，在实践中霍伊特（Hoyt）假设基本部分和非基本部分的比例为 1：1。

区位商法（location quotient）认为全国行业的部门结构是满足全国人口需要的结构，因此各个城市必须有类似的劳动力行业结构才能满足当地的需要。当城市某部门比重大于全国比重时，认为此部门除满足本市需要外还存在基本活动部分。大于全国比重的差额即该部门基本活动部分的比重，把各个部门和全国平均比重的正差额累加，就是城市总的基本部分。马蒂拉（J.M.Mattila）和汤普森（W.R.Thompson）首先提出这种方法，其数学表达式为：

$$L_i = \frac{e_i / e_t}{E_i / E_t} \quad (i=1, 2, \cdots, n)$$

e_i 为某城市 i 部门职工人数；e_t 为该市总职工人数；E_i 为全国 i 部门职工数；E_t 为全国总职工数；L 为区位商。L_i 大于 1 的部分是具有基本经济活动部分的部门。

$$B_i = e_i - \frac{E_i}{E_t} \times e_t$$

B_i 为剩余职工指数。B_i 小于 0，则该部门只为本地服务；B_i 大于 0，则 B_i 为 i 部门从事基本活动的职工数。

$$B = \sum_{i=1}^{n} B_i \, (B_i > 0)$$

B 为城市中从事基本活动的总职工数。

区位商法大大简化了区分城市基本和非基本经济部类的复杂过程，因此计算区位商在城市经济结构的研究中被广泛应用。但是，区位商法的假设只有在国家没有外贸出口和全国各城市都有相同的生产率和消费结构的情况下才成立。对于重要的出口部门，用全国比重衡量城市满足本地需要的部分，显然标准偏高了。

区位商法的最大问题是无法适应国际贸易发达的国家的城市发展情况。为此，瑞典地理学家阿力克山德森（Alex Sanderson）提出了"正常城市法"，试图为各部门寻找一个"正常城市"的参考标准。对每个部门而言，高于该标准的部分均认为是城市基本经济活动部分[3]。

最小需要量法由乌尔曼（E.L.Ullman）和达西（M.F.Dacey）提出，要点如下：

①城市经济的存在对各部门的需要有一个最小劳动力的比例，这个比例近似于城市本身的服务需求，一个城市超过这个最小需要比例的部分近似于城市的基本部分；②把城市分成规模组，分别找出每一规模组成城市中各部门最小职工比重，以这个比重值作为这一规模组所有城市对该部门的最小需要量。一城市某部门实际职工比重与最小需要量之间的差，即城市的基本活动部分，把城市各部门的基本部分加起来，得到整个城市的基本部分[3]。

6.1.2 产业结构与经济部门的划分
6.1.2 Classification of urban economic activities

本节主要介绍有关经济与产业部门形成与划分的基础理论。城市经济中包含了多种产业与经济部门，如何区分与描述是一个问题。为了探讨城市与产业之间的关系，我们首先来介绍一下经济活动与产业分类的内容。

周一星列出了经济活动划分的几种基本方法：①农业和非农业的划分方法；②根据社会生产活动历史发展顺序的三次产业划分方法：产品直接取自自然界的第一产业（Primary Economic Activities）、对初级产品再加工的第二产业（Secondary Economic Activities）和为生产与消费提供服务的第三产业（Tertiary Economic Activities）。在三大产业所属部门下面，国民经济又分成若干行业，我国有 20 个门类 95 个大类[3]。

也有一些经济地理学家将三大产业的分类方法进行了修改，从而包括第四产业（Quaternary Economic Activities）和第五产业（Quinary Economic Activities），即从事专业信息生产和处理的行为和文化产业（知识盒子 6-1）。

 知识盒子 6-1

产业结构分类（Classification of industrial structure）
随着科学技术的突飞猛进与知识经济的到来，人类除了进行必要的物质生产生活以外，还进行精神生产生活以提高生活质量。原来的第三产业快速发展，行业分类越来越多，专业化程度加深，传统意义上为生产与消费服务的第三产业的定义已经不再适应经济发展的要求，无法有效测算各国的产出水平及政府规划在产业经济发展中的作用。在国外，有人从第三产业中分出第四产业和第五产业，目前在国内也引起充分的重视[1]。

1. Tertiary Activities：Retailing and services.
（第三产业：零售业与服务业。）

2. Quaternary Activities：Information services，data processing，research，and administration.
（第四产业：信息服务与数据处理服务。）

3. Quinary Economic Activities：Most advanced form of quaternary，consists of high level decision making，or high level scientific research.
（第五产业：第四产业的最高级形式，包括高层决策和高水平科学研究。）

资料来源：整理自 Richard P.Greene & James B.Pick.Exploring the urban community a GIS approach [M].2rd ed.Prentice Hall，2012：238-239；

赵荣，王恩涌．人文地理学（第二版）[M].2006：150-158.

由于产业与经济结构日趋多样，所以认识并区分城市中产业与经济分类显得日益重要。从美国 1948—2008 年 GDP 中各产业比重的变化可以看出，制造业的比重不断下降，而科教文卫行业和专业和商业服务行业的比重则不断上升（图 6-3）[4]。

为了反映在全球经济发展过程中美国的经济转型情况，美国人口普查局采用了 1997 年经济普查时的北美产业分类系统（NAICS），取代了长久以来建立的标准产业分类法（SIC）。SIC 系统首次的提出是在 1930 年代，此一时期美国许多大城市均拥有强大的制造业基础[2]。NAICS 系统包括当前使用的产业分类概念，并增加了一些新的产业分类和定义，例如对服务种类进行了细化，对非正规经济活动进行了新的术语定义。NAICS 认识到在现代经济中包含了越来越普遍的新兴产业种类，其中有 361 种以前不被 SIC 系统确定的产业。采用 NAICS 系统，也使得美国的统计数据对相邻国家（如加拿大和墨西哥）而言更具有参照性。

NAICS 计划制定者决定新体系的前两个特性应该是指明门类（在 NMCS 中，术语"门类 sector"代替用于 1987 年 SIC 的"部门 division"）。他们认识到，如果编码系统的第一个特性代码严格限制在 SIC 中 9 或 10 个门类的数量，那么现代经济的复杂情况无法得到充分说明。因此，NMCS 使用 6 位编码分层，

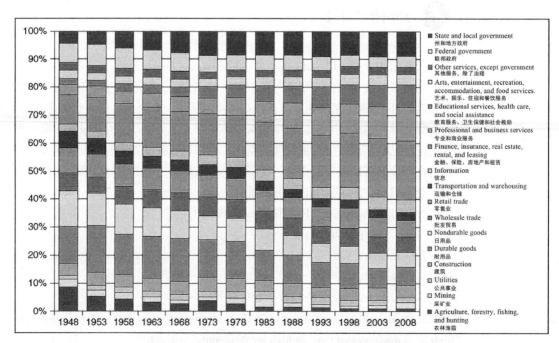

图 6-3　美国 1948—2008 年 GDP 中的产业构成比重

资料来源：Bureau of Economic Analysis，Industry Economic Accounts.Richard P.Greene & James B.Pick.

其中前 2 位指明门类，第 3 位指明大类，第 4 位中类，第 5 位码是 NAICS 的小类。第 5 位码的产业分层是最详细的产业分层，它可以用于所有三个参与国家的经济数据比较。第 6 位码确认指定国家的产业——在 NAICS 中，美国有 695 个这样的产业，例如，具有 6 位码层次的分类限于美国（表 6-1）。

北美产业分类体系六位码结构　　　　　　　　　表 6-1

NAICS 分层	NMCS 编码	描述（种类）
门类	72	住宿和饮食
大类（子门类）	722	食品服务和饮酒店
中类（产业分组）	7222	有限服务饭店
小类（产业）	72221	有限服务饭店
	722211	有限服务餐馆
美国小类（产业）	722212	自助餐厅
	722213	快餐店和不含酒精的饮料店

资料来源：表中数据来自 North American Industry Classification System（NAICS）.http：//www.bls.gov/bls/naics.htm.

6.2　城市经济发展理论与产业结构转型规律
6.2　Theories of urban economic development and general principle of industrial structural transformation

6.2.1　经济基础理论
6.2.1　Economic—base theory

经济基础理论在 1939 年韦默（Weimer）和霍伊特（Hoyt）出版《城市不动产原理》（《Principles of Urban Real Estate》）后开始兴起。经济基础理论认为，一个城市的基础和增长的能力取决于工业就业情况，因为工业以出口的形式满足社区的外部需求。随着工业的发展，城市从属经济部类将会带动城市发展，因为随着出口带来收益，城市内部会产生更多的服务需求。例如，俄亥俄州克利夫兰(Cleveland)拥有良好的交通通达性，通过凯霍加河（Cuyahoga River）连接伊利湖（Lake Erie），这加速了制造业和服务业的增长和发展。经济学家把城市经济增长归因于基本从业者占总从业者比重的增加，而从属从业者则扮演支撑的角色。1940 ~ 1950 年代，城市从业者接受了经济基础理论关于经济发展的观点，即如果城市集中精力增加基本从业者数量，城市将会快速增长，换句话说，不用太关注非基本从业者的增加，因为随着基本从业者的增加，非基本从业者自然会增加。

6.2.2　规模经济与集聚经济
6.2.2　Scale economy and agglomeration economies

规模经济问题上，新古典经济学一般用生产函数（Production Function）和成本函数（Cost Function）进行表述。生产函数表明，外部条件不变的前提下，如果企业内各生产要素按相同比例变化，在收益上存在着增加、不变和减少三种情况；同样地，成本函数表明，企业成本也存在上升、不变和减少三种情况。规模收益反映的是规模与产出的关系，规模经济反映的是规模与成本的关系，二者之间存在不可分割的联系。规模收益递增意味着，随着生产规模的扩大而产出增加，产出的平均成本降低，产生规模经济；规模收益不变意味着生产规模的变动对产出和成本均不产生影响；规模收益递减意味着，随着生产规模的扩大而产出减少，单位产出的平均成本上升，产生规模不经济（Scale Diseconomy）（详见扩展阅读 6-2-1）。

集聚经济是规模经济的发展。企业集群一般具有空间上集聚、产业上专业化的特征。与单个企业比较，集群内企业在横向规模上增大了，而在纵向规模上收缩了。伴随着企业专业化程度的提升，单个企业纵向规模的不断收缩。大量专业化的企业集聚在一定区域范围内，能够创造出更大的市场需求空间，对分工更细、专业化更高的产品和服务的潜在需求相应增加。这不仅为专业化生产商提供了生存机会，还使它们实现了规模生产，降低了生产成本。集群内企业高度专业化的特性，使企业具备了扩大横向规模的能力，集群内企业的联合为实现这种扩大提供了可能。横向规模扩大获得规模经济，纵向规模收缩避免规模不经济，正是这种规模经济性为集群内企业赢得了竞争优势[5]。韦伯（Weber）对规模经济也有涉猎（详见扩展阅读 6-2-2），除了规模经济和集聚经济，也有其他的一些经济类型（知识盒子 6-2）。

 知识盒子 6-2

其他主要的经济类型（Other main economic types）（图 6-4）

1.Economies of transportation.Relate to the benefits that lower transport costs may grant to specific activity sectors and are derived from a locational choice.Economies of transportation in distribution consider the management of transport chains，often of several modes，to reduce total transport costs（modal and intermodal）.

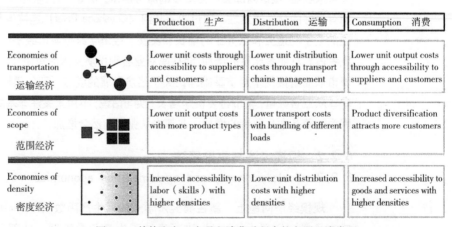

图 6-4　其他生产、流通和消费过程中的主要经济类型

（运输经济：运输经济得益于特定行业活动所选择的特定区位，从而降低运输成本。运输经济主要通过科学管理产品运输过程中不同链条的组合关系从而降低总运输成本来实现。这些运输链条通常包含多种运输模式，包括同类运输模式之间以及不同运输模式之间的对接管理。）

2. Economies of scope.Relate to the benefits derived by expanding the range of goods and services.For production, they are commonly based on product diversification and flexible manufacturing systems.For distribution, economies of scope are very important and commonly achieved when a transporter is able to bundle several different loads into fewer loads.For consumption, activities offering a wider range of goods or services are usually able to attract more customers.

（范围经济：通过增加扩大商品和服务的范围获益。在生产过程中，考虑到需求变化，常通过产品多元化和灵活的生产系统生产商品。在运输过程中，范围经济是非常重要的，常通过捆绑不同商品减少商品荷载。在消费过程中，提供多种多样的商品可以吸引更多的消费者，因为消费者可以有更多的选择。规模经济和范围经济是紧密相连的。）

3. Economies of density.The benefits derived from the increasing density of features on the costs of accessing them.For production, this could involve access to a larger labor pool or resources.Higher market densities reduce distribution costs as shorter distances service the same number of customers and the same freight volume.A similar rationale applies to consumption where higher market densities involve higher accessibility levels to goods and services.High densities can also lead to diseconomies.

（密度经济：密度经济的产生得益于生产过程中获得各类生产要素的成本的降低，例如更大的劳动力市场和资源。在同样的消费群体和货物运输量下，更高的市场密度可以降低产品的到达消费市场的总运输距离，从而减少运输成本。这一逻辑也同样适用于消费市场：在高密度的市场内使消费者更容易接触到商品和服务。但高密度也可能导致不经济，尤其是发生拥挤的时候。）

资料来源：The Geography of Transport Systems.https：//people.hofstra.edu/geotrans/eng/ch2en/conc2en/economies_types.html.

6.2.3 产业集群理论
6.2.3 Industrial cluster theory

产业集群是企业追求规模经济、范围经济而大量集聚的产物，集群内部企业间相互依存是形成产业集群的动力基础。一般情况下，随着产业的不断成熟和发展，企业为了节约成本，共享一定范围内的辅助性资产，相关企业会自发围绕核心企业集聚。

根据迈克尔·波特（Michael E.Porter）（1998）的定义，产业集群是指某一特定区域内的、相互关联的企业和机构的集合。它包含一批既有合作又有竞争、既分工又协作的，相互关联的产业和其他实体，可以延伸到销售渠道和客户，也可以横向扩展到辅助及相关零部件等配套产品的制造商。还包括专业化的教育、培训、信息技术研究和支持的政府和其他相关机构。

在1996年美国国家科学基金地理学和区域科学研究项目中，马库森（Markusen）指出意大利新产业区模式不能够解释美国、日本、巴西和韩国地区经济的持续性繁荣。他在《光滑空间中的黏着点：产业区的分类》一文中，通过对美国、日本、巴西、韩国等四个国家中经济增长明显高于全国平均水平的区域的研究，提出了四种典型的产业区：①马歇尔式产业区，意大利式产业集群为其变体形式；②轮轴式产业区，其地域结构围绕一种或几种工业的一个或多个主要企业；③卫星平台式产业区，主要由跨国公司的分支工厂组成，这些分支工厂可能是高技术的，或主要由低工资、低税、公众资助的机构组成；④国家力量依赖型产业区[6]（详见扩展阅读6-2-3）。

6.2.4 孵化器理论
6.2.4 Incubator theory

孵化器理论用来解释企业最初集中在城市中心但后来迁移到城市外缘这一演化进程（Leone & Struyk，1975）。孵化器理论把城市中心类比为孵化器，认为在集聚经济作用下新公司刚开始倾向于布置在高密度的城市核心区，一旦公司成立变得更加独立后，往往迁移到城市边缘，因为包括城市土地在内的运营成本将会大幅度减少。[4]

孵化器理论，与斯科特（Scott）提出的产品周期选择性理论具有一致性。

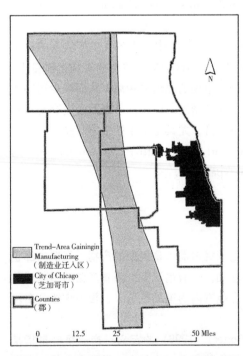

图6-5 芝加哥城市区域制造业公司迁移模式图
资料来源：Stumpf，M.D.The Intra-metropolitan relocation of manufacturing firms in the Chicago region，1987-1992.[D]. Dept. of Geography，Northern Illinois University.

他指出在一个公司的早期阶段，公司依赖城市中心的技术人才以及其他的集聚经济效益，但随着时间的推移，公司对城市的依赖度逐渐降低并最终在小城镇建立分厂，并从低成本和更好的交通区位上获益。然而孵化器理论仅能够解释诞生于城市中心区的公司但不可以解释诞生在中心区外围的公司，因此在其发展过程中受到了质疑。斯腾普夫（Stumpf）在研究芝加哥区域制造企业迁移时提出公司从城市中心迁移到外围的动力是公共政策、基础设施、劳动力和交通可达性（图6-5）。通过趋势分析法，斯腾普夫得出芝加哥区域主要的迁移趋势是西部郊区，尤其是北部，这可以从图中趋势线的宽度看出来。瓦拉钦（óhUallacháin）和莱斯利（Leslie）则指出运输，尤其是铁路运输在制造业布局中扮演着重要的角色，甚至在菲尼克斯这样的阳光带城市依然如此。他们研究的内容是检测在阳光带影响下，菲尼克斯内部制造业布局特征。研究发现集聚经济具有部门性的，即制造业公司聚集在一起基于彼此部门之间的联系，例如菲尼克斯的纺织品和服装距离家具生产商很近[7]。

6.2.5　产业结构转型的一般规律
6.2.5　The law of industrial structural transformation

产业结构与经济增长具有密不可分的联系。经济发展会导致产业结构演进，产业结构的适时调整也会促进经济发展。一个国家或城市产业结构的高级化和合理化演进主要体现在以下三个方面：

（1）经济发展带动产业结构由第一产业向二、三产业倾斜

随着经济总量的增长，整个产业结构会发生变化。如第二产业的产值和就业人口所占总产值和总就业人口比重逐渐降低，第三产业的产值和就业人口所占比重逐渐提高，同时，第一产业的产值和就业人口虽占比重持续降低，并最终趋于稳定。按各产业产值和就业人口所占比例的位序，将经历一、二、三产业到二、三、一产业，再到三、二、一产业的转变过程。

（2）技术进步推动产业结构向高级化演替和转换

产业结构中由传统工业占优势比重转向由战略新兴产业、高新技术产业占优势比重；生产要素结构由劳动密集型占优势比重转向由资金密集型、技术密集型占优势比重；产品结构由低附加值产品占优势比重转向高附加值产品占优势比重。

（3）主导产业的选择存在规律性

从生产要素的类型来看，由劳动密集型向资本密集型最终向技术密集型演变；从劳动对象加工程度来看，由采掘向原料再向加工工业演变；从采用新技术成果来看，由传统工业产业向新兴工业产业再向新兴与传统相结合的工业产业演变；从产品用途上看，由消费部门向生产资料部门再向消费资料部门和服务部门演变；从产出效益角度看，由低附加值向高附加值演变[8]（详见扩展阅读6-2-4）。

6.3　产业区位理论
6.3　Industrial location theories

6.3.1　农业区位论
6.3.1　Agricultural-location theories

农业区位论，是由德国农业经济学家杜能（Johann Heinrich von Thünen）首先提出的。根据在德国北部麦克伦堡平原长期经营农场的经验以及十多年的农业经营数据，他于1826年出版了《孤立国对于农业及国民经济之关系》一书，提出了农业区位的理论模式（知识盒子6-3）。

农业区位提出农业地带将以城市为中心，由内向外呈同心圆状分布，因各地带与中心城市的距离不同而引起生产基础和利润收入的地区差异。在商品经济条件下，全部或绝大部分农产品都要以商品形式投入市场，因而利润（纯收益）的大小成了农业布局的决定性指标，任何无利生产在经济上都是不可行的。

知识盒子 6-3

杜能提出"孤立国"的假设条件（hypothesis of "Isolated State"）

1. The city is located centrally within an "Isolated State" which is self sufficient and has no external influences.

（城市位于"孤立国"中央，自给自足，与外界完全隔绝。）

2. The Isolated State is surrounded by wilderness.

（孤立国周边是未经开垦的荒野。）

3. The land is completely flat and has no rivers or mountains.

（所有的土地都非常平坦，没有河流或山脉。）

4. Soil quality and climate are consistent.

（土壤肥力和气候条件完全相同。）

5. Farmers in the Isolated State transport their own goods to market via oxcart, across land, directly to the central city.There are no roads.

（孤立国中的农民通过马车直接运输物品到中心城市市场。孤立国内没有道路。）

6. Farmers behave rationally to maximize profits.

（农民理性地追求利益最大化。）

资料来源：Von Thünen J H.Isolated state[M].1966：130-132.

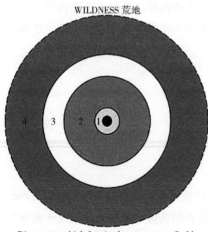

WILDNESS 荒地

Distance at which farming becomes unprofitable
耕地无法获益的临界距离

● Central City 中心城市

▨ Market gardening and dairying 园艺和乳制品

▨ Forest 林业区

☐ Extensive field crops,grains 农作物和谷物种植区

■ Ranching, livestock 畜牧区

图 6-6 杜能模型－农业空间布局

资料来源：http://teacherweb.ftl.pinecrest.
edu/snyderd/MWH/readings/Rural/
Agriculture%201B.pdf.

杜能对距离城市远近与农业耕作方式的关系，影响产品运输的诸因素（如产品的体积、重量、易损坏和易腐性等）等作了深入分析后，构建了以中心城市为核心的同心环状农业圈图式，主要包括六个圈，其中三、四、五圈为谷物生产区（Grains and Field Crops），分别采取三种不同的耕作制（图6-6）。

第一圈：自由农业区（Market Gardening and Dairying）。它最接近于城市市场，土地用于生产不易运输的易腐食品，以蔬菜、牛奶、鲜花为主。这一农作区在经营方式上突出的特点是集约化程度很高。

第二圈：林业区（Forest）。此区农民专门从事林业产品生产。在杜能时代，城市主要燃料是木柴。

第三圈：农作物和谷物种植区（Extensive Field Crops，Grains）。轮作农业区，采用轮栽作物制，无休闲地，六区轮作，办法是将土地分成六区：第一区种土豆，第二区种燕麦，第三区种苜蓿，第四区种黑麦，第五区种野豌豆，第六区种黑麦，到第二年再依照顺序更换作物，周而复始地轮作。谷物占50%，商品农产品以谷物、土豆与牲畜为主；谷草农作区，这一区所提供的商品农产品与第三圈相同，主要为谷物与畜产品，其特点是经营较粗放，在轮作中增加了牧草的比重，而且出现了休闲地。谷物占43%；三圃农作区（Ranching），这一区处在整个谷物种植区的最外围，农业经营粗放，土地大量休闲。杜能主张在这里实行三圃农作制，把土地的1/3用来种黑麦，1/3种燕麦，另1/3休闲，离农舍远的地方为永久牧场。

第四圈：畜牧区（Ranching，Livestock）。为家畜养殖区，经营畜牧业，在离城市远的地方从事畜产品生产，由于地租和谷物价格低，生产费用就低。但是，由于离城市远，运输费用就高。当节省的生产费用能够补偿或超过所增加的运输费用时，生产就能进行。畜牧圈的面积很大，人口稀少。

第四圈以外的土地已无经济开发价值，只能作为荒地（Wilderness）。

杜能学说的意义不仅在于阐明了市场距离对于农业生产集约程度和土地利用类型（农业类型）的影响，更重要的是它首次确立了对于农业地理学和农业经济学都很重要的两个基本概念，土地利用方式（或农业类型）的区位存在客观规律性和优势区位相对性。[9]

6.3.2 工业区位论
6.3.2 Industrial—Location Theories

工业区位论的最早奠基人是德国经济学家韦伯（Alfred Weber），其代表作有《工业区位理论——论工业区位》（1909年）和《工业区位理论：区位的一般及资本主义的理论》（1914年），韦伯工业区位理论的基本思想就是用最低生产成本吸引工业布局。为了更好地阐述理论，韦伯首创"区位因素"（Locational Factors）概念，认为区位因素是指"经济活动发生在某个特定点或若干点上，而不是发生在其他点所获得的优势"。区位因素包括：原料和燃料、工资、运费、集聚、地租、固定资产的维修、折旧和利息等。

为了更好地阐述理论，韦伯明确了简化问题的三个假设（Hypothesis）：第一，假设原材料的地理基地是给定的；第二，假设消费地的情况和规模为已知，忽略产业位置带来的影响；第三，不考虑工作地点、工资水平、劳动力分布等的影响。在此假设下，韦伯采用抽象分析法分三阶段逐步构建其工业区位理论体系。

第一阶段，运输指向论（Transport Orientation）。

不考虑运输以外的一般区位因素，即假定运输成本（Transportation Costs）是影响工业区位的唯一因素，不存在运输成本以外的成本区域差异。这里的运输成本主要包括运载重量（Weight）和运输距离（Distance），其他因素，如运输方式、货物的性质等均可换算为重量和距离。在生产过程中，原料地为两个，与消费地不在一起时，其区位图形为一个三角形，即区位三角形，三角形是最基本的区位图形结构，由龙哈德（Launhardt）首创，韦伯对其进行完善，采用"范力农构架"（Varignnon Frame）确定区位。根据韦伯运输指向论，工厂应布置在运费最低点。根据工业生产当中的一个市场、一种或者多种工业原料的具体情况，工业区位可由区位三角形和区位多边形来进行解释，并要求满足：

$$\min F = f \times \min \left(\sum_{i=1}^{n} m_i \cdot R_i + R_k \right)$$

式中　F——单位产品运费；f——运费率；m_i——单位产品消耗的 i 原料的质量；R_i——原料的运距；R_k——产品运距。

由此得到运费最低点，就是工业布局应选择的区位（详见扩展阅读 6-3-1）。

第二阶段，劳动力成本指向论（Labor Orientation）。考虑劳动力成本对由运费所决定的工业区位基本格局的影响，即考察在运费和劳动力成本同时作用下所形成的最小费用区位。劳动力成本指向（知识盒子 6-4）使由运费指向所决定的工业区位基本格局发生第一次偏移。为解决这个问题，韦伯引用了等费线概念。所谓等费线就是将生产费用相等的点的轨迹连接起来的线。

如图 6-7 所示，围绕 P 的封闭连线即从运费最小点 P 移动而产生的运费增加额相同点的连线，相当于综合等费用线。在这些综合等费用线中，与低廉劳动供给地 L 的劳动费用节约额相等的那条综合等费用线称为临界等费用线。在图中，P 为运费最小地点，劳动力低廉地为 $L1$、$L2$，如果在 $L1$、$L2$ 处布局工厂，分别比运费最小地点 P 的劳动费用低 3 个单位。临界等费用线为环绕 P 的第二条环线，因 $L1$ 在临界等费用线的内侧，即增加的运费低于劳动节约费用，工厂区位将移到 $L1$ 处；相反，由于 $L2$ 在临界等费用线的外侧，工厂区位不会转向 $L2$ 处。

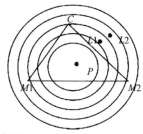

图 6-7　韦伯等费用线结构
中劳动力成本最低区位
资料来源：张文忠．经济区位论
[M]．北京：科学出版社，2000 改动．

 知识盒子 6-4

决定工厂劳动力成本指向的因素（factors determine labor cost's orientation）

（1）劳动力成本指数

With a high index of labor costs, a large quantity of labor costs will be available for compression, with correspondingly large potential indices of economy of the labor locations, and correspondingly high critical isodapanes. And vice versa: low index of labor costs, small quantity of labor cost available for compression, etc. That is to say, the potential attracting power of the labor locations runs, for the different individual industries, parallel to the indices of labor costs of the industries.

（高劳动力成本指数下，劳动力成本具有巨大的可压缩空间，那么相对应的劳动力区位的潜在节约指数就大，并且对应的临界等运费线也高。由此，劳动力区位的潜在吸引力也大。反之，低劳动力成本指数，小量的劳动力成本可用以压缩等。那就是说，对不同单个工业部门来说劳动力区位的潜在吸引力，平行于工业的劳动力成本指数。基于上述分析，我们可以看到劳动力成本指数是度量某一工业区位是否会与劳动力市场发生偏移的参考标准。）

（2）劳动力系数

To determine more precisely through the locational weight the real deviating significance of the index of labor costs measured by the number of tons of product，we have to bear in mind that every increase of the locational weight diminishes this real significance，while every decrease of the locational weight increases the significance. The real deviating significance cannot be measured by weigh of product but only by locational weight.

（劳动力成本指数是以产品的重量来衡量的。要想通过区位权重更加精确地确定劳动力成本指数对企业区位与劳动力市场真正偏移的显著性，需要认识到每一点区位权重的增加都会削弱实际偏移的显著性。同时，区位权重的每点减小都增加它的对偏移的影响显著性。总体上实际偏移的显著性不能通过产品重量来测定，而只能通过区位权重来测度。换一种表述方法，对某一给定的工业部门而言，劳动力系数中的劳动力成本总量总是与其区位权重相关联，其形成了该工业中劳动力的偏移情况的总体特征。）

资料来源：Weber A，Friedrich C J.Alfred Weber's theory of the location of industries[J].1929：107-110.

第三阶段，集聚指向论（Agglomeration）。考察集聚、分散因子对由运费指向和劳动力指向所决定的工业区位基本格局的影响。集聚指向使由运费指向和劳动力成本指向所决定的工业区位基本格局发生第二次偏移。

集聚（知识盒子6-5）的演化形态可分为两个阶段：第一阶段是通过企业扩张促使工业的地方集中化，此为集聚的低级阶段。这种集聚一般是由大规模生产的规模经济优势所引发的；第二阶段是由于多种企业在空间上集中产生的集聚，此为集聚的高级阶段，其集聚利益主要来源于企业间的协作、分工和基础设施的共同利用等。

分散因子与集聚结果相关，是集聚的反作用，这种反作用的方式和强度与集聚的大小有关。其作用主要是消弭由于集聚带来的地价上涨引致的原料保管费、劳动力成本等成本费用的上升。

 知识盒子 6-5

集聚类型（Types of Agglomeration）：
纯粹集聚（Pure Agglomeration）和偶然集聚（Fortuitous Agglomeration）。

The theory of agglomeration deals with local concentrations of industry which arise because of the fact that the production of a unit of product can be more economically performed by a certain definite amount.Hence the theory does not deal with those local concentrations of production which appear as the results of other causes of orientation and hence exist quite independently of whether the agglomeration as such has many or no advantages.

（集聚理论聚焦由于工业产品生产成本降低引起的生产集聚现象，不讨论由其他原因而导致的生产集聚现象，不论这种生产集聚是独立存在，还是具有某种优势或根本就不具有任何优势。）

Transportation facilities concentrate industries near the supplies of raw materials, or at the coal fields, or near the big markets of consumption, that phenomenon does not lie within the field of the theory of agglomeration.The same is the case when the attracting "labor locations" develop in such a way as to form large centers of agglomeration.

（交通运输设施使得许多工业集中在原材料所在地的附近，或煤矿，或大型消费市场所在地。这种现象不属于集聚理论的范畴。类似的情况，例如具有优势的"劳动力区位"吸引大量工业的集聚也不属于集聚理论范畴。）

All these are from our present point of view fortuitous circumstances in which agglomeration does not form a specific element.Hence that agglomeration with which the theory will deal will be called "pure" or "technical," thus contrasting it with agglomeration which is incidental to other forces.

（凡此种种，都来自偶然条件，这是集聚不构成独特的集聚要素。因此，我们把集聚理论所指的集聚称为"纯"的或"技术的"的集聚，以区别于其他力量的偶然集聚。）

资料来源：Weber A，Friedrich C J.Alfred Weber's theory of the location of industries[J].1929：134-135.

6.3.3 制造业区位行为演进模型
6.3.3 Manufacturing location models

（1）惠勒－帕克模型（The Wheeler—Park model）

惠勒－帕克模型记录了1850年前后至今美国大都市区制造业布局的基本变化，模型主要关注中心城市和郊区的异同（图6-8）。惠勒－帕克模型包括五个阶段，从图中可以看出两条曲线趋势基本相同，但却代表不同的历史时期，曲线代表中心城市和郊区制造业的总量或者强度，通过总就业人口或生产力（单位产量或单位产值）测算，横轴代表时间，但时间节点没有规律。大都市区包括中心城市和郊区，但郊区往往比城市占据更大的地区空间。

惠勒－帕克模型的第一个阶段是城市中心集聚的初始阶段（Initial Centralization），在这个阶段，制造业主要布置在中央商务区（Central Business District）及其周边，这一阶段，制造业倾向于布置在市中心区，因为中心区是铁路和商业活动的集中地，同时，中心区接近城市劳动力市场。这个阶段大约处于1850至1880年间，这个时期的城市更多地以商业活动而不是工业活动为导向。

第二个阶段是中心城市集聚化阶段（Central City Concentration），时间为1880至1920年间。这一时期是美国铁路的全盛期，东海岸和中西部地区发展成为卓越的制造业中心。大的东部沿海城市拥有大西洋港口的区位优势（如纽约、费城、巴尔的摩、波士顿），大部分的中西部产业中心也可以通过五大湖（如

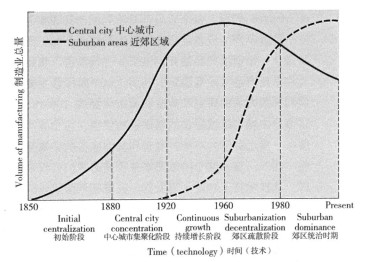

图 6-8 惠勒－帕克模型关于大都市制造业布局变迁的五个阶段

资料来源：Fisher J S，Park S O.Locational dynamics of manufacturing in the Atlanta metropolitan region，1968-1976[J]. Southeastern Geographer，1980，20（2）：100-119.

芝加哥、底特律、克利夫兰）、密西西比河以及俄亥俄水系（如圣路易斯、明尼阿波里斯、辛辛那提）连接港口。工业不仅集中在 CBD 周边，而且布置在由 CBD 外延的铁路沿线，但仍然集中在中心城市。

第三阶段是持续增长阶段（Continuous Growth），时间为 1920 至 1960 年。这一阶段中心城市制造业达到中心集聚的顶峰。从图中可以看出，一方面第三阶段是第二阶段的延续，但另一方面又不是，这一阶段不是由郊区制造业兴起的初始阶段发展而来，这一阶段在埃里克森（Erickson）模式中被称为外溢（Spillover）和专门化（Specialization）。这一阶段，汽运逐渐代替铁路成为运输的主要方式，美国内部的工业中心开始出现（如印第安纳波利斯、伯明翰、达拉斯）（详见扩展阅读 6-3-2）。

第四阶段是郊区疏散阶段（Suburbanization-decentralization）。制造业在宽阔的郊区呈爆炸性增长，逐渐远离拥堵、退化的城市中心。1960 至 1980 年郊区的增长和扩张和 1880 至 1920 年铁路支配的中心城市非常相似，一些市中心的工厂也迁移到郊区。然而，郊区的绝大多数工厂均是在郊区开始建立的新工厂，这些企业依靠汽运运输原材料和制成品。

第五阶段称为郊区统治时期（Suburban Dominance）。这一阶段的特征是中心城市制造业迅速衰败，郊区制造业处于统治地位。高新制造业的布局原则成为标准，技能娴熟的劳动力在郊区成为可能，使得中心城市居民远离新的郊区岗位。和典型受限的中心城市相比，许多郊区的郡幅员辽阔，土地廉价。至少开始于 1980 年的郊区统治阶段，在 20 世纪前 10 年继续发展[2]。

（2）产品周期模型（The Product Cycle Model）

第二个关于城市内部制造业布局的理论模型是产品周期模型，周期包括三个阶段，每个阶段的都市区内和非都市区的布局均不相同，这三个阶段分别为兴起（Initial）阶段、增长（Growth）阶段和标准化或成熟（Standardized or Mature）阶段。每个阶段都有不同的产品成本混合特征（图6-9），反过来，三个阶段不同的成本混合特征导致制造业公司不同的区位首选。在模型的初始阶段，一个新的产品被开发出来并进行改进，初始阶段同时也是危险阶段，因为许多新产品并没有稳定的利润。这个阶段最主要的成本包括产品的创造、发展和升级方面的研究和建造和城市化经济（Urbanization Economies）。城市化经济表示由城市区域提供的基础设施优势，包括城市道路和高速公路、给水排水服务、接近劳动力市场、零售和其他服务的必需品消费条款和商业服务的可达性，相对而言，这个阶段资本并不是必需的，仅需要维持日常管理和运行，同时，非技术性工种是不需要的。在最初风险阶段的公司依赖城市基础设施，把基础设施作为基本的必需品和减少成本的一种方式。因此，在初始阶段，公司倾向于布置在城市是不足为奇的。过去，他们倾向于布置在中心城市，但如今他们倾向于布置在郊区商业中心内部或附近。

产品周期模型的第二个阶段是成长阶段。假如初始阶段产品获得成功，那么在成长阶段公司在了解了市场对产品的需求下，可以获得较高收益。在某些情况下，第一阶段的创新会在第二阶段产生超额利润（Super Profits），一些公司甚至成为生产某产品的巨头（Oligopoly）之一。当严格限制竞争只有少数公司可以提供某种产品时，巨头就产生了。

在成长阶段，由于企业在低价便宜的郊区作为生产基地，城市化经济的

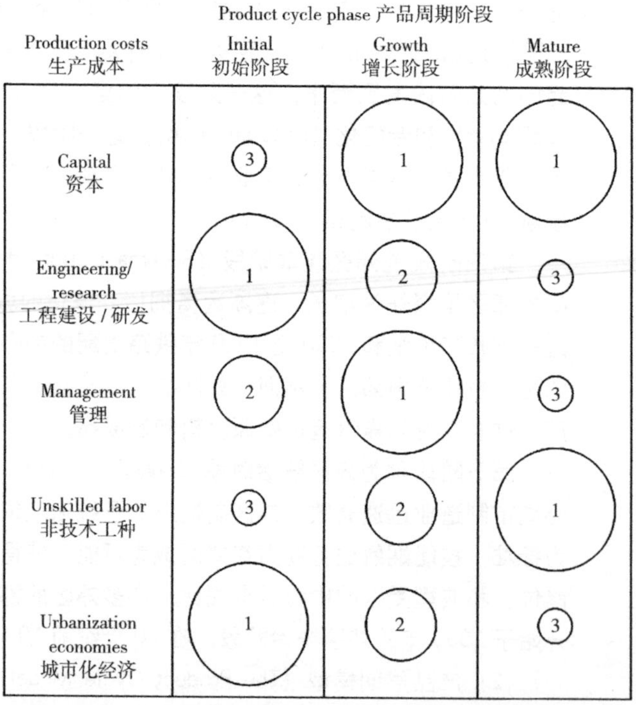

图6-9　产品周期模型三个阶段生产成本相对重要性

资料来源：Fisher J S，Park S O.Locational dynamics of manufacturing in the Atlanta metropolitan region，1968–1976[J]. Southeastern Geographer，1980，20（2）：100–119.

重要性逐渐降低。这时需要的是全新和扩大的生产设施，同样的，额外的研究和建造基本不需要，然而这时最重要的是对迅速增长的管理。管理的成本瞬间增加，更高水平的管理和销售成为继续增长的基础。此外，为了扩大生产规模，对资本的需求增大，其他的需求包括工场扩建、额外的空间、原料和产品运输。这时，都市区边缘成为布置的典型区域，而不是在郊区商业中心内部或附近。

在产品周期模型的第三个阶段，企业变得成熟。产品标准化生产，基本不需要创新研究或产品改进，但企业的竞争加剧，因为其他企业也在生产同样的产品。在市场平衡下，和成长阶段追求超额利润不同的是企业开始追求正常利润。成熟阶段，生产成本又一次发生转移，资本仍然用于维持日复一日的运行，然而，这一阶段成功的必要条件变成了无技能的廉价工人，因为产品已经标准化生产，无技能的工人能够完成生产流程。这一阶段，管理的重要性也相对缩水，布置在城市的需求减少，随着生产成本相对重要性的变迁，企业会迁移到非都市区或国外。例如，成熟阶段的数十年，美国南部乡村区域以分厂式经济的方式支撑制造企业，而总部位于纽约、亚特兰大。最近，在墨西哥和海外劳动力成本仅为美国本土劳动力的一小部分，这对本土的许多工人产生巨大影响。在产品周期的成熟阶段海外业务是对企业和产品最好的运作方式，例如，纺织和服装[2]。

6.3.4 零售业区位行为演进模式
6.3.4 Retail location patterns

2002 至 2007 年，美国零售业就业人口增加了 7%，达到 1600 万[10]，虽然 2007 至 2009 年因经济不景气有所减少，同时，2000 至 2007 年零售业销售额增加了 29%，这两个趋势证明城市内部零售业工作和消费地点的重要性。这就引出一个非常重要的问题，即城市内零售活动的工作者和消费者的区位问题。

在小汽车对城市形式形成影响之前，CBD 对零售活动的区位具有决定作用。随着郊区人口的增加，大规模的零售活动随之而来，和郊区人口布局相似的是，零售业常以放射线模式（Radial Pattern）沿着交通线路布置。在居民到达一个地区和该区域提供零售服务间往往存在一个时间差（Lag）。虽然由于人口密度分布不均和社会经济特征多样化，体系中心的城市呈现非常复杂的模式，但很多时候，零售业布局是中心地理论的延伸。

1950～1960 年代中心城市仍然非常强大，因此，位于 CBD 和从 CBD 沿着交通走廊延伸布置零售业是可行的，然而，这被证明是短暂的，因为购物中心在大都市区开始迅猛发展。作为最大的购物中心类型的区域购物商场（Regional Mall），首次出现在 1950 年代，雏形始于 1920 年代[11]。1950 年建于西雅图的北门中心（Northgate Center）是第一个符合现代定义的区域大型商场，它包括一个主要的核心百货公司。明尼阿波里斯市的南谷购物中心（Southdale Shopping Center）是第一个全封闭的区域。1950 年代后，出现了许多区域购物商场的变种，包括多功能中心（Mixed-use Center）、超大型购物中心（Megamall）和主题中心（Theme Centers）。

美国 2004 年购物中心大约 47718 家，许多已经被修复或正在被修复，很少是新建的，正是在那年，购物中心的销售额达到 2.02 万亿，有 421 家购物中心超过一百万平方英尺，购物中心面临着一些其他购物形式的竞争，动力中心（Power Center）作为一个相对新兴的现象出现在都市区，动力中心并没有一个标准的概念，但通常意味着大卖场零售商的集聚[12]。大卖场的零售商以低廉的价格提供多种门类的商品，如沃尔玛、塔吉特和山姆俱乐部这样的仓储会员店。动力中心通常布置在区域购物中心附近，但并不和他们正面竞争，相反，他们和当地的社区购物中心竞争[12]。动力中心占据了大量的建筑和停车空间，同时，动力中心的流行导致消费者出行时间的增加，因为消费者为了买到物美价廉的商品往往会绕开当地社区中心。

零售市场一个较新的形式是生活方式购物中心（Lifestyle Center），向消费者提供高端零售和餐饮，采用便捷、露天式布局[13]。这个概念尝试着营造一个多功能的活动空间，包括住区开发、办公空间、酒店、教堂和市政基础设施，关注点在于消费者和他们的社区，而不是中心的承租人。自 1997 年起，这种生活方式购物中心的数量翻番，现在接近 60 个。生活方式购物中心包括高端零售商，布置在富人区，一个例子是维多利亚花园，它是目前最大的，有 130 万平方英尺，坐落在库卡蒙加牧场，一个洛杉矶的郊区富人区。生活方式购物中心的出现暗示着零售业激烈的竞争，零售商经常寻找出售商品的新方式。里格利（Wrigley）和洛（Lowe）在英国观察到关于新的零售业态的相似趋势，例如仓储会员店和工厂直销中心[14]。

6.4 城市职能
6.4 Basics for urban functions

城市职能（Urban Function）是城市学科中的专门术语。它指的是某城市在国家或区域中所起的作用，所承担的分工。经济基础理论已经表明：城市的政治、经济、文化等各个领域的活动是由两部分组成的。一部分是为本地居民正常生产和生活服务的，即非基本活动部分；另一部分具有超越本地以外的区域意义，为外地服务，即基本活动部分。这两部分活动的相互联系，但主动和主导因素一般是后者。城市职能概念的着眼点就是城市的基本活动部分。

6.4.1 城市职能分类概述
6.4.1 The overview of urban functional classification

本小节主要介绍城市职能的分类的情况，包括分类的方法和国内外城市分类的情况。城市具有各种复杂的职能。城市职能分类，就是探讨不同城市的职能特征和确定它们之间的相似性和差异性。

为阐明城市发展的过程和它们所承担的政治、经济、文化等方面的作用，以及预测城市未来的发展趋势，国内外学者们开展了对城市职能分类的研究。对城市职能分类是研究不同性质城市空间分布规律性的前提，不仅有利于建立合理的城镇布局体系，还有助于从区域或者国家的全局来识别各个城市的性质，从而确定它们的发展方向，促进国民经济的良性发展[15]。

城市职能是从整体上看一个城市的作用和特点，其分类指的是城市与区域的关系、城市与城市的分工。一个城市在国家或区域中总有几方面作用，不过有的职能影响的区域面广，有的则小；有的职能强度大，有的则弱。

从不同的角度出发，城市职能有不同的分类方法，从职能的特殊性出发，可以分为一般职能和特殊职能；从城市发展的角度，可以分为基本职能和非基本职能；从城市职能重要性出发，可以分为主导职能和从属职能等。

(1) 一般职能与特殊职能

一般职能：集聚于城市中的生产、流通、分配、文化、教育、社会、政治等活动中为每一城市都必备的那一部分职能，包括为本市居民服务的商业、服务业、建筑业、食品加工业、印刷出版业等，也包括保障城市居民安居和城市正常进行的那些职能活动，诸如城市的行政机关、公用事业等。特殊职能：那些不为每个城市都必备的职能，如采矿业、加工工业、旅游观光业以及各种门类的科学研究活动。

一般职能与特殊职能的分类，实质上是从静态上对城市职能的划分，虽然有助于人们对城市职能的理解，但城市作为一个地域性综合体，这种分类不能揭示出城市职能对城市发展的作用，于是，另一种分类即基本职能与非基本职能的分类就出现了。

(2) 基本职能与非基本职能

萨姆巴特 (M.Sombart) 将城市职能分为"基本职能"和"非基本职能"两大部分。这与城市的基本经济活动和非基本经济活动相联系。基本职能是指城市所具有的基本活动部分的职能，即为城市以外地区生产和服务的经济活动职能。亚历山大 (J·W·Alexander) 将两者分别称为"城市形成生产"和"城市服务生产"。

基本职能和非基本职能的分类，强调了城市成长和发展的经济基础，把城市职能与区域发展密切联系起来，并揭示了城市职能变化与城市生产和人口规模变化之间的关系。

(3) 主导职能

假如一种经济活动在城市被集中到一定数量，以至于这种活动支配了这个城市的经济活动，那么这种经济活动就成为这个城市的主导职能。主导职能分类是 1943 年由哈里斯 (C.D.Harris) 提出来的。哈里斯把美国 605 个 1 万人以上的城镇分成 10 类，给其中的 8 类规定了明确的数量指标。指标一般包括两部分，即主导职能的行业职工比重应该达到最低的临界值和与其他行业相比具有某种程度的优势。满足这两个条件，则这种行业被认为是该城市的主导职能。

1953 年，波纳尔 (L.L.Pownall) 把区位商引入城市职能分类，他把城市分成 7 个规模组，并计算每一个规模组城市中 6 种行业的平均就业比重，然后计算出各个城市的对行业平均比重正偏差。任何大于某平均比重的城市部门就是该城市的主导职能。这样，一个城市可以有几个主导职能，分属于几个城市职能类[3]。

6.4.2 城市职能分类方法
6.4.2 The method of urban functional classification

1970 年代，英国城市地理学家卡特（H.Carter）把在 1970 年代之前出现的城市职能分类方法按照发展时间顺序分为 5 类，依次是：一般描述法、统计描述法、统计分析法、城市经济基础研究方法和多变量分析法[16]。我国学者许学强，周一星，宁越敏等对此 5 类城市职能的具体操作和计算方法做了详细阐述[3, 4]。

随着分析技术的进步和分析方法的多样化，城市学者对城市职能的认识也逐步变得更加立体和综合。例如贝里（B.J.L.Berry）在 1972 年运用主成分分析法（Principal Components Analysis）对美国 1 万人以上的 1762 个城市共 97 个变量进行了分析，共得出了 14 个主成分因子，其中体现美国城市间差异的仅有 5 个经济类因子，大量具有重要影响的要素的还是社会文化因素。这表明，在区分美国城市职能的过程中，经济职能的影响权重已经大为减少，取而代之的是包括经济职能在内的社会、文化、人口等多种因素的综合。也即是说，城市职能是一个包含社会、政治、经济、文化、人口等多要素的综合概念。

对城市职能的多角度理解，也使得学者对传统城市职能划分及其运用价值进行了反思。1970 年代，部分学者开始认为城镇职能分类不是城市地理学发展的主要理论，而仅仅是一种说明性质的城市分布图，并没有解释城镇区位布局的根本原因。更重要的是，从 1970 年代开始，出现了对城市职能分类的批评。批评者指出城市职能分类针对分类而论分类，却并没有理解城市职能的形成，并以此为视角来解决现实中的城市问题。针对这些批评，许多研究者开始把城市职能分类作为分析城市化进程和城市发展问题[4]。这些研究的典型是诺叶尔（Noyelle）和斯坦贝克（Stanback）检验美国南部和美国东北部城市的差异性（详见扩展阅读 6-4-1）。

城市分类研究也证明了比较不同种类的城市的在需求、困难、财政压力等方面的价值。洛根（Logan）和摩洛奇（Molotch）（1987）将城市分类与特定社会群体所需（包括工资水平、地租水平、服务质量、日常通勤等方面内容）联系起来（表 6-2）。例如，在创新中心（Innovation Centers）的居民往往享有世界上最好的资源，而在贸易中心（Entrepot）西班牙的流动人口容易导致种族隔离；配件生产中心（Module Production Places）和退休中心（Retirement Centers）很难通过税收来进行收入再分配（Income Redistribution）；处于不断发展进程中的全国总部城市（Headquarters）会经历不断上升的房价；在旅游度假地（Leisure Playground）可能会产生经济收入两极分化，大量低收入的打工者和极少数的高收入管理人员并存。我们可以明显地看到，这一时期的城镇职能分类比起早期描述性的分类有了巨大的进步，开始为分析城市化进程、城市规划和城市管理政策的制定奠定基础[17]。

美国城市职能分类 表 6-2

城市类型	实例	主要职能
全国总部城市（Headquarters）	纽约 洛杉矶	跨国公司总部集聚地，全球经济中处于支配地位，在文化生产中心、综合交通枢纽、通信网络中心、国际金融服务中心

续表

城市类型	实例	主要职能
创新中心 （Innovation Centers）	包括圣克拉拉（Santa Clara CA）的硅谷城（Silicon Valley Towns）、德州奥斯汀（Austin TX）以及北卡罗来纳州的研究三角（Research Triangle NC）	航空研发中心、电子仪器研发中心；一些涉及承包军事合同，被称为"战争准备基地（War Preparation Centers）"
配件生产中心 （Module Production Places）	阿拉梅达（Alameda CA，军事基地）、汉福德（Hanford WA，核废料处理）、奥马哈（Omaha NE，"800"电话交换服务中心）、底特律和弗林特（Detroit and Flint MI，汽车为主）	日常工作与服务地（Sites For Routine Tasks）机车装配和杂志、信用卡服务
第三世界贸易中心 （Third World Entrepots）	边境城市，例如圣地亚哥、蒂华纳（Tijuana）、迈阿密等	为进口市场服务的贸易和金融中心（Trade and Financial Centers）；通过分配进口商品，甚至包括诸如违禁药物、盗版光碟等违法的商品；重要的劳动服务中心（Major Labor Centers），依托大量廉价劳动力（如简单制造业劳动和旅游服务）而形成
退休中心 （Retirement Centers）	坦帕市（Tampa FL）、阳光城（Sun City AZ）	美国老年人（Ageing Americans）的聚居地大量的城镇绝大多数服务为的是少数富裕的城镇依托退休金、社会安全保险和其他公共计划支持当地的经济
休闲度假中心 （Leisure–tourist Playground）	塔霍城（Tahoe City CA）、拉斯维加斯（Las Vegas NV）、亚特兰大城（Atlantic City NJ）、迪士尼世界（Disney World FL）、威廉斯堡（Williamsburg VA）	包括主题公园（Theme Parks），运动休闲景区（Sport Resorts），博彩圣地（Spas To Gambling Mecca），历史景点（Historical Places）、文化之都（Cultural Capitals）

资料来源：根据 Logan.J and Molotch.H，Urban fortunes：The political economy of place [M].Berkeley CA：University of California Press，1987 改动.

1996 年，贝里提出了基于长波理论的城市职能分类思想。他认为城市职能受技术变迁的影响其演变是周期性的。城市化过程是受 25 ~ 30 年的增长周期和 55 年技术变迁的周期共同驱动的，两者共同作用会改变已有的城镇体系结构，并促进新的城市经济基础部门的产生。因此，贝里提出一个有价值的，能对政策制定者提供更好的指导作用的城市职能分类需要满足 3 个条件：①需要对城市的主要增长时代（Growth Epoch）进行定义，因为这可以使城市发展模式与技术变迁周期相关联；②应考虑新技术对城市职能产生类别变化的影响；③必须对上一时代已有城市对新技术的适应能力进行评估[18]。

近年来在分形理论和自组织理论的基础上，有人假设城市职能是与城市建成区的主要土地利用模式紧密联系在一起的，开创了利用城市形态进行城市职能分类的先例。佛兰凯（A.Frenkel）2004 年利用以色列土地利用普查的数据，基于密度指数（The Special Measure of Urban Density）、分形维数（Fractal Dimension）、破碎度（The Level of Fragmentation）、形状指数（The Shape Index）等，对城市职能实体空间进行分类[19]。

6.4.3 我国城市职能分类研究
6.4.3 Study on Chinese urban functional classification

西方国家城市职能分类的高潮已经过去，而我国在研究初期由于缺乏必要的系统资料，这一城市地理的传统课题研究相对较少，落后于西方国家。如今经过几十年的发展，取得了一些符合中国国情的研究成果。徐红宇、陈忠暖等人将中国城市职能分类研究分为3个阶段[20]，分别是：以1980年代孙盘寿先生《西南三省域城镇的职能分类》为代表性研究成果的研究初步展开时期[21]；1980年代末至1990年代末以周一星《中国城市体系的工业职能结构》（表6-3）、《再论中国城市的职能分类》、顾朝林《中国城市体系》为代表的全国范围城市职能分类研究的发展时期。在此两个阶段我国对城市职能的划分多侧重于城市工业职能，而由于此一时期缺少服务业的统计资料，因此难于进行系统分析；第三阶段是20世纪末至今，此时期是区域性城市职能分类研究逐步完善的时期。

20世纪末以来的完善时期，由于前人的经验积累和数据资料更容易获取，城市职能研究分类成果比以往有着大幅度的进步和增加。研究对象上，紧随城市群的发展趋势，我国学者先后对云南、广东、东南六省、华南沿海四省、西部九省、东北三省、长江三角洲、福建等区域进行城市职能分类和互补性研究[22]。研究思路上，从局限于城市职能分类的静态研究逐渐转变为对城市职能结构演变的动态研究[23]。研究方法也不断创新，部分学者使用神经网络模型（SOM）中的Kohonen网络的聚类功能代替传统的统计聚类法，利用神经网络在模式识别和分类方面的优势以提高分类的速度和客观性，为城市职能分类提供了一种新的方法[3]。

整体来讲，1990年代以来我国经济快速发展，使城市职能结构产生巨大变化，全国整体性的城市职能分类仍需继续；同时，城市职能研究成果利用还不够充分，分类并不是城市职能研究的最终目的，更重要的是应把分类的结果应用到区域协调发展、城市群整体规划中，使之更具有实际意义。

中国城市工业职能分类系统表 表6-3

类别号			类别
I			全国最重要的综合性工业基地
	I 1		全国最重要的综合性工业基地
		I 1A	全国最大的综合性工业基地
		I 1B	全国综合性工业基地
II			特大及大中型为主的加工工业城市
	II 1		大区级综合性工业基地
		II 1A	大区级综合性工业基地
	II 2		省区级或省内重要的综合性工业中心城市
		II 2A	以机械、纺织或石油、化学工业为主的特大、大型综合性城市
		II 2B	以机械、冶金为主的重型综合性工业城市
		II 2C	以冶金、机械为或化学、食品纺织工业为主的综合性中小城市

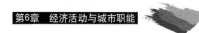

续表

类别号			类别
		Ⅱ 2D	以石油加工为主要专业化部门的综合性工业城市
		Ⅱ 2E	以煤电或煤电化或水电为主的大中型综合性工业城市
	Ⅱ 3		化学工业城市
		Ⅱ 3A	专业化的化学工业城市
		Ⅱ 3B	高度专业化的化学工业小城市
		Ⅱ 3C	文教工业较发达的专业化的化学工业小城市
	Ⅱ 4		纺织工业为主的城市
		Ⅱ 4A	以纺织、机械、食品加工为主的综合性城市
		Ⅱ 4B	电子工业较发达的专业化的纺织工业大中城市
		Ⅱ 4C	高度专业化的纺织工业中小城市
Ⅲ			中小型加工工业城市
	Ⅲ 1		食品工业为主的城市
		Ⅲ 1A	其他工业较发达的以食品、机械工业为主的综合性城市
		Ⅲ 1B	建材工业较发达的以食品工业为主的综合性小城市
		Ⅲ 1C	专业化的食品工业小城市
	Ⅲ 2		建材工业占重要地位的城市
		Ⅲ 2A	以机械、食品工业为主的高度专业化建材工业中小城市
	Ⅲ 3		机械工业为主的城市
		Ⅲ 3A	专业化或高度专业化的机械工业中小城市
		Ⅲ 3B	以机械或化学、食品、纺织工业为主的中小型综合性城市
			其他类工业占重要地位的城市
	Ⅲ 4		其他类
		Ⅲ 4A	以食品或机械为主的专业化的其他类工业中小城市
		Ⅲ 4B	高度专业化的其他类工业城市
	Ⅲ 5		皮革工业占重要地位的城市
		Ⅲ 5A	以食品、机械为主的专业化的皮革工业中小城市
		Ⅲ 5B	以食品、纺织为主的高度专业化皮革工业中小城市
		Ⅲ 5C	建材工业较发达的以食品、纺织为主的高度专业化的皮革工业小城市
	Ⅲ 6		缝纫和文教工业占重要地位的城市
		Ⅲ 6A	以食品为主的高度专业化的缝纫工业小城市
		Ⅲ 6B	高度专业化的缝纫、文教工业中小城市
	Ⅲ 7		森林工业占重要地位的城市
		Ⅲ 7A	专业化的森林工业中小城市
		Ⅲ 7B	高度专业化的森林公业大中城市
	Ⅲ 8		造纸工业占重要地位的城市
		Ⅲ 8A	以机械、食品或纺织工业为主的造纸为专业化部门的中小城市
		Ⅲ 8B	高度专业化的造纸工业小城市
	Ⅲ 9		电子工业城市

续表

类别号			类别
		Ⅲ 9A	专业化的电子工业城市
		Ⅲ 9B	高度专业化的电子工业城市
Ⅳ			以能源、冶金为主的工矿业城市
	Ⅳ 1		煤炭工业城市
		Ⅳ 1A	专业化的煤炭工业城市
		Ⅳ 1B	高度专业化的煤炭工业小城市
		Ⅳ 1C	建材工业较发达的煤炭工业中小城市
	Ⅳ 2		电力工业城市
		Ⅳ 2A	专业化的电力工业中小城市
		Ⅳ 2B	专业化的冶金、电力工业小城市
		Ⅳ 2C	专业化的煤炭、电力工业城市
		Ⅳ 2D	高度专业化的电力工业小城市
	Ⅳ 3		冶金工业城市
		Ⅳ 3A	专业化的冶金工业城市
		Ⅳ 3B	高度专业化的冶金工业中小城市
	Ⅳ 4		石油工业城市
		Ⅳ 4A	高度专业化的石油工业城市

资料来源：表中数据来自许学强，周一星，宁越敏．城市地理学（第二版）[M]．北京：高等教育出版社，2009：84-100.

词汇表（Glossary）

Basic economic activity：These activities generate income for the residents of the city, export goods and services produced within the city and sell them outside of the city—the engine for economic growth.

Non-basic economic activity：Accumulate income from the outside, these activities were traditionally associated with retailing and other consumer service, although we will soon see that this view has changed to include advanced services.

Primary economic activities：Include those activities where workers are directly engaged with raw products such as agriculture, fishing, and mining.

Secondary economic activities：Include manufacturing industries or those industries where workers are involved in making or processing products.

Tertiary economic activities：Consists of activities where workers are involved in providing services, both to producers and to consumers.

Scale Economy：Economies of scale are the reduction in the per unit cost of production as the volume of production increases. In other words, the cost per unit of production decreases as volume of product increases.

Agglomeration Economics：Agglomeration economies are the benefits that come when firms and people locate near one another together in cities and industrial clusters.

Industrial Cluster：Clusters are groups of inter-related industries that drive wealth creation in a region, primarily through export of goods and services.The use of clusters as a descriptive tool for regional economic relationships provides a richer, more meaningful representation of local industry drivers and regional dynamics than do traditional methods.

讨论（Discussion Topics）

1. 简要阐述经济活动的分类。

2. 简要阐述城市经济基础理论和城市发展的关系。

3. 以你自己熟悉的某个城市为案例，找出它的数据资料，用不同的数据资料以不同的分类方法对该城市进行产业部门划分。

4. 在上述问题基础上，尝试运用相关理论对该城市经济增长和产业结构优化提出建议。

5. 找出所在城市某一行业的产业集群，并指出属于哪种产业集群类型。

6. 请概述一下产业结构转型的一般规律。

7. 列举杜能农业区位论的假设条件。

8. 韦伯工业区位论三个阶段的决定因素分别是什么？

9. 简述制造业在城市中区位行为的演进模型。

10. 请简要描述一下国外1970年代以来的城市职能分类研究发展情况。

11. 指出我国1980年代末至1990年代末城市职能分类的基本状况，试分析这一阶段城市职能分类研究的问题。

扩展阅读（Further Reading）

本章扩展阅读见二维码6。

二维码6 第6章扩展阅读

参考文献（References）

[1] 赵荣，王恩涌，张小林等.人文地理学 [M].北京：高等教育出版社，2006.

[2] Kaplan D.，Wheeler J.，Holloway S.Urban Geography.Hoboken [M]. New Jersey：John Wiley & Sons，Inc.2009.

[3] 许学强，周一星，宁越敏.城市地理学（第二版）[M].北京：高等教育出版社，2009.

[4] Greene R.P.，Pick J.B.Exploring the urban community：A GIS approach [M].New York：Pearson Higher Ed，2011.

[5] 杨国亮．论范围经济，集聚经济与规模经济的相容性 [J]．当代财经，2006 (11)：10—14．

[6] Markusen A．Sticky places in slippery space：a typology of industrial districts [J]．Economic geography，1996，293—313．

[7] óhUallacháin，Breandán ó，Leslie TF，Postindustrial Manufacturing in a Sunbelt Metropolis：Where Are Factories Located in Phoenix？[J]．Urban Geography，2009，30 (8)：898—926．

[8] 杨明远．城市产业结构的调整与优化 [M]．哈尔滨：黑龙江人民出版社，1991．

[9] 杜能，von Thunen J.H.，衡康．孤立国同农业和国民经济的关系 [M]．北京：商务印书馆，1997．

[10] United States Census Bureau．2007 Economic Census of the United States：Advance Summary Statistics for the U.S (2002 NAICS Basis) [OL]．Washington，2007．

[11] Hartshorn T.A．Interpreting the city：an urban geography [M]．New York：John Wiley & Sons Incorporated，1992．

[12] Hahn B．Power centres：a new retail format in the United States of America [J]．Journal of Retailing and Consumer Services，2000，7 (4)：223—231．

[13] Hazel D．Brave New Format：Lifestyle Centers Look Good，but Are They Earning Their Keep？ [J]．Shopping Centers Today，2003 (24)．

[14] Wrigley N.，Lowe M．Reading retail：a geographical perspective on retailing and consumption spaces [M]．London：Routledge，2014．

[15] 周一星．城市地理学 [M]．北京：商务印书馆，1995．

[16] Carter H．The study of urban geography 4th [M]．London：Edward Arnold，1995．

[17] Pacione M．Urban Geography：A Global Perspective2nd．[M]．London：Routledge，2005．

[18] Berry B.J．Technology—sensitive urban typology [J]．Urban Geography，1996，17 (8)：674—689．

[19] Frenkel A．Land—use patterns in the classification of cities：the Israeli case [J]．Environment and Planning B，2004 (31)：711—730．

[20] 徐红宇，陈忠暖，李志勇．中国城市职能分类研究综述 [J]．云南地理环境研究，2005，17 (2)：33—36．

[21] 孙盘寿，杨廷秀．西南三省域城镇的职能分类 [J]．地理研究，1984．

[22] 李佳洺，孙铁山，李国平，中国三大都市圈核心城市职能分工及互补性的比较研究 [J]．地理科学，2010，30 (04)：503—509．

[23] 梅琳，黄柏石，敖荣军等，长江中游城市群城市职能结构演变及其动力因子研究[J]，长江流域资源与环境，2017，26 (04)：481—489．

第7章　区域城镇体系结构与规划
Chapter 7　Regional urban system structure and planning

　　1960、1970 年代欧美各国学者如邓肯、贝里、鲍恩等掀起了城镇体系研究热潮。自 1980 年代初中国改革开放以来，城镇发展迅速，城镇体系规划在各地开展起来，并在此后的多年间承担着区域空间规划的作用。以顾朝林教授为代表的学者对城镇体系规划的理论方法进行总结，将其归纳为结构与网络，即城镇体系的地域空间结构、等级规模结构、职能类型结构和网络系统组织，简称"三结构一网络"。

　　本章首先介绍了城镇体系三个结构的基础理论。城镇体系职能分工结构理论主要介绍了城市职能的概念、构成、职能三要素及职能分类方法，并分析了我国城镇体系职能分工结构；城镇体系等级规模结构理论主要介绍了城市首位律、首位度、城市金字塔、位序－规模法则并分析了我国城镇体系等级规模结构；城镇体系空间结构理论不仅梳理了大家熟知的经典的中心地理论、空间相互作用理论、扩散理论、增长极与核心边缘模型、引力及潜力模型等，还扩展介绍了近年来涌现的新概念，新的理论进展。如世界城市（Word City）与世界城市网络（Word City Network）、全球城市（Global Cities）和全球城市区域

(Global City-Regions, GCR)、大都市连绵区 (Megolopolis) 和都市区 (Metropolitan District)、巨型城市区 (Mega-city Region, MCR)、多核心城市区域 (Polycentric Urban Region, PUR)、走廊城市 (Corridor City)、网络城市 (Network City) 等。及时跟踪这些新的概念和理论进展，有助于我们理解和把握当今城市区域的发展特征及趋势。

最后从实践角度介绍了城镇体系规划的发展历程、目标与任务、基本内容与方法。

7.1 城镇体系职能分工结构
7.1 Urban system function structure

在上一章"经济活动与城市职能"中，已详细介绍了城市职能的相关理论，本章将在此基础上进一步分析城镇体系职能分工结构。

7.1.1 城镇体系职能分工结构
7.1.1 Urban system function structure

（1）城市职能三要素

城市职能是由该城市为外部提供的产品和服务来体现的，由专业化部门（对外服务部门）、职能强度（对外服务部门的专业化程度、反映该职能在城市经济中的作用大小）、职能规模（某一职能对外服务规模大小，反映该职能在区域或国家经济中的贡献）三个要素组成，通常称为城市职能三要素。

（2）城市职能分类

在一个区域内的大大小小城镇，由于发展条件各异会表现出相同或相异的城镇职能，因此，需要对城镇体系内各城镇的职能进行共性研究和分类研究。

城市职能的分类可以从政治、经济、文化这三个视角切入。较具代表性的城市职能定性分类有：①以各级行政中心职能划分的城市：首都、省会城市、地区中心城市、县城、片区中心城镇，这类城市一般具有行政、经济、文化、交通中心功能。②以经济社会职能划分的城市：综合性中心城市和以某种经济职能划分的城市。综合性中心城市既有经济、信息、交通等方面的中心职能，也有政治、文教、科研等非经济方面的职能，中心城市功能与其影响范围相关，分为国际性、全国性、区域性、省域、地区性中心城市；以某种经济职能划分可以分为工业城市、商贸城市、交通城市等。③以其他特殊职能划分的城市：科研教育城市、历史文化名城、风景旅游和休疗养城市、边贸城市、经济特区城市等[1]。

（3）城镇体系职能分工结构

城镇体系就是由这些职能各异的城镇组成的城镇群体，城镇体系职能分工结构指的是城镇体系内不同职能类型的城镇各有分工，有机组合，共同构成具有特色的地域综合体。

城镇体系职能分工结构规划就是从整个规划区域到更大范围乃至全国的角度对各类城镇进行功能定位，结合本地条件、区域地位、作用以及地域分工，按照城镇化战略中对城市现代化的基本要求，选择最有利的职能类型组合作为城镇发展方向，提出相应的实施对策，使各类城镇优势互补、集群发展或错位发展，获得最优的经济社会效益，通过各城镇间职能的分工协调发展提升城镇体系职能的整体竞争力和区域可持续发展能力。

城镇体系职能分工结构规划通常分为三个层面：①区域城镇体系总体职能：这个层面主要是通过研究规划区域在大区域和全国的地位作用、区域城镇体系的发展建设对区域经济社会发展的作用这两大方面来加以明确。②分区城镇体系的基本职能：根据分区之间的地域差异如资源分布和经济特点以及分区中心城市的职能加以确定。③单个城镇的职能类型与组合：这是城镇体系职能分工结构规划的基本内容。这个层面的规划以上述两个层面的分析研究为基础，并以各城镇的现状特点、条件评价、发展前景以及职能分工等方面的分析为依据，分类进行规划[33]。

7.1.2 我国城镇体系职能分工结构
7.1.2 Urban system function structure in China

国内早期开展城市职能结构研究的学者如周一星和顾朝林教授等。周一星采用聚类分析法把全国城市划分为 4 个大类、14 个亚类和 47 个职能组，4 个大类分别为超大综合性城市、特大综合性城市、中小规模专业化或综合性城市、小型专业化城市[1]。顾朝林在 1992 年出版的《中国城镇体系》一书中，把职能体系概括为政治、交通、工矿和旅游中心四个基本类型；1998 年，又将城市职能划分为综合性、专业型两大类，综合性主要包括各级行政中心，专业型主要为特殊职能的城市，包括工矿业城市、交通枢纽和港口城市、边境口岸和经济特区城市、历史文化和风景旅游城市四种类型[1]。其后，也有学者相继进行研究，如综合采用聚类分析和判别分析等方法，把城市职能分为特大型综合性为主的城市、小型高度专业化城市、中小规模为主专业化城市 3 大类，15 亚类和 37 个职能组[1, 4]。

"在实践中，"《全国城镇体系规划（2006—2020 年）》根据不同城市（镇）职能范围和特殊性，把全国范围内的城市分为全球职能城市、区域中心城市和具有特殊职能和特殊类型的城市，如门户城市、老工业基地城市、矿业（资源）型城市、历史文化名城、革命老区和少数民族地区城镇（表 7-1）。

全国城镇体系规划关于职能类型的描述　　　　　　　　　　　表 7-1

职能类型	职能特点	代表城市
全球职能城市	在我国具有重要的战略地位，在发展外向型经济以及推动国际文化交流方面具有重要作用。这类城市有可能发展成为亚洲乃至于世界的金融、贸易、文化、管理等中心	北京、天津、上海、广州、香港
区域中心城市	区域中心城市的培育发展将促进区域经济社会的发展，缩小地区间发展水平的差距	重庆、沈阳、大连、长春、哈尔滨、南京、杭州、宁波、厦门、济南、青岛、武汉、深圳、成都、西安、石家庄、太原、呼和浩特、合肥、福州、南昌、郑州、长沙、南宁、海口、贵阳、昆明、兰州、西宁、银川、乌鲁木齐

续表

职能类型		职能特点	代表城市
具有特殊职能和特殊类型的城市	门户城市	国家的重要空港、海港以及陆路口岸城市，是国家对外衔接的重要门户	—
	老工业基地城市	传统产业为主的工业型城市，如冶金工业城市、建材城市、森林工业城市等	—
	矿业（资源）型城市	包括煤炭城市、有色冶金城市、黑色冶金城市、石油城市、森工城市等	—
	历史文化名城	国家级历史文化名城和名镇	—
	革命老区	—	—
	少数民族地区	—	—

资料来源：《全国城镇体系规划（2006—2020年）》

7.2 城镇体系等级规模结构
7.2 Urban system scale structure

城市规模一般指城市的经济规模、人口规模和城市用地规模，三者在发展中相互依托，形成城市的基本规模[5]。大量的研究发现，城市的规模与人口的分布和规模具有密切联系[6]。

7.2.1 城市首位律、首位度
7.2.1 Law of the primate city, primacy ratio

马克·杰斐逊（Mark Jefferson）早在1939年就指出，在一个国家城市发展的初期阶段里，有的城市表现出比其余城市更强的增长动力，并且逐步影响着经济和政治功能，最终统治整个国家城市系统，如首都城市巴黎、维也纳等[7]。

（1）首位城市（Primate City）

在一些城镇体系中，排名第一位的城市人口规模远远高于第二位城市规模，在英国，伦敦是第二大城市伯明翰的7倍左右；而在爱尔兰，都柏林是第二大城市科克郡的4倍左右。这些案例中体现出共同的特征，即一个国家的"首位城市"总要比这个国家的第二位城市（更不用说其他城市）大得异乎寻常[8]。杰斐逊认为这种现象已经构成了一种规律性的关系，并把这种在规模上与第二位城市保持巨大差距，吸引了全国城市人口的很大部分，在国家政治、经济、社会、文化、生活中占据明显优势的城市定义为首位城市，而首位城市一般具有相似的特征（详见扩展阅读7-2-1），如，多数首位城市作为国家的首都城市，吸引了来自农村地区的大量移民以及政府对于首位城市的大量资源和经济投入，进一步制约了其他城市的发展。

首位城市按照其发展阶段可以成分初级首位城市、中级首位城市和高级首位城市三个阶段：

初级首位城市阶段——城市在城市空间系统中体现出地理优势，并且具有强大的吸引周边人口的能力；

中级首位城市阶段——快速增长的首位城市仍然呈现出城市化过程中突出的单中心结构特征，但区位条件较好的郊区城镇会成长为未来多中心首位城市的核心之一；

高级首位城市阶段——首位城市由于城市规模变大，集聚不经济现象出现，如拥挤成本等，单中心城市结构开始变得不适应城市发展。由于区域内部的分散发展，首位城市形成了多中心和特大城市的特征，并且从经济上和空间上支配着其他的城市系统。整体的城市系统的扩张可能会导致一个或多个中等规模的城市成长为与现有高级首位城市同样的规模；首位城市的增长速度放缓，空间分散的过程开始。

(2) 城市首位律 (Law of The Primate City)、城市首位度 (Primacy ratio)

第一大城市的人口与第二位大城市人口的比值，被称为首位度 (Primacy ratio)。首位度大的城市规模分布称为"首位分布"。一般来说，首位度大于 2 的城市规模分布即可称为首位分布。

城市首位律 (Law of The Primate City)，指的是一个国家中的首位城市拥有超大比例的大规模人口的情形，是由杰斐逊的观察和发现对现代城市地理学做出的巨大贡献。首位城市的概念已经被普遍使用，而首位度，也已成为衡量城市规模分布状况的一种常用指标[9]。影响首位城市产生的原因有多种，其中既包含城市的自身基础因素，同时也与城市发展的历史息息相关。

首位度一定程度上代表了城镇体系中的城市人口在最大城市的集中程度，这不免以偏概全。为了改进首位度二城市指数的简单化，又有人提出四城市指数 (Four-city Index) 和十一城市指数 (Eleven-city Index) (详见知识盒子 7-1)[1]。

 知识盒子 7-1

首位度指数（The Primacy Index）

1. 二城市指数（Two-city Index）

$S2=P_1/P_2$（由杰斐逊提出的衡量城市规模分布的指标）一般认为正常的规模分布首位度应接近 2。首位度在一定程度上代表了城市人口在最大城市的集中程度，这不免以偏概全。为了改进首位度的简单化，有人提出四城市指数、十一城市指数等衡量指标。

2. 四城市指数（Four-city Index）

$S4=P_1/（P_2+P_3+P_4）$，正常的规模分布四城市指数应接近 1。

3. 十一城市指数（Eleven-city Index）

$S11=2P_1/（P_2+P_3+P_4+\cdots+P_{11}）$，正常的规模分布十一城市指数应接近 1。

四城市指数与十一城市指数实际是首位度的扩展，本质上没有大的区别。

资料来源：许学强，周一星，宁越敏．城市地理学（第二版）[M].北京：高等教育出版社．2009：164.

7.2.2　城市金字塔
7.2.2　Urban pyramid

（1）城市金字塔的概念

城市金字塔是一种采用图表形式分析区域城市规模分布的方法。在一个国家或区域中有许多大小不等的城市，可以按照城市规模大小划分为不同的等级，每个地域对于城市规模等级的划分也同样存在着差异，联合国每年发表的统计年鉴基本采用 10 万人以上人口城市作为大城市的基本标准，有很多国家采用这一标准。但也有些国家根据自己的国情将大城市人口下限定在 5 万，有的定在 20 万。规模大的城市等级高、数量少，规模小的城市等级低、数量多。将这种城市数量随规模增加而减少的分布规律用图表示出来，类似金字塔结构，因而称为城市金字塔[5]。

（2）城市金字塔的 K 值

K= 下一等级规模的城市数／上一等级规模的城市数。

对 K 值的解读有不同的说法，中心地学说认为，K 值是常数；同样也有认为，K 值是变化的，规模级别越高，K 值越大；规模级别越低，K 值越小；城市规模等级划分的间距不同，K 值也不同（表 7-2）。

同一城市体系不同等级划分下的规模分布举例　　　　表 7-2

A			B		
规模级	城市数	K 值	规模级	城市数	K 值
1000 ~ 5000	512		1000 ~ 10000	576	
5000 ~ 20000	128	4	10000 ~ 50000	96	6
20000 ~ 50000	32	4	50000 ~ 75000	4	24
50000 ~ 100000	8	4	75000 ~ 10000	4	1

资料来源：周一星. 城市地理学 [M]. 北京：商务印书馆，1995：261.

7.2.3　位序－规模法则
7.2.3　Rank—Size Rule

位序－规模法则是指在城镇系统里城市规模和城市规模位序之间存在的线性关系[9]。

最早是捷夫（Zipf，1949）通过最省力法则（principle of least effort）（详见扩展阅读 7-2-2）引入位序－规模概念，引起了地理学家和经济学对于城市之间规模关联的关注[10]，他提出一体化的城市体系的城市规模分布可用简单的公式表达[1]。

$$P_r = \frac{P_1}{R}$$

式中：P_r 是第 r 位城市的人口；P_1 是最大城市的人口；r 是 P_r 城市的位序。捷夫模式并不具有普遍意义，但作为一种理想的均衡状态，已经被很多人

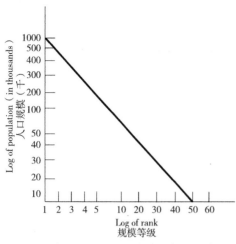

图 7-1 城市人口规模与规模等级的负相关对数关系

资料来源：Kaplan D, Wheeler J, Holloway S.Urban Geography [M].Hoboken：John Wiley & Sons.2009：76.

接受。现在被广泛使用的公式实际上是[1]：

$$P_i=\frac{P_1}{R_i^q} \text{ 或 } P_i=P_1\times R_i^{-q}$$

假设当 $q=1$ 并且将公式重新定为

$$P_i=P_1\div R_i \text{ 或表示为 } \log P_i=\log P_1-\log R_i$$

式中：P_i 是第 i 位城市的人口；P_1 是最大城市的人口；R_i 是 i 城市的位序，q 为常数[9]。

假定在一个城镇系统中，一共具有五个城市，并且最大城市人口规模为 100 万人口，那么位序第五的城市应该具有 200000 的人口，位序为 100 的城市应该具有 10000 的人口，以此类推。如果将城市规模的等级设置在 X 轴，人口数量设置在 Y 轴，形成城市位序 - 规模曲线，可以发现，城市排名（即位序）与城市的人口规模呈现出明显的对数关系[9]。如图 7-1 为假定 50 个城市的位序 - 规模分布曲线。

所以位序 - 规模法则可以在明确城市规模位序的情况下预测城市人口[10]。

当把一个城镇体系中的每个城市按照位序和规模落到双对数坐标图上时，通过散点分布可对城市的规模等级做出客观的划分。然后进行 $y=a+bx$ 形式的回归分析。a 是截距，a 值的大小反映了第一城市的规模，b 是斜率，$|b|$ 接近 1，说明规模分布接近捷夫的理想状态，$|b|$ 大于 1，说明规模分布比较集中，大城市很突出，而中小城市不够发育，首位度高。当进行多年数据对比时，$|b|$ 变大，说明城市规模分布趋于集中，反之亦然[1]。

这一理论有较好的指导意义，然而由于区域特征、发展阶段及各类政策调控的差异，在现实情况中，真实值和计算值并不完全对应。

7.2.4 我国城镇体系等级规模结构
7.2.4 Urban system scale structure in China

按照国务院 2014 年正式发布的《关于调整城市规模划分标准的通知》中的最新城市规模等级划分标准如图 7-2 所示。对于中国城镇人口规模进行梳理见表 7-3。

基于 2010 年第六次人口普查的相关数据，共计 656 个城市，含 287 个设区城市和 369 个县级市，研究区不包含港澳台地区。如表 7-3 所示，根据新标准，将城市规模等级划分为"五类七档"。2010 年，中国超大城市仅 3 座，上海市规模最大，城区常住人口达 1764 万人，其次为北京市（1555 万人）和深圳市（1035 万人）。特大城市 9 座，包括广州市、天津市、重庆市、武汉市、东莞市、佛山市、成都市、沈阳市、南京市，其中广州市 924 万人，接近超大城市的标准。大城市 58 座，包含 I 型大城市 11 座，其中西安市 488 万人，接近特大城市的标准；II 型大城市 47 座，其中厦门市 293 万人，接近 I 型大城市标准。中等城市 93 座，其中扬州市、淮南市等接近 II 型大城市的标准。小城市 493 座，包含 I 型小城市 238 座，II 型小城市 255 座[34]。

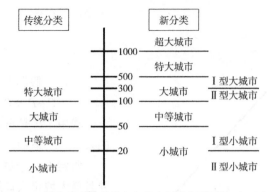

图 7-2 传统城市规模等级与最新城市规模等级对比图
资料来源：http://www.gov.cn/zhengce/content/2014-11/20/content-9225.htm

2010 年中国人口超百万城市情况统计　　　　　表 7-3

人口规模	城市等级	城市数量（个）	占全国总城市比例（%）
1000 万以上	超大城市	3	0.46
500 万~1000 万	特大城市	9	1.37
300 万~500 万	I 型大城市	11	1.68
100 万~300 万	II 型大城市	47	7.16
50 万~10 万	中等城市	93	14.18
50 万以下	小城市	493	75.15

资料来源：戚伟，刘盛和，金浩然.中国城市规模划分新标准的适用性研究 [J]. 地理科学进展，2016，35（01）：47-56.

基于新标准，绘制 2010 年中国城市规模等级的空间分布，并从"胡焕庸线"和城市群两个视角分析。"胡焕庸线"将中国划分为东南半壁和西北半壁，反映了中国人口分布和自然环境的分异规律。不难发现，东南半壁城市规模等级的发育程度显著高于西北半壁，东南半壁城市数量 594 座，西北半壁仅 62 座，前者是后者的近 10 倍。而且，超大城市、特大城市、I 型大城市均分布在东南半壁，这一方面得益于东南半壁稠密的人口本底，另一方面得益于良好的沿海、沿江和交通优势等经济区位条件；而西北半壁等级最高的为 II 型大城市，中等城市仅 1 座，其余均为小城市，西北半壁整体上人口总量低、城镇化水平滞后，仅有少数人口集聚能力较强的大城市。

7.3 城镇体系地域空间结构
7.3 Urban system spatial structure

城市为了保障正常运行，会不间断地进行物质、能量、人员和信息的交换，形成相互吸引、排斥或其他的空间相互作用（Spatial interaction），使得空间上彼此分离且功能迥异的城市结合为具有一定结构和功能的有机整体，即城镇体系空间结构。在这个有机整体中，不同的城市具有不同的空间特征（详见扩展阅读 7-3-1），对周边城市和地区产生不同程度的影响；同时，城市互相作用和影响促使城市一直处于动态变化中，使其空间结构缓慢的发生变化。这种变化遵循着特定的规律构成了城镇体系空间结构的理论基础。

7.3.1 空间相互作用理论
7.3.1 The theory of spatial interaction

地表上任何城市都不能孤立存在。为了保障生产、生活正常运行，城市间、城市和区域间不断地进行各种物质、能量等多元化的交换，这些交换称为空间相互作用。这种相互作用，把彼此分离的不同空间上的城市结合为有机整体，即城市空间分布体系[1]。

（1）空间相互作用方式

根据相互作用的表现形式，海格特（P.Haggett）1972年借用物理学热传递的三种方式提出，把空间相互作用的形式分为对流、传导和辐射三种类型。这样，城市间的联系表现可以概括为物流、人流和经济信息流的联系和交换。

1）对流：以物质和人的移动为特征。如产品、原材料在生产地和消费地之间的运输及人口的移动等。

2）传导：指各种各样交易过程，其特点不是通过具体的物质流动来实现，而只是通过簿记程序来完成，表现为货币流。

3）辐射：指信息的流动和创新（新思维、新技术）的扩散等。[1]

城市间的相互作用需要借助各种媒介，物质和人口的移动，须通过交通网络；信息转换和流动，须通过通信网络。如果把相互作用的各种网络和城市一起考虑，那么城市就是位于网络之中的节点(Node)。交织在城市中的网络愈多，说明城市的易达性愈好，在城市体系中的地位也愈重要。

城市对区域的影响类似于磁铁的场效应，随着距离的增加，城市对周围区域的影响力逐渐减弱，并最终被附近其他城市的影响所取代。每一个结节区域的大小与结节点的人口规模成正比。很明显，村庄的吸引区小于集镇，集镇的吸引区又小于城市。不同规模的结节点和结节区域组合起来，形成城市等级体系（The Urban Hierarchy）。城市间的相互作用，除了不同等级城市之间的垂直联系外，还存在着与同一等级其他城市间的横向联系。实际上，即使属于同一等级的城市，由于其规模、职能各不相同，其吸引区的大小也不同。因此，节点边界的划分以及节点间的相互影响关系就成为一项复杂的工作[1]。

（2）引力模型

典型的引力模型（Gravity Model）常被应用于城市经济（Urban-economic）与交通地理学（Transportation Geography）中。引力模式是根据牛顿万有引力定律推导出来的[10]，该模式认为，两个城市间的相互作用与这两个城市的人口规模（表示城市的质量）成正比，与它们之间的距离成反比（图7-3（a））。其一般形式如下：

$$I_{ij}=k(P_iP_j)\div D_{ij}^b$$

式中，I_{ij} 为 i 和 j 两个城市间的相互作用量；b 为测量距离摩擦作用的指数。

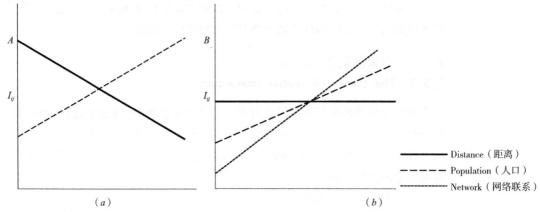

图 7-3（*a*） 地方与区域引力模型的组成（人口和距离因素）

图 7-3（*b*） 国家与国际通信引力模型组成（人口、距离和网络连接因素）

资料来源：Kaplan D，Wheeler J，Holloway S.Urban Geography [M]. Hoboken：John Wiley & Sons.2009：114.

K 是一个固定的常数；P_i 和 P_j 为 i 和 j 两个城市的人口规模；D_{ij} 为 i 和 j 两个城市间的距离。引力模型具有相当强的灵活性，除了运用人口规模数量作为参数之外，还可以运用其他因素（如销售量和就业总量）。

随着城市规模的扩大和区域边界的蔓延，传统的针对城市的重力模型已经不能满足需求，在全球化的背景下，网络联系（Network Connectivity）被作为一个要素引入重力模型（详见扩展阅读 7-3-2），同时发现了人口与网络联系之间的关系（图 7-3（b））。

（3）潜力模型及断裂点公式

引力模型可以计算城市间的相互作用量，进一步，如果将城市与城市体系内所有城市（包括自身）的相互作用量加和，即可以得到城市在城市体系中综合作用强度，可被视为城市存在的"潜力"，表示为如下潜力模型[1]。

潜力模型公式如下：

$$\sum_{j=1}^{n} I_{ij} = \Sigma\, \frac{P_i P_j}{D_{ij}^b} + \frac{P_i P_i}{D_{ii}^b}$$

式中的符号与引力模型中的符号意义相同。D_{ii} 有时采用 i 城与最近城市之间距离的一半，也可以用 i 城面积的平均半径。

将上述公式两边同除以 P_i，得到下式：

$$\sum_{j=1}^{n} \frac{I_{ij}}{P_i} = \Sigma\, \frac{P_j}{D_{ij}^b} + \frac{P_i}{D_{ii}^b}$$

公式意味着 i 城相互作用总量表现为每人或每单位质量的相互作用量。

在赖利（W.J.Reilly）的引力模型理论的基础上，有学者进一步探究两个城市区域的分界点（即断裂点）的位置与特征，从而进一步拓宽了引力模型的应用范围。

康弗斯（P.D.Converse）于 1949 年提出"断裂点"（Breaking Point）概念，公式如下[1]：

$$D_A = \frac{D_{AB}}{1 + \sqrt{P_B/P_A}}$$

式中，D_A 为从断裂点到 A 城的距离；D_{AB} 为 A 和 B 两个城市间的距离；P_B 为较小城市 B 城的人口；P_A 为较大城市 A 城的人口。

按照这一公式，A 城由于规模较大，其吸引区也较大，因而将断裂点推向更靠近 B 城的地方。

断裂点公式在实际运用中有着相当大的局限性，因为城市人口规模不完全反映城市的实际吸引力。根据本地区的具体情况，选择出若干有代表性的指标来确定城市吸引区的边界将更符合这个城市的实际情况。

以上公式及模型用以探索城市之间空间相互作用效果。另一方面，在区域空间结构及其变化动因的理论体系中，我们将着重介绍中心地理论、扩首次理论以及增长极与核心—边缘理论。

7.3.2　中心地理论
7.3.2　Central—Place theory

在城镇体系中，贸易作为一个重要的影响因素，通常使城市在规模和空间上表现出特定的规律。一般情况下小规模的聚居点，针对本地区的居民和相邻地区的居民提供有限范围的服务，并且该类服务点数量相对较多，路途相对较短；大型服务点则具有数量少，彼此之间距离远，但是可以提供多种服务以及供给周围更多地区居民的特征[9]。

大多数城镇由最初的一些功能需求起源，从小规模聚居点最终发展为一个针对周边地区的服务区，通过逐步向毗邻的地区提供货物和服务，渐渐形成区域的中心地（Central Place），成为具有密集人口分布的中心地段[7]。

从某种程度上说，这种规律产生的根本原因在于运输影响：人类定居点逐步演化到靠近河流、运河或者公路的地方，以保证可以运输便捷。作为当地的中心城市，在自身发展的同时，会通过运输功能影响周边城镇的空间与规模，对周边地区具有特殊的功能和意义[9]。

沃尔特·克里斯泰勒（W.Christaller, 1933）是德国地理学家，他致力于解读城市的空间、间距和位置关系，是中心地理论的创始人[6]。中心地理论是城市地理学最重要的理论之一，"若没有中心地理论，便没有城市地理学，也就没有居民点研究"。经过世界许多学者的共同努力，中心地理论已经得到发展、完善和深化，并被用于实践。回顾历史，克里斯泰勒所建立的理论和使用方法，为后来 1950 ～ 1960 年代人文地理学的计量革命打下了坚实基础[5]。

（1）中心地理论假设

克里斯泰勒的理论建立在"理想地表"之上，其并不是要解释某一个城市的绝对位置、大小和作用，他旨在通过基本的商业服务等信息和起主导作用的因素来建立解释区域城镇空间结构的理论模式，即一般规律。这就必须舍弃一些次要的因素。所以克氏提出了"理想地表"的八点假设条件（详见知识盒子 7-2）。

知识盒子 7-2

克氏对理想形态提出以下假设条件（Assumptions underlying Christaller's central-place theory）：

1. There is an unbounded uniform plain in which there is equal ease of transport in all directions. Transport costs are proportional to distance and there is only one type of transport.

（有一个无边界的均匀平原，在这个平原中，区域的运输条件完全一样。影响这种运输的唯一因素就是距离。）

2. Population is evenly distributed over the plain.

（平原上的人口分布是均匀的。）

3. Central places are located on the plain to provide their hinterlands with goods, services and administrative functions.

（平原中心地可以提供地区的货物、服务和管理功能。）

4. Consumers minimize the distance to be travelled by visiting the nearest central place that provides the function that they demand.

（消费者可以通过最小的距离到达最近的中心地区以提供他们需要的功能。）

5. human being sattempt to maximize their profits by locating on the plain to obtain the largest possible market. Since people visit the nearest center, suppliers will locate as far away from one another as possible so as to maximize their market areas.

（人们的活动都是有理智的。对消费者来说，符合距离最小化原则；对提供服务的经营者来说，他会寻找最佳位置，取得最大的市场，使其利润最大化。）

6. They will do so only to the extent that no one on the plain is farther from a function than he or she is prepared to travel to obtain it. Central places offering many functions are called higher-order centers；others, providing fewer functions, are lower-order centers.

（中心地可以提供多种服务功能的地区，称作高级别服务中心；其他的提供少量功能服务的地区，称作低级别服务中心。）

7. Higher-order centers supply certain functions that are not offered by lower-order centers. They also provide all the functions that are provided in lower-order centres.

（高级别服务中心提供低级别服务中心不能实现的特定功能，同时也提供低级别服务中心的所有功能。）

8. All consumers have the same income and the same demand for goods and services.

（所有的消费者具有相同的收入和相同的对货物和服务的需求。）

资料来源：Pacione M. Urban Geography：A Global Perspective[M].2rd ed.London：Routledge，2005：166.

（2）中心地理论几个基本概念 [2, 3]

1）中心地（Central Place），可以表述为向居住在它周围地域（尤指农村地域）的居民提供各种货物和服务的地方。

2）中心货物与服务（Central Good and Service），分别指在中心地内生产的货物与提供的服务，亦可称为中心地职能（Central Place Function）。中心货物和服务是分等级的，即分为较高（低）级别的中心地生产的较高（低）级别的货物或提供较高（低）级别的服务。

3）最大服务范围（Range of Goods），人们为了得到确定的某种等级的货物或者服务可以接受的最大距离，由此来确定中心地的最大服务半径。"高阶需求"（价格高但是需求少）的货物和服务最大服务范围大，"低阶需求"（易腐坏的或者频繁需要的）货物或者服务的服务半径较小。

4）门槛人口（Threshold Population），要满足提供某种货物或者服务必须达到的需求门槛的人口数量，由此来确定中心的最小服务半径。中心地人口的规模直接反映了其中心性的强弱。

5）中心性（Centrality），所谓"中心性"（Centrality）或"中心度"，是指中心地对其周围地区的相对意义的总和。简单地说，是中心地所起的中心职能作用的大小 [1]。距离的远近影响着中心性，中心性是指中心地可以为周围地区提供服务的程度，这样的程度可以通过测量提供货物和服务的能力来确定。

克氏在 1930 年代选用了中心地的电话指数作为评判标准，其认为人口的规模并不一定能完全代表对于周边地区的影响力，而作为商务联系的媒介，电话及通信数量可以直接体现中心地的对于周边联系的紧密性 [2, 3]。

$$中心性 = T_Z - E_Z \frac{T_g}{E_g}$$

式中，T_Z 为中心地的电话门数；E_Z 为中心地的人口；T_g 为区域内电话的数量；E_g 为区域的人口。

（3）克里斯泰勒中心地理论要点 [2, 3]

在理想地表状态下，通达性只与距离成正比，生产者与消费者都是理性的，中心地的影响范围受到"服务范围"与"门槛人口"两个因素的共同影响作用，形成不同半径的圆形范围。从"服务范围""门槛人口"这两个概念的上限和下限可以确定每一个商品或服务的半径（最大服务半径和最小服务半径），最终确定其服务范围。理想情况下每个中心地会有一个圆形的贸易区。如果三个或更多相切的圆放置在一个区域，将会存在无法覆盖的区域（图7-4）。为了消除任何零覆盖区域，同等级的中心地的市场区域将会重叠，经过市场竞争达到均衡，区域演化为六边形模式，以最有效的方式覆盖到地区每个居民。

因此，最终在空间上全覆盖六边形和低等级中心与高等级中心相互嵌套的结构模式，共同构成了不同等级的中心地网络。在城镇系统中，最小的中心均匀分布并且提供低阶需求的货物和服务，高阶中心会提供包含低阶需求在内的所有的货物和服务。结果是，低阶与高阶的中心相互嵌套形成不同层级的提供

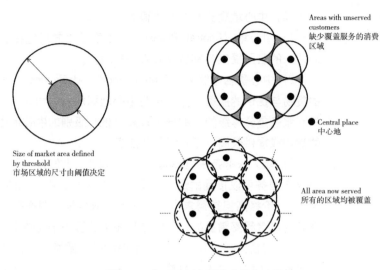

图 7-4　中心地六边形模式形成过程

资料来源：Pacione M.Urban Geography：A Global Perspective 2rd ed. [M]. London：Routledge，2005：167.

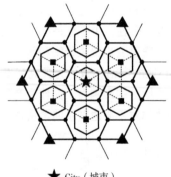

★ City（城市）
▲ Town（镇）
■ Village（村庄）
● Hamlet（聚落）

图 7-5　中心地系统示意图
资料来源：Knox P.，McCarthy
L.Urbanization：An introduction to
Urban Geography3rd ed. [M]. New
Jersey：Pearson Prentice Hall，1958.

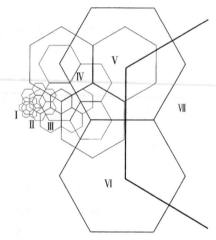

图 7-6　克里斯泰勒中心地和市场区的
空间等级体系
资料来源：Northam R.M.Urban geography [M].
New York：John Wiley & Sons，1975：167.

中心，如图 7-5 所示。

克氏还指出，在每个层次级别的结构中，中心地的数量都遵循一个固定比率（K 值）。

克氏认为，三个原则支配着中心地体系的形成，即市场原则、交通原则和行政原则。如在市场原则中，高级中心地位于它的市场区中央，有 6 个低一级的中心地分布在市场区的角上；这低一级的中心地有它自己的较小的市场区，其角上又有 6 个更低一级的中心地分布，依次类推，直到最低一级的中心地和市场区，如图 7-6 所示。

基于市场原则的判定：位于市场区角上的低一级中心的市场区有 1/3 属

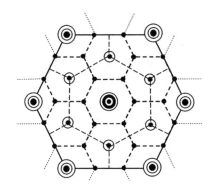

—— Higher-order market area（高等需求市场区域）

----- Middle-order market area（中等需求市场区域）

Lower-order market area（低等需求市场区域）

◉ Higher-order center（高等需求中心）

◎ Middle-order center（中等需求中心）

⊙ Lower-order center（低等需求中心）

● Lowest-order center（最低等需求中心）

图 7-7 中心地层级与空间分布关系

资料来源：Pacione M.Urban Geography：A Global Perspective[M]. 2rd ed. London：Routledge，2005：169.

于中心的吸引范围，6 个 1/3 加上本身兼有低一级中心的职能和完整的低一级市场区，因此一个较高级中心地的市场区正好是下一级市场区面积的 3 倍。低一级中心的市场区分属于 3 个较高级中心地的市场区，而每一个低级中心的人口可以分别到 3 个高一级中心地接受服务。

运用经济原理与几何理论简化假设，克氏推演出一般情况下中心地位置、大小和间距的模型，如图 7-7 所示。

在不同原则支配下，网络呈现出不同的结构，同时中心地和市场区规模等级顺序存在明确规定，即按照 K 值排列成有规则的、严密的网络体系。以上的理论概念和理论抽象的条件均基于克里斯泰勒的市场原则。同时，交通原则和行政原则的影响下，中心地的规模等级也会形成不同的 K 值，并且表现出不同的网络结构特征（详见扩展阅读 7-3-3）。

三个原则共同导致了城市等级体系（Urban Hierarchy）的形成。克氏认为，在开放、便于通行的地区，市场经济的原则可能是主要的；在山间盆地地区，客观上与外界隔绝，行政管理更为重要；发展中国家与新开发的地区，交通线对移民来讲是"先锋性"的工作，交通原则占优势。

（4）中心地理论的评价

对于中心地理论的评价（详见知识盒子 7-3），多集中在由于克里斯泰勒假设条件过于理想化，现实生活中，经济并非影响空间变化的唯一因素，社会、政策、科技等其他因素的动态变化都会影响到城市中心地的改变。

 知识盒子 7-3

1. The theory is not applicable to all settlements.Being limited to service centres，it does not include some of the functions，such as manufacturing industry，that create employment and population.

（"这一"理论并不适用于所有的居民点。它仅限于服务中心，没有涵盖其他功能，如能创造就业机会和带来人口集聚的制造业。）

2. The economic determinism of the theory takes no account of random historical factors that can influence the settlement pattern.

（全部为经济因素决定论的理论，没有考虑随机历史因素可以影响其模式。）

3. The theory makes unrealistic assumptions about the information levels and

mental acumen required to achieve rational economic decisions, even if profit maximisation were the only goal of human behaviour.

（不切实际的假设理论，需要实现理性的经济决策，即使利润最大化是人类行为的唯一目标。）

4. The notion of a homogeneous population ignores the variety of individual circumstances.

（同质化的想法忽略了一些个例因素。）

5. Christaller's model assumed relatively little governmental influence on business locational decisions, whereas today national and local governments play a major role in influencing business locations by.

（在中心地模型中，弱化了政府对于商业位置决策的影响，在现代的实际生活中，国家和当地政府在商业位置确定上具有不容小觑的主要影响。）

6. Levels of personal mobility have increased greatly since the model was proposed.Consumers do not always visit their nearest store, and multipurpose shopping trips often result in low-order centres being by-passed for low-order goods, thus leading to their decline.

（实际上，流动性决定了消费者并不总是访问离他们最近的商店，和多功能购物需求经常导致仅售低阶产品的低阶中心的消费者被分流，从而导致其衰落，并非如中心地理论假设，消费者会选择最近的中心位置以满足需求）

资料来源：Pacione M.Urban Geography：A Global Perspective 2rd ed.[M]. London：Routledge，2005：169.

克里斯泰勒（1966）并不是没有意识到理论的时间限制，他指出：静止状态是一种虚构的状态，而运动状态才是现实状态。中心地商品的供给和需求、货物的价格、运输条件、中心地的规模和中心之间的竞争、分散生产的连续改变，这每一个因素都增加了地区人口中心位置的重要性[11]。不过他并没有将这些条件转化为城市体系功能和空间维度的动态模型。因此，中心地理论在解释当前模式时是有限的，但是中心地理论对于后世的中心地研究所带来的巨大影响是无法否认的。

随着城市地理学的发展，在全球化的影响下，关于中心地理论的推进和改善层出不穷（详见扩展阅读7-3-4），在城镇体系划分、城市功能确定等方面得到了应用（详见扩展阅读7-3-5）。

7.3.3 扩散理论
7.3.3 Diffusion theories

随着对空间结构及相互作用的不断深化和研究，在中心地理论的静态基础上，加入时间维度和历史变化作为重要影响因素，结合检验居民点在区域中从原点扩散传播的动态过程来看，发现在空间相互作用下的居民点的扩散遵循着一定规律[7]。

比隆德（Bylund，1960）基于早期在对于中心区的研究结论中提出，在一个确定的框架范围里，共有六种解决扩散问题的假设模型[12]，其中四个基础模型（图7-8）中数量和"源点"（Mother Settlements）位置都不相同。通过模拟集群的过程，意图找出集群扩散的规律，最终发现在扩散过程中，B最接近现实中的扩散状态。随后，莫里尔（Morrill，1962）在模仿中心地模式过程中进一步推动和完善了该模型[13]，其在瑞典居民点扩散研究过程中[14]，提出区域中居民点的数量、规模和位置都是经过了漫长而复杂的相互作用力而形成的，同时提出影响这种作用力的经济、社会、空间、地理等多方面要素（详见扩展阅读7-3-6）。

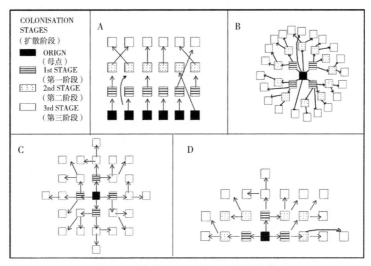

图7-8 比隆德Bylund的居民点扩散模型

资料来源：Bylund.E.Theoretical conditions regarding the distribution of settlement in inner north Sweden [J]. Geografiska Annaler，1960，42，225-231.

赫德森（Hudson，1969）在前人研究基础上，尝试着将扩散理论与中心地理论结合[15]定义关于扩散的三个阶段，动态地描述了城市空间的相互作用，肯定了中心地理论在空间作用中的影响（知识盒子7-4）。万斯（Vance，1970）[16]也运用了扩散理论设计出一个居民点的商业动态演变模式（详见扩展阅读7-3-7），进一步引入增长极与核心地区（Core）、边缘地区（Periphery）的空间相互作用关系。

 知识盒子7-4

赫德森（Hudson，1969）定义关于扩散的三个阶段：

1. Colonisation，which involves the dispersal of settlement into new territory；
（集群：居民到新的区域形成聚落。）

2. Spread，in which increasing population density creates settlement clusters and eventually pressure on the physical and social environment；

（扩散：在这个过程中随着增加的人口密度，逐步向外创建新的聚落群体同时给物质空间和社会环境带来压力。）

3. Competition, which produces regularity in the settlement pattern in the way suggested by central-place theory.

（竞争：按照中心地理论所描述的形式产生有规律性的竞争。）

资料来源：Hudson.J.A location theory for rural settlement Annals of the Association of American[J]. Geographers, 1969, 59, 365–81.

7.3.4 增长极与核心边缘模型
7.3.4 Growth pole model & core-periphery model

（1）增长极模型（Growth pole model）

一般认为，佩鲁（Perroux，1950）所提出的"增长极"概念是早期极化发展思想的开端，佩鲁在当时提出了支配效应，即"一个经济单元对另一个经济单元施加的不可逆或部分不可逆的影响"。由于其规模、影响力和活动性质等原因，或者已经占据了优势区位[17]。随后，赫希曼（A.O.Hischman）将空间度量引进到增长极的概念中，他指出，经济发展不会同时出现在每一地区，但是，一旦经济在某一地区得到发展，产生了主导工业（Master Industry）或发动型工业时，该地区就必然产生一种强大的力量使经济发展进一步集中在该地区，该地区进而成为一种核心区域（Core-Region）；同时，每一核心区均有一影响区（Zone of Influence），约翰·弗里德曼（John Friedmann）称这种影响区为边缘区（Peripheral Region）。核心对边缘有两种完全不同的效果。一种是负效果，由于核心区域自身的利益，使边缘的劳动力、资金等流入核心区，剥夺了边缘某些发展机会，这时以前向联系为主，是极化作用的结果。第二种为正效果，核心发展所得利益扩散到边缘，使边缘农产品及原料的销售量增加，就业机会扩大，次极核心发展，是扩散作用的结果[1]。

增长极是否存在决定于有无发动型工业，所谓发动型工业就是能带动城市和区域经济发展的工业部门。发动型工业聚集在空间上某一地区，该地区透过极化（Polarization）和扩散（Spread）过程，形成增长极，以获得最高的经济效益和快速的经济发展[1]。这里的发动型工业突出强调推进经济高水平增长的区域关键产业（Key Industry），其是增长极战略得以实现的重要基础，这些产业往往生产规模很大，能产生强大的推动力，并与其他的产业有着密切的联系[18]，例如在英国工业革命时期大力推进纺织产业一样。随着主导产业的增长，将会吸引相关的产业，产生一系列的集聚经济（Agglomeration Economies）。这种经济集聚将促进一个增长极（Growth Pole）形成，进而一个城市生长中心逐步发展起来。

增长极概念的提出对于城市与区域经济发展产生了极大的影响，在很多国家的区域发展战略中都应用了这一思想。在西方国家，增长极理论主要被用于控制大都市区的过度集中，建立完整的城市体系，对衰退的老工业区进行升级转换，或在高度发达的地区调整或控制其相对增长率；而发展中国家主要将增长极理论应用于一些落后地区，这主要反映在极化效应和扩散效应所形成的空间上。通过布局关键产业，建立区域增长极，带动整个落后地区的社会经济发展。但是由于这种模式在空间上表现为点状开发，一些建立起来的增长极难以对边缘区产生预期的带动作用，反而强化了空间差异[19]。

（2）核心－边缘模型（Core-periphery Model）

1966 年，弗里德曼提出了著名的核心－边缘模型（Core-periphery Model）[20]。这最初曾被用于解释不同工业化国家区域空间结构的变化。他设想了两个组成区域，即主要的城市核心地区和落后的农村边缘区。这两个区形成了以城市或大都市为核心的地区具有非常高的创新和增长潜力，周边的农业区域在发展过程中逐步向核心（core）地区靠拢，同时留下一个逐步衰落的边缘（Periphery）[10]。核心区是社会地域组织的一个次系统，能产生和吸引大量的革新；边缘区是另一个次系统，与核心区相互依存，其发展方向主要取决于核心区。核心区与边缘区共同组成一个完整的空间系统。一个空间系统发展的动力是核心区产生大量革新（材料、技术、精神、体制等），这些革新从核心向外扩散，影响边缘区的经济活动、社会文化结构、权力组织和聚落类型。因此，连续不断地产生的革新，通过成功的结构转换而作用于整个空间系统，促进国家发展[1]。

边缘区收入水平的提高依赖于核心区经济增长。成熟的经济制度条件下，通过区域的一体化来减弱这两个地区的发展差异[19]。从这种意义上讲，多核心高增长城市核心区和低增长大都市间的边缘地带共同组成不平衡空间发展将是工业化乃至后工业化经济景观（图 7-9）。这一模型被广泛应用到城市与乡村、经济发达地区与落后地区的比较研究中。

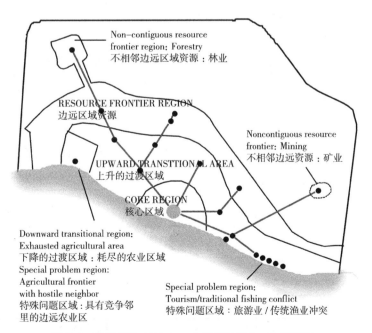

图 7-9 弗里德曼（Friedman）提出的核心－边缘模型

资料来源：Knox P.，McCarthy L.Urbanization：An introduction to Urban Geography3rd ed.[M].
New Jersey：Pearson Prentice Hall，2011：125.

7.3.5 我国城镇体系地域空间结构
7.3.5 Urban system spatial structure in China

我国地域辽阔，自然地理和资源禀赋差异大，同时，由于历史、社会和经济发展等多项因素的共同影响，近代以来中国城镇数量、规模、人口分布，一直呈由东南向西北递减的空间分布特征（表7-4）。

2013年底中国城镇空间分布概况　　　　　　　　　表7-4

指标	全国	东部		中部		西部	
		数量	占全国比重/%	数量	占全国比重/%	数量	占全国比重/%
面积/万平方千米	960.0	136	14.2	280	29.2	544	56.6
城市化水平/%	53.70	32.82		26.67		20.10	
设市数量/个	658	281	42.7	248	37.7	129	19.6
建制镇数量/座	19269	8290	43.0	5385	28.0	5594	29.0

注：东部地区包括北京、天津、河北、辽宁、上海、江苏、浙江、福建、山东、广东、广西和海南12个省、自治区的城市和直辖市；中部地区包括山西、内蒙古、吉林、黑龙江、安徽、江西、河南、湖北和湖南9个省和自治区的城市；其余均为西部地带。

资料来源：《中国城市建设统计年鉴（2013）》[M]. 北京：中国统计出版社，2014：860.

根据2013年的资料，东部地带占全国14.2%的国土面积，城市数占全国总数的42.7%，城市人口占全国总城市人口的52.8%，是中国城镇分布最密集的地带；中部地带占全国29.2%的国土面积，城市数占全国的37.7%，城市人口占30.6%；而西部地带占全国56.6%的国土面积，仅分布了19.6%的城市数和16.6%的城市人口，是中国城市分布最为稀疏的地带，见表7-5。

结合2013年的数据和最新的分类标准，从城市规模分类的角度分析，东

2013年东、中、西三大地带城市分布情况　　　　　　表7-5

指标	全国	东部		中部		西部	
		数量	占全国比重（%）	数量	占全国比重（%）	数量	占全国比重（%）
特大城市	48	27	56.3	14	29.2	7	14.5
大城市	65	31	47.7	26	40.0	8	12.3
中等城市	222	110	49.5	80	36.0	32	14.5
小城市	325	119	36.6	127	39.1	79	24.3

注：东部地区包括北京、天津、河北、辽宁、上海、江苏、浙江、福建、山东、广东、广西和海南12个省、自治区的城市和直辖市；中部地区包括山西、内蒙古、吉林、黑龙江、安徽、江西、河南、湖北和湖南9个省和自治区的城市；其余均为西部地带。

资料来源：《中国城市建设统计年鉴（2013）》[M]. 北京：中国统计出版社，2014：860.

部地带集中分布着 56.3% 的特大城市、47.7% 的大城市和 49.5% 的中等城市；在中部地带，大、中、小城市的分布比较均衡；而西部地带则表现为以小城市占主导的地域分布特征。

在城镇分布的基础上，结合城镇之间的联系紧密联系程度，形成了具有中国特色的城市群体，关于城市群的划分、联系、影响以及发展方面的研究不胜枚举。根据黄金川、陈守强的研究，将中国城市群等级类型综合划分（China's Urban Agglomeration Level Type Comprehensive Division）为国家级、区域级、次区域级以及地区级四个等级。他们基于城市群的重要外延特征，采用"先分等、后划类"的综合分类思想对中国 23 个城市群进行定量类型划分和空间分异分析（表 7-6），为中国城市群实施因地制宜的空间格局优化和分类管理的规划引导提供科学依据；并将中国城市群定量划分为成熟外向型、双核赶超型、环境友好型、单核辐射型和内陆粗放型等 5 种类型[21]。

中国城市群等级划分四项指标及基本信息一览表　　　　表 7-6

等级	城市群名称	常住人口/万	占地面积/平方千米	人口密度（人/平方千米）	城镇化率/%	常住人口占比/%	GDP占比/%	个数
国家级	长三角城市群	10166.38	100504	1012	70.52	32.44	45.95	3
	珠三角城市群	5611.83	55570	1010	82.74			
	京津冀城市群	8378.53	182501	459	59.95			
指标标准		≥ 5000	≥ 60000	≥ 600	≥ 60			
区域级	山东半岛城市群	4375.53	74074	591	57.77	34.27	28.62	5
	辽东半岛城市群	4070.16	127469	319	63.95			
	武汉城市群	3024.29	58066	521	55.95			
	中原城市群	4153.14	58840	706	45.73			
	成渝城市群	9895.13	252073	393	46.66			
指标标准		≥ 3000	≥ 50000	≥ 400	≥ 55			
次区域级	海峡西岸城市群	2918.57	56098	520	59.23	17.99	13.60	6
	长株潭城市群	1464.83	28078	522	56.82			
	江淮城市群	3569.00	86172	414	48.71			
	环鄱阳湖城市群	1906.35	57832	330	49.13			
	关中城市群	2319.98	55451	418	49.99			
	南北钦防城市群	1214.75	42514	286	46.33			
指标标准		≥ 1500	≥ 30000	≥ 300	≥ 50			
地区级	哈大长城市群	3388.04	185576	183	54.81	15.30	11.83	9
	晋中城市群	881.95	27925	316	64.89			
	呼包鄂城市群	745.77	131744	57	70.35			
	银川平原城市群	507.32	52170	97	54.06			
	酒嘉玉城市群	132.69	196909	7	58.15			
	黔中城市群	1946.35	104597	186	34.61			

续表

等级	城市群名称	常住人口/万	占地面积/平方千米	人口密度（人/平方千米）	城镇化率/%	常住人口占比/%	GDP占比/%	个数
地区级	天山北坡城市群	392.76	31721	124	87.84	15.30	11.83	9
	兰白西城市群	1217.90	70398	173	45.29			
	滇中城市群	2177.619	94204	231	43.75			
指标标准		≥ 500	≥ 20000	≥ 200	≥ 45			

资料来源：黄金川，陈守强．中国城市群等级类型综合划分 [J]．地理科学进展，2015，3（34）：290–301．

7.4　区域典型空间模式
7.4　Region typical spatial models

区域典型的宏观空间模式可分为低级、高级和超级三种格局形态。低级形态主要包括"集合城市"（Conurbation）、城市密集区等；高级形态主要有大都市带、大都会带、都市连绵区和大都市伸展区（周一星，1995）等，近 10 年来，在全球化和信息化发展的背景下，又出现一些新的空间格局形式，如巨型城市区、全球城市区和全球区域等；超级形态包括巨型大都市区（Doxiadis，1970）、世界都市带（Ecumenpolis）（Leman，1976；顾朝林，1995）、全球城市化地区、无边界城市（顾朝林，2006）等。区域的微观空间格局主要为多核心城市区（Polynuclear Urban Region）、走廊城市（Corridor City）、网络城市（Network City）和组合城市和都市区等。此外，国内学者在实证研究中使用"城镇群""组合都市区"来形象地描述空间距离上相对接近而发展水平相当的几个城市的"集合体"，也应属于中观城市空间格局的范畴（详见扩展阅读 7-4-1）。

7.4.1　城市－区域的概念演进
7.4.1　Concept evolution of the urban-region

（1）思想渊源

城市－区域的起源较早，1898 年霍华德（E.Howard）在《明天：一条通向真正改革的和平道路（Tomorrow：A Peaceful Path to Real Reform)》中提出"城镇集群"的概念，认为城市规划范围应包括周边地域。1915 年盖迪斯（P.Geddes）在《进化中的城市（Cities in Evolution)》中提出"组合城市"的概念，并将其描述为工业城市因功能扩展而与邻近城市范围交叉重叠的城市空间组织。1910 年，美国引入大都市区（Metropolitan District）的概念，1957 年戈特曼（J.Gottman）基于对美国东北沿海城镇密集区的研究，提出了大都市带（Megalopolis）概念。

之后，城市—区域的概念在"世界城市—全球城市—全球城市网络—全球城市—区域"的基础上进一步创新而来 [22]。

（2）从世界城市（全球城市）到全球城市－区域

世界城市概念早在 1915 年由盖迪斯在《演化中的城市》中提出 [5]。1966 年，彼得·霍尔（P.Hall）在《世界城市》一书中，将世界城市解释为对世界或大多数国家产生全球性经济、政治、文化控制的大都市[23]。1980年代，随着经济全球化影响，弗里德曼等（1982）提出世界城市假说（the word city hypothesis）1991年，萨森（S.Sassen）正式提出"全球城市（Global Cities）"的概念，认为早期的世界城市与全球城市之间的主要差异是：全球城市代表了一种新的社会空间，这种空间是在经济全球化的驱动下形成的，生产活动在空间上分散，管理与控制活动高度集中的空间结构[24]。1966年，曼纽尔·卡斯特尔（M.Castells，1966）通过构建城市发展的信息模式，提出"世界城市就是信息城市"，世界城市就是"流的空间（Space of Flows）"。

21世纪以来，泰勒（P.J.Taylor，2004）提出"世界城市网络（Word City Network）"，研究重点是城市之间的关系和网络特征。同时，彼得·霍尔也认识到全球城市仅仅指明少数、单个城市的属性特征，忽视了城市体系内个体间的相互联系，认为"全球城市－区域（Global City Regions）"能够涵盖诸多全球城市的巨大、复杂、混合的城市－区域范围[25]，并指出欧洲有英国东南部、德国鲁尔、莱茵美茵、荷兰兰斯塔德、法国巴黎、比利时中部、大都柏林、瑞士北部8个全球城市－区域。

（3）从全球城市－区域到城市－区域

全球城市及全球城市－区域主要是针对西方国家的全球城市及其腹地提出，对发展中国家中心城市和区域的重视不足。杨（H.W.Yeung，2001）提出了"城市－区域"的概念，涵盖更多国际化程度不高，不足以称为世界城市的城市密集分布区，更加透彻的解释了当今城市化进程的态势[26]。

7.4.2 大都市带
7.4.2 Megalopolis

法国地理学家戈特曼在研究了美国东北部大西洋沿岸的城市群以后，于1957年首先提出来了大都市带（Megalopolis）的概念：有许多都市区连成一体，在经济、社会、文化等各方面活动存在密切交互作用的巨大的城市地域。

大都市带必须具备的条件有：①区域内有比较密集的城市；②有相当多的大城市形成各自的都市区，核心城市与都市区外围的县有着密切的社会经济联系；③有联系方便的交通走廊把这些核心城市联结起来，使各个都市区首尾相连没有间隔，都市区之间也有着密切的社会经济联系；④达到相当大的总规模，戈特曼坚持以2500万人为标准；⑤是国家的核心区域，具有国际交往枢纽的作用。

在1970年代,戈特曼认为世界上有6个大都市带（详见扩展阅读7-4-2）：①从波士顿经纽约、费城、巴尔的摩到华盛顿的美国东北部大都市带；②从芝加哥向东经底特律、克利夫兰到匹兹堡的大湖都市带；③从东京、横滨经名古屋、大阪到神户的日本太平洋沿岸大都市带；④从伦敦经伯明翰到曼彻斯特、利物浦的英格兰大都市带；⑤从阿姆斯特丹到鲁尔和法国北部工业聚集体的西北欧大都市带；⑥以上海为中心的城市密集地区[1]。

还有3个可能成为大都市带的地区是：①以巴西里约热内卢和圣保罗两大

核心组成的复合体；②以米兰—都灵—热那亚三角区为中心沿地中海岸向南延伸到比萨和佛罗伦萨，向西延伸到马赛和阿维尼翁的地区；③以洛杉矶为中心，向北到旧金山湾、向南到美国—墨西哥边界的太平洋沿岸地区。到1980年代后期，在发展中国家特别是亚洲人口密集的水稻农业国也有类似于大都市带的城市地域出现，例如中国台湾西海岸、爪哇以及中国东部沿海的几个发达区。

7.4.3 巨型城市区
7.4.3 Mega-city Region

巨型城市区（Mega-city Region，MCR）的概念于1999年由彼得·霍尔提出，是中心大城市向新的或临近的较小城市极度扩散后所形成的。巨型城市区是在形成全球城市化程度最高的地区的过程中新出现的一种城市现象，它是经历了中心大城市向新的或邻近的较小城市极度扩散的漫长过程后形成的，是21世纪初正在出现的新城市模式。

2010年联合国的一份报告称，世界上的一些大城市开始"合并"形成更大规模的"巨型城市区"，其地域延伸数百公里，生活在其中的人口可能超过一亿。负责制定人类居住计划的联合国人居署称，所谓的"无限扩张的城市"现象可能是目前人类社会最重大的发展之一，也可能是问题之一。在未来的50年中，人类也许要在其中生活，经济也赖此得以发展。（详见扩展阅读7-4-3）。

7.4.4 全球城市和全球城市区域
7.4.4 Global Cities and Global City-Regions

为了强调城市和区域在全球经济和世界政治舞台上，日益增长的作为必要的空间节点的作用，萨森（S·Sassen，1991）和斯科特（Scott，2001）曾分别提出了全球城市（Global Cities）和全球城市区域（Global City-Regions，GCR）（详见扩展阅读7-4-4）。斯科特认为GCR日益成为现代生活的中心，全球化刺激了其作为所有生产活动包括制造业、服务业、高技术产业和低技术产业的基础的重要性。

全球城市区域（Global City-Regions，GCR）不同于普通意义的城市，也不同于仅有地域联系的城市群或城市连绵区，而是在高度全球化背景下，以经济联系为基础，由全球城市及其腹地内经济实力较为雄厚的二级大中城市扩展联合形成的独特空间现象[27]。根据斯科特（2001）的例证，一旦"都市区""大都市带""城市密集区（Desakota）"及"都市连绵区（MIR）"被赋予全球经济的战略地位，就足以称为全球城市区域。

7.4.5 多核心城市区
7.4.5 Polycentric Urban Region

多核心城市区（Polycentric Urban Region，PUR）是指拥有2个或更多城市的区域，没有单中心优势，城市之间有合理的距离和联系（Dieleman and

Faludi，1998）[28]（知识盒子 7-5）。与全球城市不同，全球城市由于它的单中心形式而带来成本或规模不经济，多核心城市区的理论重点是城市间（Intermetropolitan）产生的规模经济。

最典型的多核心城市区有荷兰的兰斯塔德地区（Randstad），并已经逐渐成为荷兰区域规划的范式——"兰斯塔德概念"而扩展到荷兰三角洲都市地区（图7-10）。此外，还有日本关西地区（the Kansai area）、德国莱茵河－鲁尔区（The Rhine-Ruhr Region）、北意大利波河流域（The Po Valley）[29] 等。荷兰兰斯塔德由四个大城市组成（阿姆斯特丹、鹿特丹、海牙和乌得勒支）（Amaterdam，Rotterdam，Hague and Utrecht），连通一些荷兰西部的小城市，具有较强的功能联系，并被看作一个较好的城市网络系统案例[28]。

 知识盒子 7-5

Polycentric urban regions can be defined as follows（多核心都市区域的定义）：

1. They consist of a number of historically distinct cities that are located in more or less close proximity（roughly within cur-rent commuting distances）.

（它们包括一些历史不同的城市，至少距离上较为接近（大约是现在的通勤距离范围）。）

2. They lack a clear leading city which dominates in political，economic，

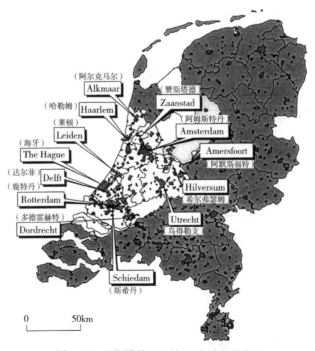

图 7-10　兰斯塔德地区的 13 个城市的位置

资料来源：Robert C.Kloosterman and Bart Lambregts .Clustering of Economic Activities in Polycentric Urban Regions：The Case of the Randstad[J]. Urban Studies，Vol.38，No.4，2001：717-732.

cultural and other aspects and, instead, tend to consist of a small number of larger cities that do not differ that much in terms of size, or overall economic importance and a greater number of smaller cities.

（他们缺乏一个在政治、经济、文化等方面占主导地位的龙头城市，相反，往往由少数在规模上和整体经济重要性上相差不多的大城市和大量的小城市组成。）

3. The member cities are not only spatially distinct, but also constitute independent political entities.

（组成城市不仅在空间上有区别，并且构成独立的政治实体。）

资料来源：Robert C.Kloosterman and Bart Lambregts .Clustering of Economic Activities in Polycentric Urban Regions：The Case of the Randstad [J].Urban Studies，Vol.38，No.4，2001：717-732.

7.4.6 走廊城市和网络城市
7.4.6 Corridor City and Network city

1995 年，戴维·F·巴滕（David F.Batten）提出了三种具体的城市空间形态：单中心城市(Monocentric City)、走廊城市(Corridor City)(图 7-11)、网络城市(Network City)。在双中心的城市体系中，由于快速交通走廊的建设，核心城市间的联系得到明显加强，不再局限于距离限制，并且城市间的联系更倾向于水平互补性。于是，走廊城市（Corridor City）的地域空间结构逐渐形成。网络城市是全球化和知识化经济正在培育的一种创新性的多核心城市结构，指的是两个或更多原先彼此独立、但存在潜在的功能互补的城市，借助于快速高效的交通走廊和通信设施连接起来，彼此尽力合作而形成的富有创造力的城市集合体[30]。

戴维·F·巴滕（1995）将荷兰兰斯塔德看作一个典型的网络城市体系(图 7-12)，并认为日本关西地区(Kansai Region of Japan)是一个具有创新性的网络城市(图 7-13)。日本关西地区由大阪、兵库、京都、奈良、歌山和滋贺六个辖区组成。这个新型网络城市将大阪、京都、神户社会经济的多样性与淡路岛娱乐环境的丰富性以及四国岛独有的特点相结合。如果歌山与南淡路岛之间的通道建立起来，那么环大阪湾地区将形成一个完整的环[30]。

7.5 区域城镇体系规划
7.5 Urban system planning

城镇体系（Urban System），是指在一定地域范围内，以中心城市为核心，由一系列不同等级规模、不同职能分工、相互密切联系的城镇组成的有机整体[1]。

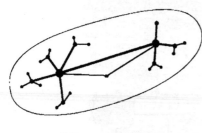
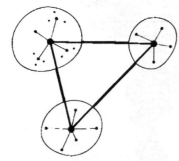

图 7-11 走廊城市和网络城市

资料来源：David F.Batten .Network Cities：Creative Urban Agglomerations for the 21st Century[J]. Urban Studies，Vol.32，No.2，1995：313-327.

城镇体系规划是依据国家或区域经济社会发展目标，制定区域城镇化和城镇发展目标、战略和政策，对国家和

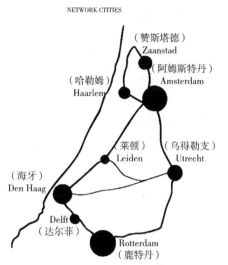

图 7-12　荷兰兰斯塔德：一个典型的网络城市
资料来源：David F.Batten. Network Cities：Creative
Urban Agglomerations for the 21st Century[J]. Urban
Studies，Vol.32，No.2，1995：313-327.

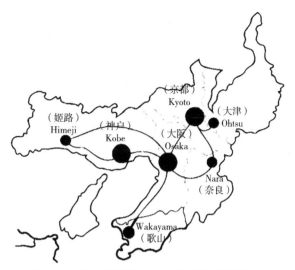

图 7-13　日本关西地区：一个创新性的网络城市
资料来源：David F.Batten. Network Cities：Creative Urban
Agglomerations for the 21st Century[J]. Urban Studies，Vol.32，No.2，
1995：313-327.

区域城镇布局、人口流动和分布、产业布局、土地和空间资源管制利用、重大基础设施建设、资源和生态环境保护等做出的综合部署和安排。

7.5.1　城镇体系规划概述
7.5.1　The overview of urban system planning

（1）城镇体系规划的发展历程

城镇体系（Urban　System）作为一个科学术语，最早由美国地理学家邓肯（Duncan，1960）在《大都市与区域》一书中提出。随后，贝里（B.Berry）、鲍恩（L.Bourne）等大批学者掀起了城镇体系研究热潮。1980年代中国改革开放以来，城镇发展迅速，为了增加规划的科学性，充分发挥中心城市的作用，避免"就城市论城市"，城镇体系规划在各地广泛展开。发展到现在，城镇体系规划逐渐承担起区域空间规划的作用，具有中国特色的城镇体系规划得到重视和发展。以顾朝林为代表的学者对城镇体系规划的理论方法进行总结，将其归纳为城镇体系的地域空间结构、等级规模结构、职能类型结构和网络系统组织（简称"三结构－网络"），并概括其基本程序为五个主要步骤（历史、现状和条件分析——趋势预测——指导思想拟定——组织结构规划——方案评估）。

1990年代中期以来，环境污染和城乡发展矛盾日益加剧，人们开始关注经济、社会和环境的可持续发展，而传统的城镇体系规划理论与方法渐渐难以适应工业化、城镇化、市场化和全球化的迅速发展，新的城镇体系研究与规划理论的探讨应运而生。其中，顾朝林，张勤（1997）在《新时期城镇体系规划理论与方法》一文中认为全球化改变了城市化进程和城镇体系结构，城镇发展与布局受到"世界体系""全球与地方联系""信息网与航空网""全球重建与新国际劳动分工""高技术产业和园区"的影响和支配。在实践上，1990年代中期以来，全国各地都开展了具有区域规划性质的城镇体系规划；随着空间管制、城乡统筹等内容的增加，城镇体系规划内容不断丰富，并以法律形式得以确认[31]。

经过 30 多年的发展，我国城镇体系规划在理论和实践上都逐渐走向成熟，规划指导思想从强调经济发展到强调可持续发展、区域协调、空间管制以及资源环境的保护与合理开发利用；强调打破行政区界线，促进区域一体化和跨区域治理，成为我国区域规划层面的唯一法定规划。现阶段我国城镇体系规划还存在诸多不足，表现出对市场考虑不够、规划弹性不足和可行性不强等问题，并面临市场化、全球化和信息化的外部挑战。城镇体系规划作为协调区域发展格局、纠正市场错误和实现国家宏观战略目标的重要工具，需要从编制理念、目标重点、技术手段、实施机制等方面进行改革；未来城镇体系规划应重视市场力量，在定位上向保护和引导型规划转变，在性质上由刚性向弹性转变，在编制方法上向契约制转变，在内容框架上进行动态更新[32]。

伴随着理论研究的发展，城镇体系规划内容在实践中也不断拓展充实。城镇体系规划已经被纳入我国城乡规划的编制体系中，具有了法定的效力，城镇体系规划的地位不断提升，成为区域规划层面的唯一法定规划，在城乡建设中起着重要的作用。1989 年颁布的《城市规划法》明确规定："国务院城市规划行政主管部门和省、自治区、直辖市人民政府应当分别编制全国和省、自治区、直辖市的城镇体系规划，用以指导城市规划的编制"；"设市城市和县级人民政府所在地城镇的总体规划，应当包括市或者县的行政区域的城镇体系规划"。据此，使我国各级行政区域的城镇体系规划成为法定规划，提高了城镇体系规划的权威性。1990 年代以来，我国的工业化和城镇化进入了快速发展时期，指导城镇合理发展布局的城镇体系规划普遍受到重视。1994 年建设部颁布了《城镇体系规划编制审批办法》。2006 年新的《城市规划编制办法》、2008 年《中华人民共和国城乡规划法》、2010 年《省域城镇体系规划编制审批办法》的施行进一步明确了城镇体系规划的法律地位。《中华人民共和国城乡规划法》第二条明确规定：本法所称城乡规划，包括城镇体系规划、城市规划、镇规划、乡规划和村庄规划。

中华人民共和国成立 70 年特别是改革开放 40 年来，我国已经形成了区域国土规划、土地利用规划、城镇体系规划、城乡规划和主体功能区规划等多种空间规划，各级各类空间规划在支撑城镇化快速发展、促进国土空间合理利用和有效保护方面发挥了积极作用，但也存在着规划类型过多、内容重叠冲突等问题。党中央、国务院把握时代要求，坚持问题导向，做出了"建立国土空间规划体系并监督实施"的重大决策部署，将主体功能区规划、土地利用规划、城乡规划等空间规划融合为统一的国土空间规划，实现"多规合一"。现行城镇体系规划的重要内容将对国土空间规划的编制继续发挥重要作用。

（2）城镇体系规划的目标与任务

城镇体系规划是市场经济条件下政府调控作用的重要手段。其目的是从区域国民经济发展计划的落实转向了对区域经济社会发展、城镇布局、生态与环境建设的引导与控制。城乡统筹、消除城乡二元结构成为城镇体系规划的重要任务。城镇体系规划的目标是合理配置区域空间资源、优化城乡空间布局、统筹基础设施和公共设施建设，构筑一个与经济、社会和环境相适应、相匹配的城镇体系网络，建立以整体利益为核心的经济、社会，生态可持续发展的框架。

城镇体系规划的主要任务是制定城乡统筹和城镇化发展目标和战略；划定空间开发管制分区，明确资源利用与资源生态环境保护的目标、要求和措施；明确城镇性质、规模、空间布局以及与城乡空间布局相协调的区域综合交通体系和基础设施网络。

城镇体系规划的主要特征是[31]：①综合性规划，目标涵盖经济、社会，生态的可持续发展，空间涉及城乡建设用地与非建设用地全覆盖；②确定区域总体空间格局，强调区域的生活、生产、生态空间的管控与布局，包括城镇与城镇、城镇与乡村、建设用地与非建设用地间的协调发展以及区域性综合交通和市政基础设施、公共设施等布局。

城镇体系规划的作用是：打破城乡二元结构，促进城乡统筹发展；推进区域空间整体规划，引导、调控区域全面发展，促进区域协调发展；城镇体系规划属于公共政策，发挥政府调控作用，促进经济与社会协调发展；实行空间管制，统筹安排，处理好资源开发、利用与保护的关系，处理好眼前利益与长远发展的关系，促进人与自然和谐发展；整合与协调地区发展，协调国内发展与对外开放。

7.5.2 城镇体系规划的内容和方法
7.5.2 The content and method of urban system planning

我国城镇体系规划主要包含四个层面：全国城镇体系规划、省域城镇体系规划、市域城镇体系规划、县域城镇体系规划。

全国城镇体系规划是全国城镇发展的综合规划，涵盖城镇化政策、全国城镇空间结构、交通等重大基础设施布局、生态与环境保护等重要内容，对国务院审批的城市和国家发展需要重点关注的城市均有指导性意见。

省域城镇体系规划是省域范围内城镇发展的纲领性文件。对省域范围内城镇化政策、城镇空间结构、省域范围内各类城市的规模、不同类别资源的保护、基础设施建设等方面均有明确的要求。

市域城镇体系通常与城市总体规划结合。根据新版《城市规划编制办法》，城市总体规划包括市域城镇体系规划和中心城区规划。市域城镇体系规划主要包括以下七个方面：①提出市域城乡统筹的发展战略。其中位于人口、经济、建设高度聚集的城镇密集地区的中心城市，应当根据需要，提出与相邻行政区域在空间发展布局、重大基础设施和公共服务设施建设、生态环境保护、城乡统筹发展等方面进行协调的建议。②确定生态环境、土地和水资源、能源、自然和历史文化遗产等方面的保护与利用的综合目标和要求，提出空间管制原则和措施。③预测市域总人口及城镇化水平，确定各城镇人口规模、职能分工、空间布局和建设标准。④提出重点城镇的发展定位、用地规模和建设用地控制范围。⑤确定市域交通发展策略；原则确定市域交通、通信、能源、供水、排水、防洪、垃圾处理等重大基础设施，重要社会服务设施，危险品生产储存设施的布局。⑥根据城市建设、发展和资源管理的需要划定城市规划区。城市规划区的范围应当位于城市的行政管辖范围内。⑦提出实施规划的措施和有关建议。

城镇体系规划的主要内容可分为制定战略、组织空间、布局设施、实施调控四大部分。制定战略——经济社会发展战略，空间发展战略，城市化发展战略（城镇发展战略）（定位、目标、模式（途径））；组织空间——划分区域空间，组织城镇空间（城镇体系的三大结构、重点空间、协调空间）；布局设施——区域性交通与基础设施，社会服务设施，环境设施；实施调控——区域与城镇空间管治与调控；提出实施规划的政策、措施、建议。

根据《城乡规划法》《城市规划编制办法》，总结我国自1980年代以来的城镇体系规划实践，可以归纳出各层次城镇体系规划主要包括以下主要内容[31, 33]：

（1）区域与城镇发展条件的分析评价

分析与评价区域与城镇发展条件通常包括区域的区位条件、自然条件、资源条件、社会经济发展基础条件，区域的社会、文化、科技实力、投资环境以及生态环境等"软"条件。此外，城镇体系的历史演变与现状特点分析、城镇发展潜力综合评价也是重要内容。区域与城镇发展条件的分析评价可以采用定性与定量相结合、单因子与多因子相结合的方法，利用横向纵向比较的手段进行。管理学中的SWOT分析法也已引入区域与城镇的发展条件评价，通过分析发展的优势、劣势、机遇、挑战等，为发展战略提供依据。

（2）区域城乡统筹发展战略

提出区域城乡统筹的发展战略。明确区域城乡统筹发展的总体要求。包括城镇化目标和战略，城镇化发展质量目标及相关指标，城镇化途径和相应的城镇协调发展政策和策略；城乡统筹发展目标、城乡结构变化趋势和规划策略；根据区域差异提出分类指导的城镇化政策。

新时期的城镇体系规划突出城乡统筹发展战略，强调城市反哺农村，工业支援农业；发展紧凑型城市，集约使用土地，严格保护耕地；注重区域经济一体化的统筹发展。其中位于人口、经济、建设高度聚集的城镇密集地区的中心城市，应当根据需要，提出与相邻行政区域在空间发展布局、重大基础设施和公共服务设施建设、生态与环境保护、城乡统筹发展等方面进行协调的建议。

构建空间要素全覆盖的区域空间结构。城镇体系规划主要目标是实现区域整体的可持续发展，因此必须要基于全域视角，按照新型城镇化的总体要求，切实解决好三农发展问题、生态环境问题和地方文化保护问题。必须改变过去重城轻乡、忽视生态基底的不足，构建空间要素全覆盖的区域规划[31]。

（3）城镇体系结构规划

预测区域总人口及城镇化水平，确定各城镇人口规模、职能分工、空间布局和建设标准。

确定城镇体系的职能分工结构：主要步骤为：分析各城镇的现状职能类型组合；对主要城镇和中心城市，进一步分析其职能在区域中的地位作用；分析规划期发展条件变化情况。职能分工结构规划的基本思路为：一是建立起新的城镇职能分工体系；二是要强化各级中心城市的作用；三是要完善城镇的职能层次分级；四是要进一步确定规划期内各城镇的职能类型组合。

确定城镇体系的等级规模结构。城镇体系的等级规模结构是指体系内层次不同、规模不等的城镇在质和量方面的组合形式与特征。城镇体系的层次系列与规模系列具有内在的对应性，一般而言，层次愈高，规模愈大，数量愈少；层次愈低，规模愈小，数量愈多。

规划的步骤为：城镇体系等级规模结构的现状分析：首先分析区域中心城市的首位度和首位比，了解其在区域城镇人口中的地位；其次，按照位序－规模法则，了解次级城市的缺失或发展状况。第三，根据位序－规模法则分析其余城镇规模结构状况。城镇体系等级规模结构的规划思路为：自上而下的城镇总人口分配；自下而上的城镇规划人口汇总；数据调整平衡，确定等级规模规划方案；分析论证，揭示规划实现后城镇体系等级规模结构的新特点，即城镇位序、数量和规模的合理分布。

确定城镇体系的空间布局结构：城镇体系空间结构是区域自然环境、经济结构和社会结构在空间上的一种投影，反映了一系列规模不等、职能各异的城镇在空间上的组合形式。空间布局结构规划集中体现了城镇体系规划的思想和观点，是整个规划的综合和浓缩。它要把不同职能分工和不同等级规模的城镇落实到空间，综合考虑城镇与城镇之间、城镇与交通网之间、城镇与区域之间的结合，俗称点线面的结合。

空间布局规划包括区域空间组织和城镇空间组织。

区域空间组织是对区域发展从空间组织的角度进行引导和干预。规划对区域空间的组织引导可以分为空间结构组织、空间分区组织两个层次。前者是对区域整体空间架构的综合安排，后者是按照不同的分区对各类空间进行具体的引导。即确定区域发展的整体空间结构，以空间结构模式和空间发展思路为重要依据，按照不同空间的资源开发潜力、城镇建设模式和生态环境需要，明确城市化发展的重点地区、重点的保护空间或开敞空间等空间分区，提出合理的发展引导与限制策略。

城镇空间是指相对于乡村空间、主要以非农建设用地和二、三产业布局为特征的地域。城镇空间组织规划主要是合理布局各级、各类城镇，有效集聚城镇发展和产业布局，优化城镇地域空间结构。我国区域城镇体系空间结构规划的总体框架构思是"点－线－圈－区（带）"相结合，多级中心城市、重点发展城镇和一般发展城镇相结合；统筹城乡，优化镇村布局。

随着市场配置资源的主体作用促进要素自由流动，空间由均衡向不均衡演变，相互联系的城镇不仅仅局限于行政地域范围内，城镇空间组织的基本单元也不仅仅局限于单个的城镇，出现了都市区、都市圈、城市带、城镇轴、点状等多元化的空间组织单元。因此，应着重改变目前局限于本行政区划而片面强调规模提升或控制、等级结构完整、把城镇体系规划当作就是规划一个"城镇体系"这种本末倒置的规划方法。应当统筹考虑经济区划范围内的整体关系，以市场联系为基础，综合分析就业、人口、交通、资金、信息流等联系，合理确定城镇空间组织单元[31]。

（4）区域基础设施与社会公共服务设施布局规划

明确与城乡空间布局相协调的区域综合交通体系。包括区域综合交通发展

目标、策略及综合交通设施与城乡空间布局协调的原则，区域综合交通网络和重要交通设施布局，综合交通枢纽城市及其规划要求。

明确城乡基础设施支撑体系。包括统筹城乡的区域重大基础设施和社会公共服务设施布局原则和规划要求，城镇基础设施和公共设施的配置要求；农村居民点建设和环境综合整治的总体要求；综合防灾与重大公共安全保障体系的规划要求等。

区域要统一规划和布局社会公共服务设施，既要强调服务的网络化，又强调避免重复建设。重要基础设施要综合考虑区域通信、供水、排水、防洪、垃圾处理等重大基础设施以及危险品生产储存设施的布局。

（5）区域生态与环境保护规划

调查分析区域生态环境质量现状与存在问题；进行区域空间的生态适宜性评价；分析生态环境对区域经济社会发展可能的承载能力；制定区域生态环境保护目标和总量控制规划；进行生态环境功能分区；提出生态环境保护、治理和优化的对策。

（6）区域管制与协调规划

区域空间管治的目标主要是：优化区域发展的空间结构，明确区域空间发展的共同准则，维护并保障区域的整体利益，遏制不符合区域整体利益、长远利益的不合理开发建设行为，加强对各类空间和不同发展主体空间利益的综合协调，促进城市乡村协调发展、区域设施共建共享、生态环境共同保护，引导区域空间资源的合理配置和持续、协调、共同发展。

区域管制与协调规划的主要内容是明确区域社会经济活动在空间上的落实与上一层次空间、周边区域空间的协调以及区域空间内部的次区域空间之间的协调。协调的重点是区域功能分区、基础设施的共建共享和生态环境建设。依据区域生态环境保护规划，区域空间生态适宜性的评价结果，明确空间开发管制要求。包括限制建设区、禁止建设区的区位和范围，提出管制要求和实现空间管制的措施。强化各类非建设用地的空间管制，落实基本农田保护，发挥生态空间复合效用。

（7）城镇体系规划实施政策和措施

对应规划目标制定政策措施。城镇体系规划应着重研究促进和保障区域目标实现的差别化政策措施，主要包括产业准入、投资导向、环境准入、设施引导、财政转移支付及生态补偿、用地指标分配、差别化考核体系等[31]。

词汇表（Glossory）

urban system：A set of interdependent urban places, either within a national territory or at the world scale.

primate city：A country's leading city which is disproportionately larger than any other in the system and dominant not only in population size but also in its role as the political, economic and social centre of the country.

primacy ratio：The ratio of the population of the largest city to the second city in a country.

rank—size rule : A statistical regularity in city—size distribution, set out by Zipf in 1949, such that the population of a particular city is equal to the population of the largest city divided by the rank of the particular city. So if the largest city in an urban system has a population of 1 million, the fifth—largest city should have a population of 200000 the hundredth—ranked city should have a population of 10000 and so on.

central places : A central place system comprises a hierarchy of central places——ranging from a small number of very large central places offering higher order goods to a large number of small central places offering low—order goods.

central—place theory : A theoretical account of the size and distribution of settlements within an urban system in which marketing is assumed to be the predominant urban function.

core—periphery model : A model of the spatial organisation of human activity based on the unequal distribution of economic, social and political power between a dominant core (e.g. the capital city) and a subordinate and dependent periphery.

growth pole : Usually planned around one or more highly integrated high—growth industries that are organized around a propulsive leading sector, benefits from agglomeration economies, and can spread prosperity to nearby regions through spread effects.

Megalopolis : An extensive metropolitan area or a long chain of continuous metropolitan areas. See also, Megacity, Agglomeration, or Ecumenopolis.

Global cities : Also called world city or sometimes alpha city or world center, is a city generally considered to be an important node in the global economic system. The concept comes from geography and urban studies and rests on the idea that globalization can be understood as largely created, facilitated, and enacted in strategic geographic locales according to a hierarchy of importance to the operation of the global system of finance and trade. The most complex of these entities is the "global city", whereby the linkages binding a city have a direct and tangible effect on global affairs through socio—economic means.

Global City—Regions : Global City—Regions represents a multifaceted effort to deal with the many different issues raised by these developments. It seeks at once to define the question of global city—regions and to describe the internal and external dynamics that shape them; it proposes a theorization of global city—regions based on their economic and political responses to intensifying levels of globalization; and it offers a number of policy insights into the severe social problems that confront global city—regions as they come face to face with an economically and politically neoliberal world. Urban field.

Mega-city Region, MCR：It is usually defined as a metropolitan area with a total population in excess of ten million people. A megacity can be a single metropolitan area or two or more metropolitan areas that converge. The terms conurbation, metropolis and metroplex are also applied to the latter.

Polycentric Urban Region, PUR：They consist of a number of historically distinct cities that are located in more or less close proximity (roughly within current commuting distances). They lack a clear leading city which dominates in political, economic, cultural and other aspects and, instead, tend to consist of a small number of larger cities that do not differ that much in terms of size, or overall economic importance and a greater number of smaller cities. The member cities are not only spatially distinct, but also constitute independent political entities.

Network city：A network city evolves when two or more previously independent cities, potentially complementary in function, strive to cooperate and achieve significant scope economies aided by fast and reliable corridors of transport and communications infrastructure. Creative network cities place a higher priority on knowledge-based activities like research, education and the creative arts. The cooperative mechanisms may resemble those of inter-firm networks in the sense that each urban player stands to benefit from the synergies of interactive growth via reciprocity, knowledge exchange and unexpected creativity.

讨论（Discussion Topics）

1. 列出中国或某省排名前 25～50 的城市，并且使用本章介绍的一种分析方法来对城市进行分类，并且评析你所得到的结果。

2. 解析克里斯泰勒的中心地理论的经济原理和几何基础。

3. 自从中心地理论建立以来，存在多种批判性观点，试说明这些要点。

4. 试举例说明中心地理论在现实中的应用。

5. 城市区域空间结构的典型演化模式是什么？以中国或某国的城市为例进行分析。

6. 中国城市空间分布结构形成的原因是什么？

7. 试讨论全球化对城市－区域形成的推动作用主要表现在哪些方面？

8. 试分析上海－长三角迈向世界城市－区域过程中，各组成城市之间的网络联系以及功能定位。

扩展阅读（Further Reading）

本章扩展阅读见二维码7。

二维码7 第7章扩展阅读

参考文献（References）

[1]许学强,周一星,宁越敏．城市地理学（第二版）[M]．北京：商务印书馆,2009．

[2] Malecki E.J.The economic geography of the Internet's infrastructure [J].Economic Geography,2002（78）：399—424．

[3] Walcott S.M.,Wheeler J.O.Atlanta in the telecommunications age：The fiber—optic information network [J].Urban Geography,2001,22：316—339．

[4]许锋,周一星．科学划分我国城市的职能类型　建立分类指导的扩大内需政策 [J]．城市发展研究,2010（2）：88—97．

[5]朱翔．城市地理学 [M]．长沙：湖南教育出版社,2003．

[6] P.Greene R.,B.Pick J.Exploring the urban Community—A GIS Approach.2nd edition [M].2012．

[7] Pacione M.Urban Geography：A Global Perspective.2nd ed.[M].London：Routledge,2005．

[8] Jefferson M.The Law of the Primate City,[J].Geographical Review,1939,29：231．

[9] L.Knox P.,McCarthy L.urbanization—anintroduction to urban geography.3rd ed [M].New York：Pearson Prentice Hall,2011．

[10] Kaplan D.,Wheeler J.,Holloway S.Urban Geography [M].Hoboken：John Wiley & Sons,2009．

[11]W.Christaller.Central Places in Southern Germany Englewood Cliffs [M].New jersey：Prentice—Hall,1996．

[12] E.Bylund.Theoretical conditions regarding the distribution of settlement in inner north Sweden [J].Geografiska Annaler,1960,42,225—231．

[13] R.Morrill.Simulation of central place patterns over time [J].Lund Studies in Geography Series,1962,B 24,109—120．

[14]R.Morrill.The development of spatial distributions of towns in Sweden [J].Annals of the Association of American Geographers,1963,53,1—14．

[15] J.Hudson.A location theory for rural settlement [J].Annals of the Association of American Geographers,1969,59,365—381．

[16] J.Vance.The Merchant's World Englewood Cliffs [M].New Jersey：Prentice—Hall,1970．

[17]顾朝林,赵晓斌,蔡建明．粤港澳差异与区域计划 [M]．北京：科学出版社,1999．

[18]Perroux F.Note Sur la Notion de Pole de Croissance [M].London：Allen and Unwin,1979．

[19]甄峰．城市规划经济学 [M]．南京：东南大学出版社,2011．

[20] Friedmann J.Regional Development Policy [M].Cambridge：Mass.MIT Press,1966．

[21] 黄金川，陈守强．中国城市群等级类型综合划分 [J]．地理科学进展，2015，3 (34)：290—301．

[22] 庞玉萍．城市 — 区域的概念演进与形成机制研究进展 [J]．地域研究与开发，2013，32 (3)：18—21．

[23] Hall P.G.The world cities [M].Weidenfeld & Nicolson，1984．

[24] Sassen S.The global city：new york，london，tokyo[M]．Princeton：Princeton University Press，2001．

[25] Hall P.Global city—regions in the twenty—first century [J].2002．

[26] Yeung H.W.—c.，Olds K.From the global city to globalising cities：Views from a developmental city—state in Pacific Asia；proceedings of the World Forum on Habitat—International Conference on Urbanizing World and UN Human Habitat II，Columbia University，New York City，June，F，2001 [C]．Citeseer．

[27] Scott A.J.Global City—Regions：Trends，Theory，Policy：Trends，Theory，Policy [M].Oxford：Oxford University Press，2001．

[28] Bailey N.，Turok I.Central Scotland as a polycentric urban region：useful planning concept or chimera？[J].Urban Studies，2001，38 (4)：697—715．

[29] Kloosterman R.C.，Lambregts B.Clustering of economic activities in polycentric urban regions：the case of the Randstad[J].Urban Studies，2001，38(4)：717—732．

[30] Batten D.F.Network cities：creative urban agglomerations for the 21st century [J].Urban studies，1995，32 (2)：313—27．

[31] 张泉，刘剑．城镇体系规划改革创新与"三规合一"的关系 [J]．城市规划，2014，38 (10)：13—27．

[32] 易斌，翟国方．我国城镇体系规划与研究的发展历程、现实困境和展望 [J]．规划师，2013，29 (5)：81—85．

[33] 崔功豪，魏清泉，刘科伟等．区域分析与区域规划（第三版）[M]．北京：高等教育出版社，2018．

[34] 戚伟，刘盛和，金浩然．中国城市规模划分新标准的适用性研究 [J]．地理科学进展，2016，35 (01)：47—56．

第8章 城市问题与适宜居住的城市
Chapter 8 Urban problems and urban livability

　　城市是由自然环境和人工环境构成的巨系统。它包含着生物群落和生态系统，在消耗能量、水以及食物的同时也排放着污染物和废弃物……在以上种种能量流动的过程中，城市面临着诸多挑战。随着这个巨系统在不断发展完善的过程中变得愈发庞大，其产生的问题也越来越复杂。本章将聚焦于城市问题，具体从城市土地资源问题、环境问题、住房问题、交通问题、社会问题等多方面进行探讨，包括问题的产生原因、各类问题的表现及目前主流的应对策略介绍。最后，详细介绍了"城市可持续发展"这一议题的内涵及评估，以期为探索城市美好的明天提供基础。

8.1 城市土地资源问题
8.1 Urban land resource problems

8.1.1 城市土地资源问题的产生
8.1.1 The origin of urban land resource problems

　　城市土地作为一种资源，具有和其他自然资源一样的特征（详见扩展阅读8-1-1），在对其分配（Allocation）、利用与管理过程中，均可能产生一系列问题。城市土地同时又作为生产要素之一，承载城市一切生产、生活活动，与人类密切联系；随时间推进，人与土地关系的不断变迁，各种问题也随之暴露。另一方面，人类进步、城市蔓延（Urban Sprawl）趋势日趋显著，这一过程对土地资源也造成影响。城市土地资源问题，是土地自身资源属性、人地关系（Man-earth Relationship）变迁与城市蔓延三方面综合作用的产物，本小节具体阐述土地问题的起源、不同表现，并重点介绍城市蔓延影响及其应对方式。

（1）土地资源及其特性

要理解城市土地资源问题的产生，首先要明晰土地自身固有的特性：稀缺性（Scarcity）、有限性（Limitation）、不可移动性（Immovability）、永续性（Sustainability）和规模递减效应（Diminishing Scale Effect）等[2]。土地资源总量有限，受区位影响，适宜开发、优质可用的土地更为有限。随着社会的快速发展，人类对经济效益与生活质量的追求刺激了对土地资源的需求，也致使部分地区对土地资源的盲目开发、不合理利用与浪费。

（2）人地关系变迁及其影响

吴传钧曾提出"地理学研究核心是人地关系的地域系统"[3]，人地关系作为一种理性思维随历史不断变迁，不同社会政治背景下产生不同理论，指导人们的土地利用方式。发展过程中，人类经历了由崇拜自然到大规模侵略式开发的过程，土地问题也逐步暴露、恶化（表8-1）。城市产业的发展与人类社会的进步，刺激了对土地资源的需求，有限土地资源、承载力（Land Supporting Capacity）和不断膨胀的需求、无止境开发之间产生矛盾，土地资源压力增大，引发土地危机。

人地关系变迁表　　　　　　　　　　　　表8-1

项目	农业社会	工业社会	信息社会
对自然的态度	模仿、学习 （天定胜人）	改造、征服 （人定胜天）	适应、协调 （人地和谐）
人口自然增长率	低	从高到低	低或零增长
发展方式	大规模开发农业资源	掠夺型利用资源和环境	可持续发展
问题	人口过剩， 土地侵蚀等生态破坏	人口过剩，资源短缺， 粮食紧张，能源危机， 生态破坏，环境污染	人力资源开发， 不可再生资源耗竭

资料来源：顾朝林，张敏，甄峰，黄春晓.人文地理学导论[M].北京：科学出版社，2012：374.

（3）城市蔓延及其影响

城市蔓延是指城市用地的"摊大饼"式盲目扩大、低密度、跳跃式开发，形成不同功能用地相对隔离的布局形态。城市发展与蔓延会对城市环境、城市经济、社会问题产生影响（知识盒子8-1），例如城市公共服务设施需求的增长、城市交通拥堵状况恶化等，但其最为显著的影响表现在土地上。

知识盒子 8-1

城市蔓延与城市病（The costs and consequences of urban sprawl）

1. 城市蔓延对环境的影响（Sprawling and Environmental）

Sprawling land use patterns can have both direct and indirect impacts on the environment.For example，a housing subdivision built on a former cornfield transforms an agricultural land use into a residential land use.And changes in land use can indirectly impact the environment by increasing the overall use of resources.

（城市蔓延对城市环境造成直接或间接影响，以农业用地转换为城市用地为例，土地功能转换后，对资源的利用增长易引发城市环境问题。）

Sprawling land use patterns tend to increase automobile usage，traffic congestion. More miles on more cars means more pollution，especially air pollution due to automobile emissions.

（城市蔓延刺激机动车数量增长与交通问题恶化，汽车出行里数增加带来更多的污染，尤其是因机动车尾气排放而造成的大气污染。）

2. 城市蔓延对财政支出的影响（Sprawling and Government Spending）

Poorly planned land use patterns can have a significant impact on governmental budgets，especially in areas where new development in sprawling areas requires increasing spending on the construction and maintenance of infrastructure and public services.

（不合理的规划影响政府预算，如增加基础设施建设与维护的费用，在城市蔓延区表现较为明显。）

3. 城市蔓延对社会热点问题的影响（Sprawling and Social issues）

Sprawling land use patterns also are associated with a variety of social issues， including how urban sprawl is related to employment opportunities and health conditions.

（城市蔓延刺激各种社会问题的出现，如就业问题与健康状况。）

　　1970 年代，克劳森（Clawson）通过比较英国和美国城市的发展模式，描述了城市蔓延的最显著特征；而后哈特（Hart）将城市边缘区描述成"Bow Wave"，指出城市边缘区的不稳定、动态特征，并以芝加哥为例，对其蔓延进行测度，分析芝加哥 1960 年至 2000 年间的蔓延与发展，由此引发了学术界对城市蔓延影响的争论，论点主要集中在以下几方面：农业用地侵占问题，土地功能置换导致土地资源浪费、可持续发展受影响等（详见扩展阅读 8-1-2）[4]。

　　城市蔓延，最主要的影响是对农业用地的侵占。一方面，城市扩张、城镇化致使农田功能转化，尤其是优质的主要生产农田；近年来，土地侵占速度加快，更多良田处于流失状态。1975 年至 1990 年间，芝加哥四环和五环区域内的农业用地从 73% 减少到 49%，部分学者呼吁政府应出台农田保护政策。另一方面，新开辟的农业用地往往不适宜种植，生产潜力低；其耗水量、耗肥量高，但产量远低于原有优质农田，土地质量和土地区位条件均不及原有优质农田[5]。

城市蔓延对城市边缘土地功能置换的影响，是学术界关注的另一问题。随着城市边缘区新居民区的建造，原有开敞空间（Open Space）逐步消失，转变成为低密度住区，对土地资源造成极大浪费，而新增城市用地是否能持续发展也成为一大问题。

8.1.2 土地资源问题的表现
8.1.2 Urban land resource problems

土地资源问题可概括为土地质量问题（土地危机）（Land Crisis）、土地利用问题与土地管理（Land Management）。

土地具有为人类和其他生物提供居所与食物的能力，在长期的生产与生活过程中，人类盲目与无节制的利用增加了土地的负担，造成土壤污染、生态破坏。土壤污染（Soil Pollution）主要来源于固体废弃物污染、大气污染等；而土壤自净能力有限，一旦被污染将消耗巨大治理成本，对人类生产生活产生影响与危害。生态破坏（Ecological Damage）主要表现为土地干旱、水土流失（Soil Erosion）、土地荒漠化（Land Desertification）、沙漠化（Desertification），土地生产能力（Land Capability）降低等。

土地利用方面问题具体表现为土地分配不合理与土地利用不充分。城市蔓延导致城市用地面积上升，耕地面积下降；土地功能置换后，农业用地成本的上升。这样的盲目开发与土地功能置换没有因地制宜（Local Conditions）发挥土地最佳利用效益，致使土地功能结构失调（Structural Disequilibrium），用地结构混杂，同时也造成城市用地分散式布局（Scattered Layout），集约程度（Intensive Degree）不高，土地浪费现象严重。

城市发展管理因为土地扩张，用地混杂而出现危机。管理上事权（Responsibility）不明，土地交易（Land Transaction）中违法现象暴露。

不同问题相互影响，如生态危机促使人类盲目开辟新用地，在寻求宜居环境的过程中造成土地污染生态破坏、结构不合理和土地利用不充分等，而利用不当又加剧生态破坏，如此循环往复，城市土地资源问题日益恶化。

8.1.3 城市蔓延与其对策
8.1.3 Controlling urban sprawl

城市土地资源问题产生原因多样，其中城市蔓延是目前世界诸多国家建设中面临的紧迫问题。本小节在应对土地资源问题的对策中，重点讨论如何控制城市蔓延。

城市蔓延最早出现在美国，自由市场经济促使了城市的盲目扩张，针对此区域主义（Regionalism）、增长管理（Growth Management）与精明增长（Smart Growth）等概念依次出现。不同理论虽然各有差异，但对于遏制城市蔓延，协调区域土地利用、提高土地效益，优化土地利用方式，保护土地资源，从根源上解决土地资源问题有一定成效。

（1）区域主义

区域主义，强调不同区域间的合作、实现目标协同，通过区域层面的土地利用规划与区域税收资源精明投资（Make Smart Public Investments）等方式控制城市规模。

区域土地规划主要评价已开发土地的发展潜力引导投资方向、未开发土地适宜性引导城市发展方向，对不适宜开发区予以保护（知识盒子8-2）。

政府精明投资有助于指导建成区域与规划区未来的发展模式。政府利用紧凑城市与成本—效益等理论评价公共投资是否合理，并基于此判断为城市发展、土地利用提供指导。

 知识盒子 8-2

区域土地利用规划的作用（The function of regional land use plan）

1. Evaluating the development capacity in existing areas：A regional plan looks at the existing pattern of development to locate areas within existing communities that have the capacity for additional development.This allows for future development to be guided toward existing areas that already have adequate access to public services and infrastructure.

（评价现有区域的发展能力：锁定现有区域中缺乏活力但具有发展潜力的社区，将未来发展方向指向已经拥有充足公共服务设施的区域。）

2. Identifying the best areas for new development：If additional land area is needed to accommodate future growth，a regional land use plan can help identify areas for possible expansion that will minimize negative impacts on the environment and can be connected easily to existing roadways and infrastructure.

（确定最合适的新兴发展区域：在必须扩大土地规模以满足未来居住需求增长时，土地利用规划可以确定在开发建设中，道路与服务设施对环境产生最小影响的区域。）

3. Identifying conservation areas：Regional land use plans also identify the areas within the region that are least suitable for development.This includes environmentally sensitive areas，as well as potential development sites that are distant from existing developed areas and may promote sprawling land use patterns.

（确定保护区：区域土地利用规划确定最不适宜发展区。包括生态敏感区、远离建成区的具有开发潜力、易造成土地蔓延的区域。）

资料来源：Jordan Yin，Urban planning for dummies [M].London：John Wiley & SonsInc.2012：228–243.

（2）增长管理

增长管理是对开发周期、区位以及开发性质做出的总体安排（John M.Levy，1994），包括通过政策、方针与法规等限制新建区的扩张、指导建成区发展、建设紧凑社区、充分发挥已有基础设施的效力等。城市空间增长管理是控制城市蔓延，实现城市土地利用集约化（Intensification）、发展紧凑城市的重要方式，最早流行于美国，后发展形成一系列政策工具（知识盒子8-3）[6]。

知识盒子 8-3

增长管理的政策工具（The tools of growth management）

1. 年度建设限制（Annual building limits）

2. 城市增长地理边界限制（Boundaries mapping geographical limits to urban growth）

3. 创新的分区制技术（Innovative zoning techniques）

4. 土地保护项目（Land conservation programs）

5. 充足的公共设施条例（Adequate public facilities ordinances）

资料来源：李强、戴俭 Analysis on the Evolution of the Means of Curbing Urban Sprawl in Eastern Countries[J]. 城市管理，2006（04）：74-77.

（3）精明增长与城市蔓延（Smart Growth and Urban Sprawl）

1990 年代，"郊区化"发展带来的问题在美国突显——低密度的城市无序蔓延，人口涌向郊区建房，农田侵占严重，城市扩张导致资源消耗增加，交通瘫痪等；而同时期的欧洲受"紧凑城市"（compact city）理论影响，创造理想的居住与工作环境。效仿欧洲模式，美国提出"精明增长"理论。

2000 年，美国规划协会联合 60 家公共团体组成"美国精明增长联盟"（Smart Growth America），确定了精明增长的十大原则（知识盒子 8-4）。

 知识盒子 8-4

精明增长的十大原则（Major principles of smart growth）

1. Mix land uses.

（土地的混合使用。）

2. Take advantage of compact building design.

（建筑设计遵循紧凑原理。）

3. Create a range of housing opportunities and choice.

（能满足各阶层收入水平人群的住宅。）

4. Foster distinctive, attractive communities with a strong sense of place.

（培育地方特点，打造集聚场所感和吸引力的社区。）

5. Preserve open space, farmland, natural beauty and critical environmental areas.

（保护公共空间、农业用地、自然景观等。）

6. Strengthen and direct development towards existing communities.

（强化现有社区。）

7. Provide a variety of transport choices.

（提供多样化的交通选择。）

8. Make development decisions predictable, fair and cost-effective.

（城市增长的可预知性、公平性和成本收益。）

9. Encourage community and stakeholder collaboration in development decisions.

（鼓励公众参与。）

10. Create a walkable neighborhood.

（打造步行社区。）

资料来源：What is Smart Growth？ – Smart Growth Online.http：//smartgrowth.org/

精明增长目的在于土地早期开发阶段保护土地，并促进城市向理想方向发展。诸多区域已尝试适应精明增长的途径，大到都市区，小到乡村区域，不同国家利用方式不同（详见扩展阅读8-1-3）。其主要手段有控制"城市增长边界"（Urban Growth Boundary）、保护开敞空间（Conserve Open Space）、城市内部棕地（Brownfield）的再利用以及区域不同组织合作开发，提供更多样化的交通和住房选择来控制城市蔓延等。

8.2 城市环境问题
8.2 Urban environmental problems

8.2.1 城市环境的概念与环境问题的产生
8.2.1 The concept and causes of urban environmental problems

城市环境（Urban Environment）是指在城市中与人类的活动存在互动关系的各种自然存在以及经过人工改造的自然系统综合体，它是城市中的人们通过各种方式去认识和体验的外部世界。本节所探讨的城市环境主要是指城市的物质环境，包括自然环境和人工环境[7]。自然环境由城市空间范围内的地质、地貌、土壤、大气、地表水以及城市生物系统等自然因素构成的自然环境的总体；人工环境是在前者基础上构建的社会环境、经济环境、文化环境和建设设施等有别于原有自然环境的次生环境（Secondary Environment）。

城市作为城市居民生活的重要载体，其环境的好坏直接影响生产与生活活动的质量。工业化与城市化进程的不断加快在很大程度上促进了城市经济的快速发展，但与此同时也引发了城市污染、资源短缺、生态破坏和环境恶化等一系列的环境问题，进而导致城市经济可持续发展的困境乃至人类生存安全的威胁。城市环境问题逐渐成为制约城市发展的最重要因素之一。卡顿与邓拉普（Catton & Dunlap）提出的"环境功能竞争"（Competing Functions of The Environment）（详见扩展阅读8-2-1）从生态根源的视角对当代环境恶化进行了阐释。生存空间（Living Space）、资源供应（Supply Depot）、废物贮存（Waste Repository）三种功能相互争夺空间并彼此影响,若三种功能均处于超规模状态，即超越了自然承载力，那么生态危机就会产生[8]。关于城市环境问题的产生原因，具体从城市发展策略制定、能源消耗与排放、环境问题解决态度等方面进行考察。

（1）城市发展策略制定。"先污染后治理"的城市开发模式最早来源于西方发达国家，在工业化初期阶段，该模式有赖于对环境的低成本开发及滥用，往往是以利益价值为取向，以牺牲环境为代价片面追求经济发展和物质利益。环境库茨涅茨曲线（Environmental Kuznets Curve）（详见扩展阅读8-2-2）则是对该发展模式与规律的探究。这种完全忽视生态环境的发展模式引发了人们的反思，1962年美国著名女性海洋生物学家蕾切尔·卡森（Rachel Carson）出版了《寂静的春天》（Silent Spring），该里程碑式的警示之作开启了人类对生态危机的关注及此后旷日持久的环保事业。当前，在面临保持经济发展与保护生态环境的双重挑战下，认识与重视生态保障机制和自然生态规律是制定合理的城市发展策略的关键。

（2）城市能源消耗与排放。工业化与城镇化进程的不断深入伴随着对资源能源需求的不断增长，由此带来的能源利用过甚、消耗过多、排废过量的现象日甚一日；另一方面，高消耗、高排放的传统线性经济模式（linear Economic Growth Model）导致城市各产业间不存在网络化联系，加之经济技术限制所致的资源利用率过低从而引发了大量资源的浪费，使得工业垃圾过多地在城市集聚，环境问题堪忧。

（3）环境问题解决态度。环境具有的自净能力使得初期环境破坏的影响并不显著，当环境持续吸纳排废至废物贮存膨胀时，环境损害的实际影响逐渐显现出来，该特性不仅导致人们对环境损害的认识存在滞后性，而且"事后补救"的方式往往使人们在后期真正解决凸显的环境问题时更加困难。在这种情况下，环境问题的解决则更加依赖于保护意识的优先树立、治污行动的及时开展以及实际管理的有效执行。

8.2.2 城市环境问题的表现
8.2.2 Environmental problems

（1）空气污染

空气污染（Air Pollution）来源于城市中不同的能源生产，如交通运输、工业生产、城市供暖以及居民生活，同时，它与人口扩张等其他环境危害紧密相关。常见的空气污染物主要包括二氧化硫和氮氧化物（Sulfu Dioxide and Nitrogen Oxides）、一氧化碳（Carbon Monoxide）、臭氧（Ozone）、悬浮颗粒物（Suspended Particulates）、微量空气污染（Trace Air Pollutants），其危害（详见扩展阅读8-2-3）对人体健康和城市环境造成了重要影响。

发达国家的空气污染物与发展中国家有所差别。发达国家的污染物往往来源于汽车尾气排放、氮氧化物、一氧化碳、臭氧以及悬浮颗粒物；而发展中国家的污染物来源范围则更广泛，其悬浮污染物的含量较多。在发展中国家内部，由于经济发展与工业化进程的不同而导致污染结构存在差异性，例如拉丁美洲会有更多基于汽车的污染物，而该污染物在非洲却非常少[19]。

（2）水污染

水污染（Water Pollution）是指外来物质进入水体的数量达到破坏水体原有用途的程度。城市工业废水、居民生活废水和固体垃圾的渗透是目前水污染的主要来源。对人体健康而言，水污染影响水资源安全及水资源质量，这不仅意味着地表水质的恶化，还将对土壤、地下水、近海海域的生态环境造成影响，继而影响饮用水与农作物安全，威胁人体健康和社会稳定。对环境而言，废水不仅腐蚀城市管道，破坏城市基础设施，而且水中的部分污染物如有机物等将造成水中溶解氧缺乏，对水生生物的生存构成威胁，引起水资源的进一步恶化。

（3）固体废弃物

固体废弃物（Solid Waste）是人类在生产、消费、生活和其他活动中丢弃的固态及半固态物质。固体废弃物可以通过径流进入水体或不合理的燃烧进入空气，其不合理掩埋及部分不可降解物质将会带来一系列危害。例如人体对垃圾的直接接触、动物的摄入及其对人类潜在的危害、空气污染、影响水质安全、深层地下水的渗透污染、废物产生的气体流动等[9]。

在城市中，固体废弃物往往引起人们的争议。它们一方面产生恶臭与污染并由此影响土地价值；另一方面，他们带来健康危害如传播传染疾病、增加癌症易感性、由于对肮脏环境的恐惧和焦虑所带来的心理影响等。在日常生活中，大量垃圾被抛弃至公共区域的情况也时有发生。上述情况常会引发源于邻避主义（NIMBYism）（知识盒子8-5）的纠纷[19]。

 知识盒子 8-5

邻避主义（NIMBYism）的原因及内涵

The siting of public facilities constitutes a dilemma for democracies. On one hand, government must maintain societal infrastructure by replacing aging technology and institutions with infrastructure that is more viable in the long term.

（公共设施的选址往往会造成民主国家的困境。一方面，政府必须将老化的技术和机构更换为可供未来长期使用的基础设施以此来达到维护社会基础设施的目的。）

On the other hand, when public facilities are sited, small groups of citizens disproportionately experience negative externalities through changes in the local environment and the presence of new risks.

（另一方面，当公共设施选址确定后，一小部分居民由于公共设施所带来的环境改变及风险，不可避免地受到其负外部性的影响。）

A potential obstacle to achieving the preferred outcome is NIMBYism（Not In My Back Yard）. The core idea of NIMBYism, which gained prevalence in the 1980s, is that citizens oppose the siting of facilities in their neighborhood for self-interested and parochial reasons.

（更好结果的实现存在着一个潜在的障碍：邻避主义。邻避主义流行于1980年代，它的核心理念是居民因自我利益而反对邻里公共设施的选址。）

More formally, Wolsink defines NIMBY as "people that combine a positive attitude and resistance motivated by calculated personal costs and benefits".

（更正式地来说，Wolsink 将邻避主义者定义为"出于个人成本与利益的考虑结合了积极态度与抵制情绪的人们"。）

资料来源：Peter Esaiasson.NIMBYism-A re-examination of the phenomenon [J], Social Science Research 2014, 48：185-195.

（4）水资源

狭义上的水资源（Water Resources）是指逐年可以恢复和更新的淡水（Fresh Water）量，它对于任何城市的功能都是必不可少的，它除了被用作居民供应用水（Residential Supply）外，还被用于商业、工业等其他用途。随着城市的发展与扩张以及城市人口的膨胀和人们生活方式的转变，城市对水的需求量也日益增加。但与此同时各种城市活动造成的水资源污染（Water Pollution）以及庞大的人口规模造成的大量水资源浪费（Water Waste），再加上淡水资源的稀缺和地域、季节分布不均（Uneven Geographical and Seasonal Distribution）以及自身净化（Self-purification）速度慢，使得如今的城市水资源变得相当匮乏。

（5）能源

现代城市对能源有着高依赖性（High Dependence），需要通过能源来加热、冷却、照明、提供运输和运行各种类型的商业和工业设备以及公共设施。并且城市对能源的需求量也在不断增加，国际能源署（International Energy Agency）预测 2030 年世界能源需求量将增加 2.4 倍，其中 4/5 的能源需求还是化石燃料（Fossil Fuels）的需求，但与此同时，可再生能源（Renewable Energy）的年使用增长率却是最高的。由此可见城市已经在寻求能源使用结构上的转型但是化石燃料的使用在未来一段时间仍将占主要部分。而现如今的很多城市对化石燃料的使用还处于较粗放的状态，使用率低，造成大量的浪费，同时也造成空气污染。而对可再生能源的使用也还不太合理，可再生能源由于各种原因，目前都存在自身的使用缺陷和地域特点，比如水能（Hydroelectric Energy）破坏生态生态环境、地热能（Geothermal Energy）适宜就近使用、太阳能（Solar Energy）和风能（Wind Energy）占用大量土地、核能（Nuclear Energy）存在安全隐患等，很多城市不能很好地结合各种能源的特点建立合理的能源使用结构（Energy Use Structure），从而造成能源不必要的浪费和环境资源不必要的占用。

8.2.3 城市环境问题的对策
8.2.3 Countermeasures of urban environmental problems

（1）优化城市发展策略——可持续发展成为最佳选择

城市环境是生产生活的基本要素，"先污染后治理，先开发后保护，先破坏后恢复"的开发模式已使人们尝到恶果，城市经济发展的最终导向是可持续发展，保护与维持生态环境的质量，寻求经济发展与环境保护的平衡点成为实现可持续发展的关键。因此，在制定城市发展战略时应协调两者，将生态建设理念纳入经济发展的体系内从而实现经济发展和生态保护双赢。该转变需要人们正确认识经济发展与环境保护的关系，扭转城市发展策略制定的思维模式，实现在城市发展过程中两者的耦合。

（2）减少环境问题产生——优化能源结构，提高能源利用效率

科学技术的进步是解决城市环境问题的根本途径。面对日益严峻的环境问题所带来的重重压力，现阶段城市的发展应强调绿色科学的发展。应积极发展循环经济，实现其科技含量高、经济效益好、资源消耗低、环境污染少的优势，破除传统线性经济模式带来的大量资源利用效率低下及资源浪费的局面，改变能源结构，改善利用效率，努力实现工业生态化。另一方面，应注重城市规划的生态化，将其渗透至城市空间发展、内部空间组织、绿色建筑等各方面。

（3）改变解决问题态度——事后补救向事前预防的转化

从风险预防的角度来看，部分环境问题产生后是无法通过补救性手段进行修复的，在目前城市环境容量的日益缩减的情况下，事前预防往往胜过事后治理。这就要求在城市发展模式、工业生产方式的源头上有效预防环境问题的产生，实现新型工业化与城市生态化的交织发展。如城市空间增长边界的严格控制、绿色工业的推进转型、公共交通的推广等，将城市环境问题的预防渗透至城市建设和居民生活的方方面面[8]。

8.3 城市住房问题
8.3 Urban housing problems

8.3.1 住房问题产生的原因和表现
8.3.1 The origin and performance of housing problems

住房（Housing）作为城市重大的社会经济问题，其发展与城市化进程紧密相关。而住房之所以成为一个问题则源于住房需求（详见本书第5章）与社会公正的无法满足。城市住房问题的表现由于性质差异而往往有所不同，如住房短缺、质量低劣、价格飞涨、分配资源浪费（高空房率）、居住隔离等。本节将围绕以上住房问题详细展开并着重介绍居住隔离现象及其潜在危害。最后基于发达国家经验对我国住房提出政策建议。

（1）住房短缺

住房短缺（Inadequate Housing）是指城市居民难以获取基本的住房面积与相应的配套设施，因此城市住房短缺主要表现为中低收入阶层的住房需求无法满足。即便如此，住房短缺的情况因城市发展阶段与经济发展水平的不同而具有差异性。对发展中国家而言，大量居住在非正规住宅集聚区如贫民窟（Alums）、棚户区（Squatter Settlements）的居民面临着居住环境恶劣、配套设施不足、生活质量低下等种种困境，是世界上大多数城市的普遍现状，在发展中国家的大城市尤为明显，解决该类人群的住房安置问题是填补供需缺口的主要内容。在我国，近年来以农民工为主体的外来流动人口的住房问题已成为社会热点与难点，随着我国城市化的推进，他们的到来在促进城市的建设发展的同时，也给城市住房问题带来新的挑战；对发达国家而言，短缺问题一方面来自于中低收入人群购租可支付性住房（Affordable Housing）（知识盒子8-6）的压力上，各类民间组织、法律法规和以"公共住房"（Public Housing）为代

表的住房政策纷纷介入并做出响应。另一方面则源于生活水平提升而带来的人们对于住房需求欲望的增加及住房标准的提高。

 知识盒子 8-6

西方国家可负担住房的办法（Methods for affordable houses in western countries）

1. Equity sharing, in which the occupier owns part of the equity in the house and rents the rest from a local authority, with the option to buy the remaining equity as they can afford it.

（产权共享，住房家庭拥有房屋一部分产权并从地方政府租用剩下的部分，当他们拥有足够的支付能力时可以再购买剩下的房屋产权。）

2. Sale of public land to private developers on condition that it is used to provide low-cost 'starter homes'.

（将公共土地出售给私人开发商，但条件是该土地用于提供低成本的"起步房"（首次买房者能够买得起的住房）。）

3. Local authority building for sale, or improvement of older houses for sale.

（当地政府建筑拿来出售，或是修缮旧住房拿来出售。）

4. Sheltered housing, a common form of accommodation for the elderly in Britain.The Anchor Trust houses 24000 tenants in 21000 sheltered units, two-thirds of tenants being dependent on state benefits.

（sheltered housing 是为英国老年人提供的一种常见的住房形式。Anclor 信托将 24000 住户分散安排进 21000 个居住单元，其中 2/3 的住户依赖于国家福利。）

5. Self-build housing, whereby the eventual occupiers purchase a plot and organize construction.It accounts for 80 percent of detached housing in Australia, 60 percent in Germany and 50 percent of all new building in France.

（自建住房，住房所有人负责建设施工。自建住房占澳大利亚独立住房的80%，德国和法国的所有新建筑的60%和50%。）

6. Homesteading, in which the 'sweat equity' of people's self-help efforts reduces the amount of cash the homesteader is required to put into the scheme.

（自耕农宅基地，劳动人民自救的努力减少了投入计划所需的现金。）

资料来源：Pacione M.Urban Geography：A Global Perspective.2rd ed[M]. London：Routledge，2005：55.

（2）房价上涨

住房需求增加、通货膨胀、能源危机及保护主义的建筑法，大量移民迁入导致供需不平衡（中国）促使住房费用飞速上涨（详见扩展阅读 8-3-1）[10]，导致居民住房支付能力（Housing Affordability）不足。在美国和英国，若购置住房的费用超过了家庭收入的30%和20%则意味着住房负担过重现象的出现。以美国为例，1997 年 540 万个家庭支付了超过一半的家庭收入用于住房或存在住房短缺问题，该情况被城市和住房发展部分列为"Worst-case Needs"。在 2002 年的美国，最低工资的工作（每小时 5.15 美元）无法为一个家庭提供足够的收入来负担正常市场租金下的一间两居室的房子，许多低收入者需要同时兼两到三份工作来支付房租[11]。在我国，近年来以北京、上海、广州、深圳为代表的大城市住房价格呈现出不断上涨的趋势，与当地普通居民实际收入水平严重脱节，住房负担过重的现象愈加严重。

（3）高空房率

高空房（Vacancy）率是住房资源浪费的主要表现。在西方发达国家，大城市的高收入阶层推动着城市边缘的蔓延，他们随着收入的增长纷纷迁往郊区，在所谓的"空置链"（Vacancy Chains）过程后，城市中心的空房率增加，这些空置的住房往往是面积小、设施差的旧房，而城市中心的低收入者却无力支付其高额的租住费用，继而在一定程度上增加了贫民窟的形成和集聚。因此城市中心出现了住房短缺与高空房率并存的现象[10]。在发展中国家的中型城市，高空房率的出现与供需（Housing Supply & Housing Demand）失衡有关。房地产企业为追求高额利益将大量住房推向市场，高额飞涨的房价与居民的实际支付能力不相匹配，供需脱节造成了住房空置的产生。大量的住房空置浪费有限土地资源，影响住房供需平衡，促成社会分配不均，并且加重了中低收入阶层的住房困境，促使了非正规住宅集聚区的形成，给城市社会与经济带来了严重影响。

（4）居住隔离

居住隔离（Residential Segregation）是指城市居民由于种族、宗教、职业、性取向、生活习惯、文化水准或财富差异等关系，特征相类似地聚集于一特定地区，不相类似的团体间则彼此分开，产生隔离现象[12]。究其原因，居住隔离现象的产生首先与经济收入的"过滤（Filtering）效应"有关。住房商品化使得低收入者在住房选择上陷入困境，他们只能选择有限的区域，而这些区域往往是中产阶级所剩下的居住环境与住房质量相对较差的地方。其直接结果是造成了居住流动后不同阶层的分异集聚与相对隔离，继而带来城市空间结构的变化。其次，社会偏好（Social Preferences）在一定程度上加剧了居住隔离现象的产生。社会地位、经济水平、种族文化的趋同会使处于同一阶层的群体获得归属感与认同感，使邻里结构趋向同质，如众所周知的以种族隔离（Racial Segregation）为主导的美国城市居住隔离。而这种包括人口和种族构成在内的特定类型邻里结构（Neighborhood Structures）的偏好，是重塑城市与区域的一股强大力量。另外，制度性歧视（Institutionalized Discrimination）不可避免地对居住隔离造成了影响。国外关于居住隔离的研究经常关注过去限制性条款的使用，这些限制性条款来自于以房地产与抵押贷款银行为代表的国家调控产业。限制性条款包括划红线注销（Redlining）和种族引导（Racial Steering）（详见扩展阅读 8-3-2）；限制性分区条例；公共住房的供给及其区位等。在我国，面向中低收入阶层所提供的保障性住房是满足居民住房需求，改善居民居住条件的有效举措，但其普遍存在地理位置偏僻、集中建设、交通条件不便利、配套设施不完善的现实问题，在一定程度上助长了不同阶层群体的居住隔离与空间失配。

①社会极化现象（Social Polarization）

城市居住空间的隔离将会造成城市不同层级群体间流动的减少，促使低收入群体在自我价值实现、社会资源获取、社会地位满足等各方面的需求难以实现，可能造成阶层流动停滞及阶层固化，致使不同阶层群体间的差距进一步扩大，使社会极化的现象更加严重。城市贫困（Urban Poverty）是居住隔离难以避开的话题，当城市贫困在空间上开始集聚并形成一定规模时，同群效应（Peer Effects）会促使贫困累积及贫困循环（Cycle of Poverty），而由此将带来更多连锁的社会问题。居住分割状态下的亚文化环境将会滋生包括吸毒、犯罪、卖淫、暴力团伙等在内的活动并可能使聚集地成为肆虐城市地区传染病的传染源，其恶劣影响将对贫困人群乃至整个社会的稳定造成重大冲击，若长时间忽视城市贫困集聚的控制和解决，最终可能导致其成为城市无法根治的"顽疾"。

②空间失配现象

空间失配（Spatial Mismatch）（详见扩展阅读8-3-3）是指居住地和相应工作机会所在地两者的错开、不一致，造成了居民在地理上的一系列广泛的就业障碍，而这些就业障碍会使得相应的工作者在劳动力市场中处于不利地位[13]。居住与就业作为城市的基本功能活动，两者的空间配置与匹配程度对城市发展、居民生活、规划管理具有至关重要的影响。以我国目前的情况为例，由于居住隔离的存在，城市高收入群体在社会资源分配上占据优势，其居住空间与就业空间存在空间失配现象的概率较小；而在城市蔓延（Urban Sprawl）和郊区化（Suburbanization）等空间重构过程中，城市低收入群体更倾向于居住在远离就业中心与公共服务设施的区域，其居住区域与就业区域空间关系的不一致性导致该群体需要支付更多的代价在通勤（Commute）时间与通勤距离上。反映在空间上，则表现为城市结构开始由"职住混合"逐渐向"职住分离"转变，空间失配现象愈加显著。值得注意的是，这种由居住隔离引起的职住分离现象除了会影响城市空间结构的非均衡化，还会带来一系列额外的负面效应。如往返于居住地与就业中心的大量通勤交通流将进一步引发交通拥挤、空气污染等城市问题。

8.3.2 住房问题的对策
8.3.2 Countermeasures of urban housing problems

我国正处于快速城市化时期，住房问题比较出，结合对西方经验的学习和我国实际情况，我国制定住房问题对策主要包括以下几点：

（1）坚持住房市场化与政府干预并重

市场主导与政府保障相结合的机制是控制城市住房问题恶化的有效途径。只有合理划分政府和市场边界，才能实现效率与公平的结合。可以看到，目前我国弱势群体如城市低收入阶层、外来务工人员的住房安置问题应作为目前住房政策的核心内容。通过多元的政府干预如完善法律法规、动员社会组织、合理城市规划等途径确保我国住房市场与居民生活的健康发展。

（2）形成多样化多层次住房保障体系

面对中高收入群体的商品住宅的提供要有效发挥市场作用，在这一层面上减少政府对市场的干预作用，政府只作为监督和管理的职能；而对于中低收入阶层，政府应承担起住房保障的各项职责，构建以政府为主体的公共住房体系。不仅面对当地市民，也需要服务外来人口。通过经济适用房的建设来满足中低收入人群的住房需求；而最低收入人群的住房则由廉租房政策来解决。值得注意的是，经济适用房、廉租房等保障性住房应注意避免过分集聚，适当混居，以防止居住隔离及其附带的社会危害。

（3）构建完善住房政策实施保障体系

实施保障体系的构建首先有赖于住房政策运行平台的完善。住房和城乡建设部、地方政府及房地产管理部门作为我国住房保障的主要运作平台，均为政府机构，具有政策制定和政策执行的双重身份，运作平台单一化使我国住房保障政策在运行效率上有很大的发展空白[14]。另一方面，应加快住房金融系统特别是住房公积金贷款和支配的改革，使住房资金来源的渠道多样化，提高低收入居民的可支付能力。

8.4　城市交通问题
8.4　Urban traffic and transportation

8.4.1　交通问题的产生及发展
8.4.1　The origin and development of traffic problem

城市复杂的地域分工意味着个人、家庭和企业的互动在地域上流动[15]。为满足这种生产生活的流动性需求，一座城市乃至一个区域的交通系统应运而生。一方面，随着城市的高度复杂化，人口高度集聚，城市中的生产生活活动日益频繁，城市自组织形成的交通系统渐渐无法满足日益复杂的人与物的空间流动需求；另一方面，城市交通系统的布局与交通技术的进步也使城市空间形态得到解放。在城市交通系统与城市空间结构相互反馈作用的过程中，城市的交通问题随之凸显。

在国外，第二次世界大战后，社会飞速发展、交通技术水平快速提高。工业革命期间，汽车使运输效率大大提高，更多的货物在更短的时间内、在更大的空间尺度上实现交换。交通技术的进步突破了城市发展范围的限制，使城市形态更加自由[11]（扩展阅读8-4-1）。20世纪中后期，英、美等国的汽车拥有量增加，引发了城市生产生活活动的分散和职住的空间分离，人们由郊区向中心城区通勤（Commuting）的需求增加[11]，交通流量（Traffic Flow）随之激增（知识盒子8-7）。

为了应对城市交通的种种问题，欧美国家做出了许多努力：在1950～1960年代，政府通过大规模的建设与改进公路以提高道路系统的容量从而满足人们的需求。然而，增加供应并没有解决问题，反而使问题越来越严重。道路建设与交通堵塞问题之间似乎形成了正反馈的循环。此外，增加汽车的流动性刺激了城市非结构化的交通需求使城市低密度、无序蔓延，同时也直接导致公共交通作用减弱。随后，1960年代末、1970年代初，随着政策的人本导向加强，城市交通着重解决人的可达性问题。城市交通问题的关注点由简单的交通堵塞转变为关注步行系统，关注交通给环境造成的不良影响以及市民对城市交通的平等使用等问题。最后，欧美国家还提出了非运输计划，通过职住平衡来控制交通需求量从而减少交通问题。

1980 年代以来，我国经济进入快速发展的时期，大量农村人口涌入城市，城市化快速发展下，城市空间演化速度明显加快，城市规模迅速扩大。这种变化在促进城市经济快速发展的同时，也给城市交通带来一系列问题。当前，我国大城市已步入汽车时代，机动车特别是私人汽车保有量剧增。城市交通由非机动化为主向机动化占主导地位的交通系统转型。在这个过程中，交通规划建设片面关注机动车的需求，忽略了其他出行方式的需求，使交通规划与道路建设等价[16]。同时，职住分离、交通出行的时空聚集态势等问题与现状城市功能空间分布、交通空间布局不匹配的矛盾也日渐凸显。随着交通产业的发展与交通技术的革新，人流、物流在城市中的流动方式不断发生着重大变化。在我国许多大城市中，过量的车流、各级道路建设不足、交通管理落后等都直接或间接地导致交通拥堵，交通事故频发等问题的出现[17]。

 知识盒子 8-7

通勤类型（Types of commuting flows）

D.Plane 将城市中人们的通勤按起始点区位及流向分成了 5 种类型（图 8-1）：

1. Type1：'Within central city' movements are trips made by workers who both live and work within the citie' itiein central city.

（类型 1："中心城市内"工人们的活动行程都生活和工作在城市的行政边界内。）

2. Type2：'Inward commuting' encompasses both the traditional commuters from suburbs and metropolitan villages to central cities, plus those workers living in one central city who commute to another.

（类型 2："向内通勤"既有传统的从郊区和都市村庄到中心城区的通勤者，也有住在一个中心城到另一个中心城上班的工人。）

3. Type3：'Reverse commuting' is composed of workers residing in the central city who work anywhere outside that city's boundaries.

（类型 3："逆向通勤"由居住在中心城区但工作在城市之外工人们的通勤组成。）

4. Type4：'Lateral commuting' takes place within the commuter range of the city but both workplace and residence locations are outside the central city.

（类型 4："横向通勤"发生在城市的通勤范围但工作和居住的地方都是在中心城之外。）

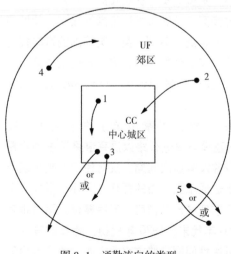

图 8-1　通勤流向的类型

5. Type5：'Crossing commuting' flows are those entering or leaving the central city's commuter zone，meaning that only the workplace or residence is located inside the urban field.

（类型5："穿越通勤"人流的流动由进出城市的通勤带所构成，即只有工作地或居住在城市范围内。）

资料来源：Plane.D.The geography of urban commuting fields [J]. Professional Geographer，1981，33：182–188.

8.4.2　交通问题的表现
8.4.2　Traffic problems

汤姆森（M.Thomson）就曾将城市中的交通问题总结为交通拥堵、停车困难、环境污染、步行困难、非高峰期的公交不可达、公交高峰时段噪声、交通事故等7个问题[11]（图8-2）。徐学强等也从交通堵塞、交通事故、公共交通问题、停车问题和交通污染问题等五个方面对城市交通问题进行阐述[5]。综合国内外研究，本书主要从交通堵塞、交通事故、公共交通、停车问题、步行交通以及交通污染问题这几个大的方面对大城市交通问题进行剖析。

（1）交通堵塞（Traffic Congestion）

城市交通系统最基本的功能就是为城市中的人流、物流提供公共服务空间[11]。城市交通拥堵的根本原因是不断增加的车辆运输需求与稀缺的道路资源、道路容量（Volume）之间存在矛盾。这种矛盾往往由于汽车运输在同一时空集聚而形成。空间上，在国内外大城市市中心，高建设密度带来功能的集聚，也带来交通需求的集聚；时间上，人们上下班时达到交通需求高峰期。从

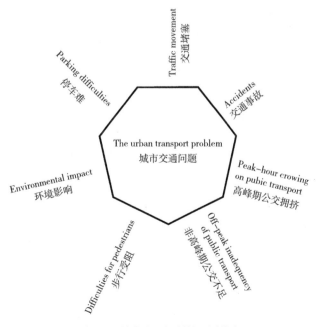

图 8-2　城市交通问题的不同维度

资料来源：Thomson.M.Great Cities and their Traffic [M]. Harmondsworth：Penguin. 1977.

某种程度上讲，交通堵塞是汽车社会的产物[17]。

交通堵塞使得人流、物流的通过性（Mobility）减弱，从而减弱了单位时间的可达性（知识盒子 8-8），降低了人们的出行效率的同时，也降低了城市的社会经济运作效率。

 知识盒子 8-8

可达性与通过性（Accessibility and Mobility）

Accessibility refers to the number of opportunities or activity sites available within a certain distance or travel time.Mobility refers to the ability to move between different activity sites.As the distances between activity sites have become larger，because of lower-density settlement patterns，accessibility has come to depend more and more on mobility.

（可达性是指在一定距离或时间内通行的机率或可通达的活动场地数量。通过性指的是不同活动场地之间的移动的能力。随着距离的增大，低密度的居住模式导致可达性越来越依赖通过性，私家汽车尤为明显。）

资料来源：Hanson,S.The Geography of Urban Transportation [M]. New York：Guilford Press，1995.

Handy.S and Niemeier.D Measuring accessibility[J]. Environment and Planning，1997，A 29，1175-1194.

研究证明，如果不加以有效疏导和管理，交通堵塞会随着社会的进步与私家车的增加而不断循环恶化[11]（图 8-3）。收入的增加使私家车拥有量上升，人们的出行欲望也越来越强，从而造成交通堵塞。交通堵塞在给城市步行系统、环境带来恶劣影响的同时，也造成公共交通效率降低、运行时间增加、车辆晚点。后期的影响包括公交公司的运行成本上升，公交服务效率低下、收费增加导致公共交通的运行入不敷出，最终导致公共交通数量减少。这种现象反过来又促进人们购买私家汽车出行。这种循环反馈机制的最终结果就是交通效率越来越低，交通堵塞越来越严重。

随着轨道交通的产生与应用，上下班高峰时期的拥堵空间由道路转为轨道列车，拥堵的对象也由车辆转为人，哄抢地铁成为一种新的交通堵塞。

（2）交通事故

机动车给人类带来便捷高效的同时，也带来了交通事故。交通事故使得人与物在流动过程中发生的损失。近年来，我国交通事故频生。如 2017 年，我国发生的交通事故数已达 203049 起，由此引起的死亡人数 63772 人，受伤人数 209654 人，直接财产损失 121311 万元①。

① 数据来源：国家数据.中华人民共和国国家统计局：http://data.stats.gov.cn/easyquery.htm？cn=C01 & zb=A0S0D01 & sj=2018.

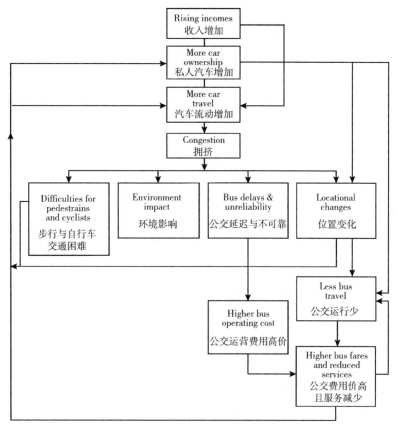

图 8-3　私家车拥有量与公交车运量之间的关系

资料来源：Pacione M.Urban Geography：A Global Perspective 2nd ed. [M]. London：Routledge，2005.

（3）公共交通

近年来，公共交通成为讨论城市交通系统的热点话题。政府希望通过公共交通解决交通问题，并带动经济发展，其中最引人注目的就是巴西的库里蒂巴的快速公交系统了（扩展阅读 8-4-2）。

（4）停车问题

汽车有运动就会有静止，在寸土寸金的城市中心区，停车位作为静态交通的重要组成空间成为奢侈品。在大多数城市中心如北京、上海和广州等地，找个空间停车十分困难。许多城市司机为解决停车问题而苦恼。城市中心无法为所有需要停靠的汽车提供停车位，这种限制就会诱使非法停车加剧，妨碍正常城市交通。许多城市为了解决停车难的问题不得不采用立体停车。虽然立体停车相对来说不那么方便，但不失为解决停车难的好办法。

（5）步行交通

自从车辆成为城市交通运输的主要工具，道路便沦为车辆的主场，成为隔绝两边的"城市廊道"。车道严重干扰了城市的步行交通系统。人们步行跨越道路成为一大城市交通问题。

（6）交通污染问题

交通污染同样是汽车社会的产物。汽车行驶带起空气中的粉尘等不干净的可

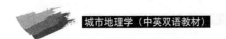

吸入颗粒物，鸣笛产生噪声污染，燃油产生对人体健康有害气体等。汽车尾气已成为城市空气污染的主要原因[17]。同时，在维修与行驶过程向地面倾洒大量油渍、防冻剂和制冷剂等其他污染物，对土壤和水资源造成无法挽回的破坏[11]。

8.4.3 交通问题对策
8.4.3 Countermeasures of traffic problems

为了应对越来越多、越来越复杂的交通问题，人们提出了许多应对方案，下文将从交通系统自身的角度即政策管理及交通系统之外的城市社会、空间结构等视角深入探讨。

(1) 交通政策与管理

通过电子信息控制交通信号、设计优化十字路口、限制停车等交通管理政策等相继被提出。这些方法成本较低且容易实现改造工程量小而被广泛使用。

1) 拼车 (Riding-sharing)

许多西方国家相继出台了拼车车辆（四座以上）免税的政策。这一政策旨在通过增加一次性出行的运输效率来满足人们的需求，从而减少供需不平衡的矛盾。

2) 过路费 (Road Pricing)

道路旅客都采取支付费用而使用城际道路的方式来平衡公共资源的使用权。这种支付使用的方式只限于远郊的高速公路等地，并没有应用于城区。在新加坡，交通拥堵程度使得当局将道路收费纳入一揽子措施的一部分。在中心城区实行限制交通的策略，主要为禁止所有大型车辆与三轴以上车辆在高峰时间运行、提高停车费用、修订停车法规以减少通勤以及提出地区许可计划 (the Area Licensing Scheme，缩写为 ALS) 等。1975 年，中心城区成为交通限制区，在上午 7:30 到晚上 22:15 的时间段内，只有特别授权车辆被允许进区。1998 年，ALS 变成为一个完整的电子道路收费系统，在汽车运行线路的各十字路口安装传感器对来往汽车自动扣除"拥堵费"[17]。交通拥堵费的设置似乎为解决城市交通问题找到了新的途径。

在英国，政府出台有关条例：在一些交通繁忙市区道路上，每驾车行驶 1 英里（约 1.6 公里）就须缴纳约一英镑的过路费[18]。

(2) 其他非交通类方法

除从交通系统本身提出解决问题的方法外，人们根据交通需求与城市空间结构的密切关系从城市空间结构与社会的角度进行研究，提出对策。

1) 工作方式

员工和雇主可以通过自由地选择转换工作时间，以避免同一时间的交通需求过大。这一方式主要提出现在员工的工作时间的转换。

2) 城市空间结构

上文提到，交通和城市结构之间存在较强的相互影响。21 世纪以来，TOD 开发模式盛行（扩展阅读 8-4-3）。这种开发模式一方面成为使城市有机地发展，缓解城市出行需求量问题的良药，另一方面，也体现了人本关怀，使市民对交通资源的利用趋于平等。在中心城区，"步行城市""慢性交通"等理念、交通安宁、可持续交通等策略也相继提出，成为研究城市问题的主要方向。

8.5　城市社会问题
8.5　City as a social world

8.5.1　城市社会问题起源
8.5.1　The origin of social problems

城市社会问题，不同学者对其定义不同。广义而言，城市社会问题指广泛存在于城市发展过程中，与人类社会相关的普遍问题；狭义而言，城市社会问题特指社会领域内，人与环境、人与人之间产生的矛盾与冲突，问题涉及社会经济、政治发展、人类文化、民生、社会管制与犯罪等多方面。

社会问题的产生与人的行为活动紧密联系，城市作为人口密集区域，亦成为问题集中地。工业革命催生城市发展，也引发一系列城市问题。

19世纪末至20世纪初，城市膨胀 (Urban Expansion)、城市生活条件恶劣等问题逐渐暴露；第一次世界大战后，大规模城市重建 (Urban Reconstruction) 与经济大萧条 (Great Depression) 导致城市问题显著加重，从一般的环境、居住问题升级为就业 (Employment)、贫困 (Poverty)、移民 (Immigration)、种族歧视与隔离、贫富差距扩大以及阶层划分明显等问题；第二次世界大战后，西方国家大规模盲目的城市更新运动 (Urban Renewal Movement) 破坏城市肌理 (Urban Texture)，在未能解决城市贫民窟问题 (Slum Problem) 的同时，引发城市内部空间分异 (Spatial Segregation)、社会分化 (Social division)；在我国，城市发展的结构性变化、城市发展的盲目性、"城中村" (urban village) 和 "边缘村" (Edge of The Village) 的存在、城市更新引发的社会分化、城市规划中公众参与 (Public Participation) 缺失等都是引发城市问题的因素。

纵观城市问题发展历史，可将城市问题产生的原因归纳为以下三点：生产力水平 (Productivity Level)、城市要素变迁 (Urban Elements Change)、管理水平 (Management Level) （详见扩展阅读8-5-1）。

8.5.2　城市社会问题表现
8.5.2　Social problems

城市社会问题表现多样化，涉及城市政治、经济、文化、民生、安全等多方面，各类问题间相互联系、相互交织、相互影响，刺激城市问题的复杂化。

（1）人口问题

战后世界人口快速增长、人口规模扩大，给自然资源与人类生存环境带来巨大压力，同时影响社会经济与文化；人口迁移规模扩大、频率增强，造成地区之间发展不平衡、地方文化冲突 (Cultural Conflict)、社会不稳定等问题，人口问题主要表现为以下两方面：

1）人口规模过大，人口结构失衡

与土地承载力 (Land Carrying Capacity) 有限一样，城市环境容纳人口的能力也有限度。第二次世界大战后世界人口快速增长，大量人口向城市集中，对城市自然环境造成压力的同时，也对城市生产、生活环境造成压力。就业岗位有限，基础服务设施容纳能力有限、缺乏维护等问题随之而来，降低了城市

居民的生活水平。

而人口结构失衡，如年龄结构失衡、性别结构失衡、人口素质偏低、文化结构失衡等，与城市发展需求间存在矛盾，抑制了城市的健康发展。其中年龄结构的影响尤为显著，年轻型人口地区就业问题严峻，影响社会稳定；人口老龄化地区，劳动力不足、抚养压力大、社会负担重。

2）人口迁移引发冲突

经济、文化与环境等因素的推拉作用影响人类对居住、就业区域的选择，形成人口迁移，迁移类型可分为国际迁移（International Migration）与国内迁移（Internal Migration）。

人口向经济发达地区迁移的特性加剧了地区之间劳动力数量与劳动力结构的不平衡性，引发区域内人与环境、人与人之间的矛盾。

对于发达地区而言，人口迁移为其带来人才、丰富劳动力。但城市人口过度集聚、人口密度上升加大了城市环境、经济、交通、教育、医疗等服务设施的压力，促使城市居住环境不断恶化；城市人口增加也意味着城市竞争力的增加，城市失业率上升，大量失业人口集聚在城市增大管理难度。

对于相对落后地区，人口迁移使其失去大量年轻劳动力，社会生产活动发展失去要素之一，经济发展滞后；人口结构失衡，老龄化（Aging）严重。在我国，流动人口具有以男性青年为主的特点，典型的表现为农村地区大量"空心村"（Hollow Village）的出现，留守老人（The Rear Elderly）与儿童（Left-behind Children）增加（详见扩展阅读8-5-2）。

（2）经济问题（Economy Problems）

经济全球化加速各国间资本流转，国家、城市间职能分工拉大发达与落后地区的差距。发达国家快速发展对人才与技术要求高，财富与资本掌握在部分人手中，居住于城市边缘区或贫民窟内无法享受优质教育、缺少发展机会的居民，面临严重生存问题，因贫富差距扩大、贫富分异严重无力改变现状。

发展中国家在全球劳动分工中处于劣势地位，人才、财富外流等现象削弱其国家竞争力，如何大力发展经济解决国家落后与贫困一直是发展中国家普遍存在的问题；以制造业为主导的国家在产业转型期间面临压力，大量城市因为原有支柱产业衰败而经济下滑，致使大量人员失业。

在经济全球化的背景下，经济问题牵一发而动全身，由经济催生的问题远不止上述这些[19]，本小节主要探讨就业与贫困。

1）就业问题

就业是民生之本，主要表现为失业（Unemployment）与不充分就业，并由此进一步衍生出阶级分化、贫困差异、地位悬殊等社会矛盾。劳动力结构失衡、农村劳动力盲目流向城市使城市劳动力供过于求，出现失业问题；而劳动力市场不规范、就业培训机制不完善，劳动力就业岗位与专业不对应等是就业不充分的具体表现。

在发达国家，失业者主要由技术过时的工人、少数民族、妇女和老人等构成。以美国为例，美国失业者中黑人占比高，这主要是因为种族问题导致黑人受教育平均水平较低，技能培训不足；发展中国家大城市的失业问题则比发达国家更为严重。社会技术更新快,职业需求变化剧烈,行业竞争更为激烈。人才向特定领域、特定地域汇集,也加剧了这些领域与地区的失业问题。在我国,随着社会主义市场经济在 1990 年代取代计划经济,城市中产业结构的调整,在部分地区出现传统重工业区的衰退和居民失业率上升的趋势。

就业不充分问题则常出现在发展中国家,常指劳动者因就业岗位有限、生存困难而被迫降低择业要求,从事不适合他的技术或潜力的工作,大学毕业生就业难是就业不充分的典型例子。

2)贫困问题

城市贫困问题(Poverty)是一个世界性问题,是技术快速更新、经济高速发展、社会高度分化的产物,杨冬民和党兴华将"贫困"划分为结构性贫困(Structural Poverty)和普遍性贫困(Universal Poverty)。在发达国家结构性贫困严重,而发展中国家以普遍性贫困为主。

在西方国家,相当多居住于城市贫民窟中的人群,一代一代继续陷入贫困中(图 8-4),被如同坠入陷阱一般,经历着贫困循环(The Cycle of Poverty),长期失业、需要救济,难以脱离贫困命运。

偏见和歧视是贫困产生的另一个原因。种族、性别歧视与失业问题挂钩,也造成了这部分社会群体的长期收入低、收入不稳定状态,滋生贫困。以美国为例,社会对黑人的歧视增加黑人就业难度(详见扩展阅读 8-5-3)。

(3)文化保护与冲突

经济全球化(Economic Globalization)带来不同国家地区间文化交流机会

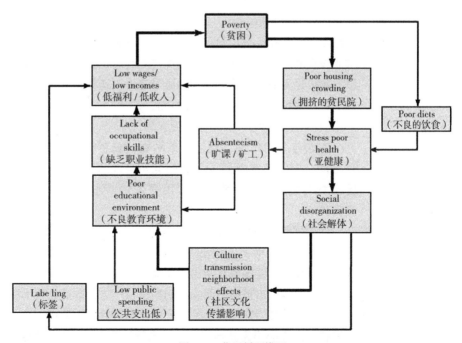

图 8-4 贫困循环模型

资料来源:Knox P.,McCarthy L.Urbanization:An introduction to Urban Geography3rd ed.[M].
New York:Pearson Prentice Hall,2011:371-409.

的增加，文化渗透（Cultural Infiltration）领域、相互影响程度也扩大，文化地域特色性、原生性在政治与经济作用下受破坏；信息化的时代，不同种族与宗教文化间也因频繁碰撞而冲突不断、矛盾升级。文化问题引发的恐怖事件（Terrorist Event）、社会危机，对人类物质与精神生活均造成深刻影响，成为社会不安定的主要因素之一，具体表现为以下几方面。

1）全球化背景下的文化本土性流失

文化由不同民族在不同地域上创造，具有鲜明的民族性（National Character）与地域性（Regionalism）。随着全球化扩张，部分国家受文化渗透（Cultural Infiltration）影响，一些地域在开敞的交流环境中文化边界（Cultural Borders）受破坏，文化失去自我特性、发展同质化（Homogenization），对一个民族的发展、一个地区的特色产生负面影响；对全人类而言，则损失了部分精神财富。

2）全球化背景下的文化过度商品化（Excessive Commercialization）

充分利用文化资源是当今社会发展经济的一种思路。一方面，大力开发文化资源的过程中，过度包装、过渡渲染不利于文化的沉淀、对人类研究文化起源与发展造成干扰；另一方面，部分开发者因重视经济利益而牺牲文化，如拆除古建筑、造"假古董"，盲目与过度商品化一定程度上影响了对文化原生性与真实性的保护。

3）种族歧视、划分与隔离

种族歧视（Racial Discrimination）可以追溯到早期社会，在不同地区表现不同。在中世纪的欧洲，犹太人就因遭受种族歧视而流离失所；美国社会歧视黑人，一度颁布隔离法（Jim Crow），实施严格的种族划分（Ethnicity）、隔离政策（Segregation）；德国纳粹的种族理论（Racial Theory）造成犹太人的悲剧；印度社会部门阶层的划分。种族歧视目前依旧存在，影响社会安定。种族歧视的另一种形式存在于移民与本土居民之间。欧洲国家福利优越，普通移居者或是受战乱影响而逃离的避难者大多选择迁入这类国家，如此大规模迁入激化不同种族、国籍人口间的矛盾与冲突。

4）宗教矛盾与冲突宗教冲突显著

宗教与人的信仰、政治经济利益、日常活动有关世界。世界各宗教体系之间，同种宗教不同派系之间竞争与矛盾不断，一些地区尤其是中东地区宗教冲突严重。宗教影响到国家政治，造成政局动荡，人民生活贫困、流离失所。

（4）管制与公共秩序

从政治体制而言，泛滥民主（Democracy）与过度集中都易引发民众不满与社会混乱。民主国家常常出现聚众抗议现象，如大规模游行与罢工，扰乱社会运转、影响城市健康。而集权制国家，一方面政府管理手段不科学，易导致社会混乱、社会治安问题；另一方面政府公共决策度低，造成规划不合理、资源浪费、民众心声无处申述。从社会管制而言，体系不完善导致管理困难。如我国人口迁移与户籍制度产生矛盾，在一定程度上会加剧社会分异和带来人口市民化的困难，成为城镇化推进中的重要议题。

8.5.3 城市社会问题对策
8.5.3 Countermeasures of social problems

城市社会问题表现多样、涉及领域广泛，社会学领域对其研究深入并形成多种关于社会问题的理论。解决城市社会问题同时是社会地理研究的重点之一，需要考虑人与环境、人与人之间的关系；一方面政府要从人口本身着手，控制人口规模、协调人口结构，同时发展社会经济、完善社会制度，使人口与城市社会环境协调发展；另一方面，需要处理全球化过程中，国与国之间、地区与地区时间、人与人之间的矛盾，使不同民族在接触中相互融合，不同宗教文化和谐相处等问题。

8.6 城市可持续发展
8.6 Urban sustainable development

科技进步，经济发展和城市化进程极大地提高了人们的生活质量，塑造了新的生活方式和产业。在 20 世纪城市发展带来诸多好处的同时，也产生了很多问题，尤其是这种发展模式的不可持续性。现有的城市空间与经济发展模式消耗了大量的土地资源和自然资源，造成严重的污染和生态恶化，导致了气候变化，并且加剧了社会收入不均，影响了人们的生活质量。针对这些问题，世界环境与发展委员会（WCED）在 1987 年发表了报告《我们共同的未来》（Our Common Future）正式阐述了可持续发展（Sustainable Development）的概念（详见扩展阅读 8-6-1）。此后，可持续发展的概念受到了社会各界的广泛认同。工程师、规划师与环境科学、社会科学的学者对可持续发展作了深入的研究，推进了可持续发展理念在城市发展中的应用与实施。本节将首先回顾可持续发展理念的目标与要素，然后阐述可持续发展在城市中的应用，探讨城市规划在推动可持续发展中的作用，最后总结了城市可持续发展的评估。

8.6.1 可持续的概念
8.6.1 The concept of sustainability

可持续发展起源于 20 世纪的资源保护（Conservation Movement）和环境保护运动（Environmental Movement）。在此基础上，可持续发展的目标与资源保护和环境保护运动的目标有一定的一致性，都致力于解决资源与污染问题。可持续发展同时关注气候变化与全球变暖（Climate Change），减少温室气体排放是可持续发展的主要目标之一。此外，根据可持续发展的定义，平衡不同社会群体、当代与未来的发展需求，维护社会公平性也成为可持续发展的重要考量。虽然可持续发展的目标随着主张与定义的不同而有所区别，其主要的目标可以概括为实现经济发展、资源保护和社会公平三者之间的平衡。钱伯斯（Chambers）等提出以可持续发展作为手段实现可持续的目标（Sustainability），并且进一步讨论了可持续发展的目标与资源保护和生活质量之间的关系（详见扩展阅读 8-6-2）[20]。值得注意的是，可持续发展的目标不是达到一个静态

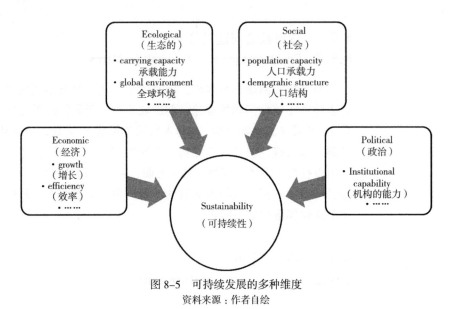

图 8-5　可持续发展的多种维度
资料来源：作者自绘

的指标，而是实现一个保持平衡的动态过程。在这个过程中，资源的使用和投资，新技术的应用，政策和行为的改变都会相互影响，需要社会不断调整以达到新的可持续的平衡状态。

可持续发展涉及自然、社会、经济、资源与环境等多种因素（图 8-5）。为了提供一个能够为大众直观理解的简单直接概念，这些因素被概括为可持续发展的三个要素：自然（Environmental），经济（Economic），和社会（Social），也被称为三个"E"（Three Es），即环境（Environment），经济（Economy），公平（Equity）[21]。三个"E"的概念被诸如纽约新泽西区域规划协会、湾区可持续发展联盟等机构广泛使用[1]。在城市规划与发展决策中，这三者之间相互影响或冲突。环境保护常常受到经济发展的阻碍，例如美国西北部的伐木问题，中国的空气质量问题，智利、南非、澳大利亚的采矿问题等，又如城市内部的增长管理（Growth Management）因为就业机会的减少而受到建筑工会和开发商等机构的反对[1]。

环境保护与社会公平也有交集，比如嘈杂的回收设施的选址是否都在低收入小区附近、是否会特别侵害特定群体的权益[1]。可持续发展强调三个要素之间的相互联系，要求在发展中同时考虑所有要素[22]。在以此为基础建立的可持续发展模型中，三个要素被描绘为一个凳子的三条腿，即被广泛接受的三脚凳模型（Three-legged Stool）（图 8-6）。三脚凳模型认为环境、经济、社会三者在发展中有交叉有重叠，三者对于发展来说同样重要，可持续发展需要权衡考虑三者之间的联系与冲突。虽然三脚凳模型没有穷举影响城市可持续发展的方方面面，但是这个被广泛接受的简单概念成功地将环境与社会均衡的目标提升到了与经济发展相提并论的地位，弥补了以往单纯强调经济发展的决策层面的缺陷[1]。

针对可持续发展三要素之间的平衡，古特斯（Gutés）提出强（Strong Sustainability）、弱（Weak Sustainability）可持续发展的概念。并认为在权衡环境、社会、经济三者关系时，如果仅仅考虑人造资本和自然资本的总和和关注

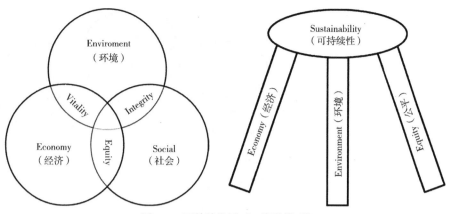

图 8-6　可持续发展"三脚凳模型"
资料来源：作者自绘

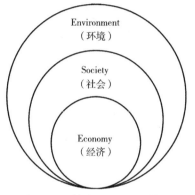

图 8-7　可持续发展同心圆模型
资料来源：作者自绘

投入产出的平衡，那么自然资本本身在经济发展中仍然易受伤害，是弱可持续发展。古特斯（Gutés）强调自然资本在强可持续发展中发挥着不可替代性的功能，经济发展必须以保护自然资源为前提[23]。自然资源在可持续发展中不可替代的功能得到越来越多学者的重视，比如维持生物多样性、净化空气、消除噪声。尤其是其调节气候的功能被认为给所有生物包括人类提供了一道弹性的保护网，在可持续发展应对气候变化、自然灾害方面发挥着不可替代的缓冲作用[24, 25]。

以强、弱可持续发展的概念为评判，三脚凳模型在保护自然资源方面存在缺陷。三脚凳模型认为环境、社会、经济三要素虽然有联系但是是彼此独立的系统，虽然它强调社会在解决现有难题时应该同时考虑三个要素，但是并没有为如何权衡提供指导。道（Dawe）等批判该模型将人类社会置身于自然环境之外，对于解决问题没有实际意义，造成了一种弱可持续发展：如果我们可以平衡社会、经济与环境的总和，我们就可以继续现有的攫取自然资源的发展模式。道（Dawe）等认为环境是社会与经济的基础，自然环境的生态功能使人类能够发展社会和经济，是发展的前提。经济与社会可不能脱离环境单独发展，因此环境应该被赋予更高的决策考虑[26]。图 8-7 中的同心圆模型（Concentric Model）概括了三要素之间这种层次与依存关系，为具体制定可持续的城市规划与发展提供了指导。

8.6.2　可持续发展
8.6.2　Sustainable development

虽然可持续发展的三脚凳、同心圆等模型为决策提供了概念上的指导，但是对如何在城市规划与发展中实现可持续发展的指导意义有限。本节将首先阐述可持续发展在城市规划与发展中的具体应用，然后总结城市可持续发展的原则与要素。可持续发展与城市的方方面面息息相关，比如交通、土地、水资源、洪涝灾害、湿地保护、建筑、工业发展等。图 8-8 提供了列举了可持续发展

图 8-8 城市可持续发展
资料来源：作者自绘

在城市发展中的应用。下面将以交通、土地、建筑、水资源保护等为例阐述可持续发展与城市发展的关系。

交通在城市发展中起了至关重要的作用，汽车工业的发展提供了便捷的运输和移动方式，促进了经济发展，扩展了人们的生活圈。但是对汽车依赖的生活方式和城市发展也带来了很多问题。首先，传统汽车的能源来自短期内不可再生的石油，对石油的大量攫取和消耗面临能源枯竭的危险。其次，依赖小汽车的发展模式不仅增大了对石油的需求，也增加了空气污染物和温室气体的排放，严重影响了城市的居住环境和自然环境。再者，依赖小汽车的生活方式、街区设计和城市扩张加重了交通拥堵问题，增加了人们的通勤时间和出行成本。意识到现有的城市交通发展不具备可持续性，可持续的城市发展需要考虑推广和应用使用新能源的交通工具，支持公交和轨道交通，制定能够减少使用小汽车出行的城市用地规划：比如公交导向的发展（Transit Oriented Development）、增长管理、适宜步行骑车的小区规划。

随着城市经济的发展，土地作为一种稀缺资源所面临的问题日益严重。土地的利用与管理直接影响社会与自然环境的交互，尤其是在面临气候变化的背景下，优化土地利用与开发对可持续发展起着至关重要的作用。区域和地方的土地合理规划与管理可以促进生态系统的恢复，为开发可再生能源创造条件，保护关键生态栖息地和农田以及通过区划鼓励紧凑型开发（Compact Development）、复合功能开发（Mixed Use Development）、传统邻里社区发展（Traditional Neighborhood Development）、新城市主义（New Urbanism）等，改变未来的城市土地开发模式以减少驾驶和汽车尾气排放[27]。

水是人类赖以生存与发展的重要资源，快速的城市化一方面对水资源有巨大的需求，另一方面破坏了自然界的水平衡，使得水资源的状况日趋严峻。城市化对水资源的巨大需求往往造成水资源利用的不均衡。比如为了满足城市化需求而导致的地下水超采，产生了一系列环境地质问题，如地面沉降。尤其在沿海地区，地面沉降可以加速相对海平面的上升，严重威胁城市对灾害的应变能力。又如洛杉矶的扩张从内陆的肥沃农田调走了大量水资源，加剧了城市化与农业的冲突。除此之外，作为水源的地下水，其补充往往依赖于降水入渗、灌溉水入渗、地表水入渗等，城市化不断增加不透水表面，破坏了地下水的再生循环，加剧地下水资源的枯竭。城市化也会影响雨水径流的质量，城市化带来的重金属、营养物、沉淀物和病原体等都可以随着雨水进入当地水域，污染水质。可持续的城市发展要求通过绿色基础设施（Green Infrastructure）等手段更好地管理地表径流。通过绿色基础设施比如雨水花园、植被洼地、屋顶绿化、多孔路面、低影响开发（Low Impact Development）等，增大渗水面，恢复河流缓冲带和湿地，保持或修复雨水循环，维持自然水平衡。同时这些措施也会达到保护湿地，防洪抗旱的作用。

建筑是能源、水和材料的主要消耗者，直接影响人对自然资源的攫取和温室气体的排放。2010年，根据IEA的统计数据，商业和住宅建筑占了全球32%的二氧化碳年排放量，24%为住宅建筑排放。其中32%～34%被用来取暖，此外商业照明、家庭烹饪、加热水也是主要的能量消耗。因此，建筑的建设和使用在可持续发展中发挥重要作用。随着绿色建筑（Green Buildings）的推广与规范，建筑生命周期分析得到广泛应用，使得系统性地减少建筑温室气体排放成为可能。比如美国绿色建筑委员会（U.S.Green Building Council）提出的绿色建筑标准（Leadership in Energy and Environmental Design, LEED）使用额外加分鼓励现有建筑翻新时利用旧材料、使用附近循环材料以降低材料生命周期的采集、制造、运输排放。

总而言之，城市的可持续发展规划有如下基本元素与特质，定义了它的内涵与应用[1]：

（1）长远的视角（A long term perspective）

可持续发展规划需要突破传统的规划短期视角（比如5～20年），考虑现在的短期行为会对长久的（50年，100年，甚至200年）人类和生态发展造成什么样的影响。

（2）整体观（A holistic outlook）

可持续发展规划需要一个能够连接人类社会与自然系统的整体生态观。对于规划来说，需要将传统的专项规划和不同尺度的区域规划联系起来，共同实现三个"E"的目标。

（3）积极参与解决问题（Active involvement in problem solving）

可持续发展需要规划师与不同的利益相关者合作，致力于解决问题。规划师要充分利用参与式（Participatory Planning）、沟通式（Communicative Planning）和倡导式（Advocacy Planning）规划鼓励专业人士、政客和公众的参与与合作，平衡公众利益，解决发展中的冲突问题。

（4）接受限制（Acceptance of limits）

限制增长（Growth）是可持续发展的核心议题。对于规划而言，它代表在经济层面发展规划不能单纯考虑物质产出和短期的税收收益，而需要鼓励真正改善生活质量的经济发展；在实体规划中，需要考虑对发展边界的限制，包括土地的限制、能源和水资源使用的限制等；最后规划者要有全球观念，即有限的地球资源对增长的限制以及在当地规划中的意义。

（5）关注地方特质（A focus on place）

经济全球化推动了统一的普适化城市环境，但是也往往造成对当地文化历史的忽略，加速了对自然生态和当地社会的资源攫取。可持续发展强调关注地区发展独特的历史、文化、生态、景观、人文，以强化与当地人文社会和自然环境的纽带，维护社会与环境的平衡。

8.6.3 可持续发展的评估
8.6.3 Assessment of sustainable development

跟踪可持续发展的进程是城市可持续发展规划的重要内容。定期进行可持续发展的评估有助于发现问题，引导应对，显示政策的积极作用和教育公众。基于指标的评估可以监测项目的有效性，指导政策的修订，并且将区域可持续规划与国家层面的政策与法规联系起来。因此，很多城市都开始制定可持续发展的评估指标。比如在美国有超过 25 个大城市建立这样的评估框架（详见网络资源 Sustainability Case Studies in United States），其中最著名的是开始于 1990 年代的西雅图社区可持续发展进程[1]。西雅图可持续发展进程始于由上百名社区组织领导者构成的基层讨论，在 1993 年制定了最初的 20 个区域可持续发展关键指标，包括环境指标、人口资源指标、经济指标和社会文化指标，成为后续扩展的 5 个评估框架的基础。西雅图由社区发起的可持续发展评估影响了西雅图 1996 年的总体规划，并持续影响社区规模的可持续发展项目[1]。这些评估的指标在美国各地的应用有助于过去的 20 年里环境质量的改善，同时也展现了在经济、社会公平和资源利用方面的不足，有待进一步发展[1]。更多内容详见网络资源 Sustainable Seattle。

除了一般性的区域可持续发展评估，专业人员也致力于制定以可持续发展为目标的行业标准，比如美国绿色建筑委员会（USGBC）提出的绿色建筑标准（LEED）和可持续基础设施协会（Institute for Sustainable Infrastructure）的预想（Envision）系统。绿色建筑标准（LEED）作为一种新的建筑标准，提供第三方可持续建筑、室内和小区认证，覆盖新旧建筑新建与翻新、商业室内、学校住宅等。绿色建筑标准基于五个主要的评分类别，包括可持续选址（Sustainable Sites，SS）、用水效率（Water Efficiency，WE）、能源与空气（Energy and Atmosphere，EA）、材料和资源（Materials and Resources，MR）和室内环境质量（Indoor Environmental Quality，IEQ），此外设计或运作创新、区域重点是两块加分类别。建筑的所有类别总分决定了建筑的可持续发展认证级别。可持续基础设施协会（Institute for Sustainable Infrastructure）提出了基础设施领域的可持续发展评估体系 Envision 系统。Envision 系统可以提供建筑之外的不同基础设施的可持续性评估，包括道路、桥梁、管道、铁路、机场、水坝、堤防、垃圾填埋场和污水处理系统的评估。Envision 系统作为专项评估的补充，提供了在社区层面的相关基础设施的整体影响评估。Envision 对项目生命周期的各阶段（规划设计、建设、运营和维护）进行包括 5 大类 60 个指标的绩效综合评估，包括生活质量、项目组织、资源分配、自然环境、气候和风险评估。这些指标包括定性或者定量的指标，项目认证申请者必须提供相应的文件或计算证明以获得相应的评估。

虽然可持续发展的评估与标准得到越来越多的重视，值得注意的是我们应该谨慎应用现有的评估框架与评估标准。首先，现有的评估框架与标准并不是完美的，过分严格地遵循现有框架与标准可能会造成对社会变化与科技创新的忽视与限制。在这种情况下，绩效评估可以作为一种参考方案，即更加注重结果而非过程与形式。其次，可持续发展的评估需要与相关机构的目标和领导者的承诺挂钩。否则可持续发展的评估耗时耗力，没有相关部门的支持与采取行动的决心，评估本身的大量投入并不能带来社会的改变，失去实际的意义。再者，评估框架与标准的建立不仅需要与相关部门紧密合作，而且需要与时俱进的不断更新，否则评估本身不能反映新的问题与重心，将最终导致淘汰。最后，公众需要了解可持续发展的实现是一个长期的过程，需要制定切实的短期期望，理解有些指标在短期内可以显示政策的良好作用，而有些方面的改善需要长期的多方面的政策改变才能见效，不能急于求成。

词汇表（Glossory）

brownfield：The land previously used for industrial purposes or some commercial uses. Such land may have been contaminated with hazardous waste or pollution or is feared to be so.

growth management：It is a set of techniques used by government to ensure that as the population grows that there are services available to meet their demands.

smart growth：Smart growth is an urban planning and transportation theory that concentrates growth in compact walkable urban centers to avoid sprawl. It also advocates compact, transit-oriented, walkable, bicycle-friendly land use, including neighborhood schools, complete streets, and mixed-use development with a range of housing choices.

smart growth America：It is a coalition of advocacy organizations that have a stake in how metropolitan expansion affects the environment, quality of life and economic sustainability.

urban sprawl：The expansion of human populations away from central urban areas into low-density, monofunctional and usually.

urban environment：The urban environment comprises parts of the natural and human environment. It contains biota and ecosystems; consumes energy,

water, and food ; is a part of man—made food chains ; emits pollutants and wastes ; and faces challenges to manage these flows and processes.

housing affordability : Housing affordability is actually a description of the relationship between the family and the use of their own living environment (Housing Situation) .It is essentially a family to make a balance between their limited household income and housing expenses.

spatial mismatch : The mismatch in the location of low income lower skilled people and jobs that has developed as many of the low—skilled jobs traditionally found in central city areas where many low income people are concentrated have been relocated to suburban areas, to be replaced mainly by jobs requiring higher skills.

traffic congestion : A condition on road networks that occurs as use increases, and is characterized by slower speeds, longer trip times, and increased vehicular queueing. The most common example is the physical use of roads by vehicles.

racial discrimination : It refers to the separation of people through a process of social division into categories not necessarily related to races for purposes of differential treatment.

sustainable development : Sustainable development is development that meets the needs of the present without compromising the ability of future generations to meet their own needs.

conservation movement : The conservation movement is a political, environmental, and social movement that seeks to protect and preserve natural resources for the future.

environmental movement : The environmental movement was a diverse political, environmental, and social movement that addresses environmental issues.

climate change : A change of climate which is attributed directly or indirectly to human activity that alters the composition of the global atmosphere and which is in addition to natural climate variability observed over comparable time periods.

three Es : Three elements of sustainability, including environment, economy, and (social) equity.

weak sustainability : Sustainability models that only considers the summation of the natural capital and man—made capital.

compact development : Compact development is the development with efficient high density elements and key community design factors.

mixed use development : Mixed use development is a development with a physically and functionally integrated combination of residential, commercial, cultural, institutional, or industrial uses with pedestrian connections.

traditional neighborhood development：Traditional neighborhood development is a village—style development with traditional town planning principles, which includes a variety of housing types, a mixture of land uses, an active center, a walkable design, and transit options within a compact neighborhood scale area.

green Infrastructure：Green infrastructure is an "interconnected network of green space that conserves natural systems and provides assorted benefits to human populations".

low impact development：Low Impact Development is a comprehensive land planning and engineering design approach with a goal of maintaining and enhancing the pre—development hydrologic regime of urban and developing watersheds.

green buildings：Green buildings refer to the structure or the processes of usage that are environmentally responsible and resource—efficient throughout a building's life—cycle (i.e.siting, design, construction, operation, maintenance, renovation, and demolition).

讨论 (Discussion Topics)

1. 请结合所学知识，分析一例我国典型的土地资源问题。

2. 请结合所学知识与生活体验，试阐述城市蔓延在我国的具体表现有哪些。

3. 试述西方国家的控制城市蔓延的方式对我国解决城市蔓延问题有哪些启示。

4. 请举例说明西方发达国家解决城市环境问题的途径和措施。

5. 雾霾的成因是什么？

6. 城市环境问题对人体有哪些影响和伤害？

7. 你对中国农民工住房问题了解多少？以农民工为代表的外来务工人员的住房问题有哪些表现？

8. 你认为居住隔离还会带来哪些危害？

9. 当你毕业后，你会选择在大城市买房吗？你认为房价上涨的原因有哪些？

10. 结合自己的经验，讨论你所熟悉的城市的主要交通问题。

11 寻找一些新的方法来解决交通拥堵。

12. 列出私人（轿车）运输和公共交通的主要优、缺点。

13. 请结合当今国际热点，分析国际移民带来的问题。并结合一种社会问题理论，谈谈你对该问题的看法。

14. 请举例说明农民工问题、空心村问题在我国的具体表现，并分析其成因。

15. 请绘制贫困循环模型，并分析贫困循环产生原因。

16. 试辨析可持续发展、绿色发展、低碳发展，高质量发展等理念的差别与联系。

17. 如何将可持续发展的同心圆概念模型应用在城市规划中？

18. 以当地不可持续发展的问题为例，讨论哪些可持续发展的策略可以被用来解决相关问题。

扩展阅读（Further Reading）

本章扩展阅读见二维码8。

二维码8　第8章扩展阅读

参考文献（References）

[1] Wheeler S.M.Planning for sustainability：creating livable，equitable and ecological communities [M].London：Routledge，2013.

[2] 朱翔．城市地理学 [M].长沙：湖南教育出版社，2003.

[3] 顾朝林，张敏，甄峰等．人文地理学 [M].北京：科学出版社，2012.

[4] Yin J.Urban planning for dummies [M].Missisauga：John Wiley & Sons Canada.2012.

[5] Greene R.The farmland conversion process in a polynucleated metropolis [J].Landscape & Urban Planning，1997，36（4）：291—300.

[6] 李强，戴俭.Analysis on the Evolution of the Means of Curbing Urban Sprawl in Estern Countries [J].城市管理，2006（4）：74—77.

[7]瞿鸿雁．我国城市环境污染问题与对策思考 [J].经济视角：中,2011(5)：117—118.

[8]刘昌寿．城市环境问题产生的原因与对策研究 [J].上海城市规划，2006（5）：12—15.

[9] Genske D.D.Urban Land：Degradation—Investigation—Remediation [M].New York：Springer Science & Business Media，2003.

[10]许学强，周一星，宁越敏．城市地理学 [M].北京：高等教育出版社，1997.

[11] Pacione M.Urban Geography：A Global Perspective [M].2nd.London：Routledge，2005.

[12]黄怡．城市居住隔离的模式——兼析上海居住隔离的现状 [J].城市规划学刊，2005（2）：31—37.

[13]虞晓芬，高餐，梁超．国内外空间失配理论的研究进展述评 [J].经济地理，2013（03）：15—21.

[14]徐松明，陈峰．英国住房问题求解路径解析与中国借鉴 [J].华中师范大学学报：人文社会科学版，2009（5）：56—65.

[15] Johnston R.J.City and Society——an outline for urban geography [M].2nd ed.London：Routledge，2007.

[16]金巍巍．城市空间演化与城市交通的互动影响分析 [D].北京：北京交通大学，2011.

[17]周一星．城市地理学 [M].北京：商务印书馆，1995.

[18]高轶军.英国交通堵塞日益严重 全境道路或实施收费方案 [OL].2005.

[19] Greene R., Pick J.Exploring the Urban Community：A GIS Approach 城市地理学 [M].北京：商务印书馆.2011.

[20] Chambers, Nicky, Craig Simmons, and Mathis Wackernagel. Sharing nature's interest：ecological footprints as an indicator of sustainability[M]. Earthscan, UK and USA, 2000.

[21] Flint R.W., Houser W.L.Living a sustainable lifestyle for our children's children [M].iUniverse, 2001.

[22] Young J.W.S.A FRAMEWORK FOR THE ULTIMATE ENVIRONMENTAL INDEX—Putting Atmospheric Change Into Context With Sustainability [J]. Environmental Monitoring & Assessment, 1997, 46 (1—2)：135—149.

[23] Gutés M.C.The concept of weak sustainability [J].Ecological Economics, 1996, 17 (3)：147—156.

[24] Edwards A.R.Thriving beyond sustainability：Pathways to a resilient society [M].Gabriola Island：New Society Publishers, 2010.

[25] Pal T.Traditional Knowledge and Disaster Management [M].LAP LAMBERT Academic Publishing, 2013.

[26] Dawe N.K., Ryan K.L.The faulty three—legged—stool model of sustainable development [J].Conservation Biology, 2003：1458—1460.

[27] Salkin P.Sustainability and land use planning：greening state and local land use plans and regulations to address climate change challenges and preserve resources for future generations [J].William & Mary Environmental Law & Policy Review, 2009, 34：121.

第9章 城市与区域空间分析方法和技术
Chapter 9 Methods and techniques of urban and regional spatial analysis

现代地理计算，是将数学模型、现代计算方法及 3S 技术相结合。1950 年代，随着欧美国家计量革命的兴起，地理学界也开始了计量运动，大量数学公式被用于自然地理和人文地理的研究和描述，1980 年代中后期 3S（GPS、RS、GIS）技术逐渐被我国学者用于研究地理学相关问题，3S 技术受到越来越多的重视，但用好统计分析方法仍然相当重要。本章我们将介绍城市与区域空间分析（详见扩展阅读 9-1-1）中常用的数理统计方法及结合 3S 技术进行综合分析的技术、方法与案例。

9.1 城市地理分析方法与技术
9.1 Urban geography analysis method and technology

城市地理学是一门复杂的学科，城市地理系统（Geographical System）是由多种要素相复合而构成的复杂巨系统。在城市地理系统中，一方面，各种要素之间相互联系、相互影响和相互制约；另一方面，各种要素产生的复合作用又让各种地理事物和地理现象之间表现出较强的地域差异性[1]。本节简要介绍城市地理学中常用的技术与分析方法。

9.1.1 城市分析常用方法简介
9.1.1 Commonly used methods for urban analysis

(1) 数理分析方法

1) 回归分析

回归分析就是研究相关关系的一种重要的数理统计方法。它主要是通过对研究对象进行大量的观察和实验的基础上判断出在不确定的现象中隐藏的相关关系，并对其关系大小做出定量的描述。如一个房地产评估师可能将房屋售价和建筑物的结构、建材成本、空间区位、地方税收等联系起来。

回归分析最早可追溯至 200 多年前，从高斯提出最小二乘法算起。目前回归分析已经被广泛地应用在教育、历史、社会学、心理学、经济、商业、法律、气象、医学、生物、化学、物理等领域。

在回归分析中，常用的有一元回归和多元回归。在回归分析中，当变量只有两个时，称为一元回归分析；当变量在两个以上时，称为多元回归分析。变量间呈线性关系，称线性回归，变量间不具有线性关系，称非线性回归。

2) 主成分分析

地理环境是由多要素构成的复杂系统，当我们在做地理系统分析时，常常会遇到多变量问题。变量太多会导致分析问题的难度与复杂性增加，而且在众多实际问题的解决过程中，变量与变量之间存在一定的相关关系。在研究清楚各个变量彼此关系的基础上，用少量的新变量代替原来较多的变量，而且之前较多的变量所反映的信息也能尽可能多地反映在新的少量的变量上，这就能高效地提取出有效信息，典型的如主成分分析方法。

主成分分析 (Principal Component Analysis) 是将多个变量通过线性变换以选出较少个数重要变量的一种多元统计分析方法 (Statistical Analysis Technique)，同时保证这些较少个数的重要变量能尽可能地反映原来多个变量的信息，同时它们之间互不相关。因主成分分析较强的综合处理问题的能力，它广泛应用于人口统计学、数量地理学、分子动力学、数学建模、数理分析等各个领域。在不同的领域中又有不同的方法名称，如子空间法 (Subspace Approach)、特征结构法 (Eigen—structure Approach)、霍特林变换 (Hotelling Transform) 和 KL 变换 (Karhunen—Loeve Transform) [2]。

主成分分析方法广泛应用在城市与区域空间问题中，如城市交通管理规划、城市电网规划、城市模拟、区域土地生态安全评价、区域物流规划（详见扩展阅读 9—1—2）等。

3) AHP 决策分析法

1970 年代美国运筹学家萨蒂 (A.L.Saaty) 首次提出了层次分析法 (Analytical Hierarchy Process)，这是一种把定性分析和定量分析结合在一起、把决策者对于复杂系统的决策思维过程模型化、数量化的方法 [3]。按照这种方法，决策者先将复杂的问题划分为多个层次和因素，并对各因素的关系进行一定程度的比较和计算，就能把不同方案的权重计算出来，根据这个权重就可以选择一个最佳方案。决策分析法具有三个特点：第一是通过一套简单明了的思路，把决策者的思维过程条理化、数量化地展现出来，且易于计算，便于大多数群体接受；第二是基于较少的定量数据，把问题高效解决，并能够分析清楚其包括的各种因素及其内在关系；第三是可解决过程复杂的非结构化的问题，并较强地适用于多目标、多准则、多时段等各种类型问题的分析决策，具有较强的实用性。

层次分析法的评价步骤为：首先，依据分析对象的性质和目标差异，将其分解成不同基本要素；然后，根据要素间的从属关系将其按层次聚集，组合成一个新的模型；接着，将解决问题的各个要素设定成基本因子，将解决问题设置成总目标，针对总目标对各个因子的重要性权重或者相互间比较权重进行排序；最后，构造各级判断矩阵，对不同层级的因子进行矩阵求解，从而得出评价结果。

4）灰色关联分析

我们的客观世界有两面性，既有物质的一面，又是信息的一面。这个世界在含有大量已获知的信息的同时，也存在许多我们未曾知晓或者是并不明确的信息，我们把后两种信息统称为黑色信息，与此相对，已经获知的信息便称为白色信息。如果边界不明确，例如既有已知的又有未知的、非确知的信息的系统，我们把它们命名为灰色系统。我们生活的现实世界中，常常存在不同的灰色系统。有关灰色系统的这套理论，是1980年代我国著名学者邓聚龙先生首先提出的一种科学理论。灰色系统理论的主要内容包括：灰色系统建模理论、灰色系统控制理论、灰色关联分析方法（Grey Correlation Analysis）（详见扩展阅读9-1-3）、灰色预测方法、灰色规划方法、灰色决策方法等[4]。

我们所探讨的地理系统，就是一类比较典型的灰色系统。所以，在地理学研究中我们便会常常运用灰色系统方法。在庞杂的地理系统中，灰色的因素占据大多数，所以分辨出哪些是主导因素，哪些因素又归为非主导因素是很困难的；这样的情形也适用于分辨哪些因素之间关系密切，哪些不密切。灰色关联分析，就是解决这类问题的方法之一。灰色关联分析，如果按照思想方法的分类标准来看，是属于几何处理，它的实质是运用几何处理比较能反映各因素变化特性的数据序列。而关联度这一指标，就是比较因素之间的关联曲线求得的。

5）系统动力学方法

系统动力学（System Dynamics，简称SD）主要用于研究信息反馈系统，属于系统科学和管理科学，同时也是一门将自然科学和社会科学联系在一起、涉及多领域的横向学科。

系统动力学具有鲜明地系统、辩证的特征，这一点从其基本理论便可看出。强调系统、整体的观点的同时它也将联系、发展、运动的观点纳入理论体系中。从系统方法论的角度来看，系统动力学所运用的方法是将结构方法、功能方法和历史方法有机地结合在一起。而具体到处理复杂系统问题所运用的方法则是定性与定量的结合，同时将系统综合推理的方法纳入问题处理过程中。研究分析系统动力学的相关理论与方法，从而创建模型，凭借计算机的相关模拟，我们就可以在定性和定量地基础上研究系统问题。

系统动力学可以分为五步进行解决问题：首先，研究系统动力学相关理论方法，在此基础上对研究对象做系统全面的了解和分析；第二，通过研究分析系统的结构，明确系统层次与子块之间的划分，研究得出总体与局部之间的反馈机制；第三，通过使用绘图建模专用软件来创立相关模型；第四，研究系统动力学理论，以此指导模型的模拟与政策分析，再得到系统更多的信息的基础上，重新来看待问题本身并对模型进行修改；第五，对模型进行检验评估。

系统动力学中所建立的模型借助了结构－功能模拟，对分析复杂系统的结构较为理想，同时也适用于分析研究功能与行为间产生的动态辩证对立统一关系。从系统动力学的角度来看，系统内部的动态结构和反馈机制对系统自身的特征与行为模式起到决定性的作用。系统动力学建立之初，就定位于分析研究经济、社会、生态及生物等这些较为复杂系统问题的研究。对现实生活中涉及社会、经济、生态复杂大系统的实践研究提供一个"实验室"。接触系统动力学后，通过建模、学习、调查研究的过程，便可以成为人们进行学习与政策分析的手段和方法，而且会帮助研究问题的决策群体或整个组织变得越来越具有学习性和创造性。

（2）基于城市地理要素的分析方法

在城市中，分布有大量的如公共绿地、教育科研用地、商业设施、道路用地、居住用地和公共服务设施等要素。这些要素分布在空间的特征和差异往往是城市发展中的重要参考指标。依据要素在空间分布形态上的差异，我们把点状要素、线状要素和区域要素[5]看成构成城市的三种基本物质要素（详见扩展阅读9-1-4）。

1）点状要素

通常，我们用分布中心、分布离散性和分布均匀性这三个要素对城市中的离散型点状物质要素进行测度。其中分布中心（Center of Distribution）使用频率较高。在一些专项规划中，分布中心常常作为重要的参考要素，例如在交通规划中就需要确定城市分区交通中心。分布中心可以是单中心，也可以是多中心（Multicenter），前者的各项物质要素的分布中心是重合的，后者是不重合的[5]。有两类典型的中心：①中项中心。如图9-1所示，这种测度中心位置方法比较简单，做水平线和垂直线均分点状要素为4部分，两条线的交点就是所要求的点状要素的中心位置。中项中心这种方法比较简单粗略，当点状要素比较分散时，中项中心的位置就会产生偏差，所以这种方法只适用于简单的轮廓性分析。②平均中心。如图9-2所示，无规律的分布着10个点，求解其平均中心，采用平均值法。将图上的点的 x、y 分别各自相加除以点的个数，即可得到其平均中心的坐标。

2）线状要素

现实生活中有很有测度方法来研究线状要素如公交线路以及城市道路，在众多方法中，像线路密度、道路面积率、公交线路重复系数这样的都是比较简单的测度指标，除了这些以外，本节将重点介绍图论的基本方法，图论在运输网络测度的有效方法。其中我们仅仅对一个简单实用的测度指标——绕曲指数（Line Curve Index）进行说明[6]。

一条线路的弯曲程度常常用绕曲指数来反映。如果 A、B 两端点之间线路

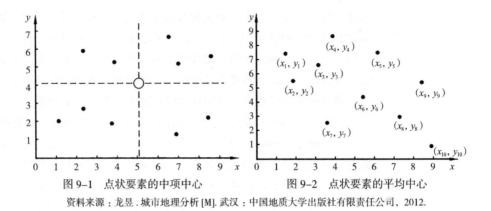

图 9-1　点状要素的中项中心　　　图 9-2　点状要素的平均中心

资料来源：龙昱. 城市地理分析 [M]. 武汉：中国地质大学出版社有限责任公司，2012.

的实际距离为 L_1，而直线长度为 L_0，则定义：

$$DI(l_1) = \frac{l_1}{l_0}$$

式中：DI 就是线路 L_1 的绕曲指数。显然，$DI \geqslant 1$。

3）区域要素

如果将一定区域的点状要素或线状要素整合，把这个区域内所有点状要素或线状要素进行整体性能的研究，我们就把这种分析叫作对区域要素分布的测度。在常用的位势、位率、位商、综合位势不平衡指数这些指标里，我们主要讲解位势。

位势也叫作潜能，是指分区内部特定物质要素的土地使用强度在整个城市中的地位。这一概念的基础是汉森(Walter G. Hansen)引力模型和可及性指数。在城市新建住宅分配时常常会运用这个汉森引力模型。城市人口的增加使得我们要建设更多的新住宅来满足新增人口的居住，新增人口的数量和增建住宅的数量存在一定的关系。如果假设全市新增人口的为 G_T，那么第 i 分区的新增人口便为：

$$G_i = (G_T) \frac{L_i H_i}{\sum_K L_K \cdot H_K}$$

上式中：L_i 为第 i 分区中可以用来新建住宅的空余土地指标，H_i 为第 i 分区的可及性指标。根据上文中的模型，我们需要将新增总人口按一定比例分配到该分区，通过空余土地面积与其可及性指数之积作为权重，我们便可计算出这一比例。分区的新增人口与人均居住面积我们便很容易计算出需要新建住宅的数量。

上述模型比较特殊，我们可以把它推广到更一般的情况。假设全市特定要素的土地使用（比如商业设施的土地使用）产生的活动量（比如购物行为的数量）为 G_i，那么分配到第 i 分区的活动量 G_i 就应通过计算该区相应土地使用的强度和该区可及性指数 H_i 之积得到。总结来说，汉森模型是完全可以适用于城市特定土地使用产生活动量分配的研究中去的。

位势是一个用来表示由某种物质要素的土地使用强度 L 所产生城市活动量的分配权重的概念，用来综合测度这种物质要素的土地使用强度与其吸引作用。一个分区特定要素的位势与该分区上述要素激发和它相关的城市活动的能力成正相关，值得注意的是，同一分区下，由于发生土地使用的物质要素的不同，相应的位势也会有所不同。

(3) 其他常用分析方法

计算机的快速发展不断惠及城市规划相关领域，促使多种利用模型模拟分析的方法得到广泛应用，如人工神经网络模型、元胞自动机模型、分形模型等。

1) 人工神经网络模型

1943 年美国心理学家麦卡洛可 (WS.McCulloch) 和数学家皮茨 (WH.Pitts) 开始研究人工神经网络，它是借逻辑的数学工具来研究客观事件在形式神经网络中的描述。1986 年，麦克利兰(McCelland)和鲁梅尔哈特(Rumelhat)创造了多层网络的误差反传算法 (Back Propagation Learning Algorithm，简称 BP 算法)，有效推动了人工神经网络方法大步伐的走向实用领域。前馈型神经网络模型是被人们运用最广泛、了解最彻底的一种。这种模型包含径向基网络模型、BP (Back Propagation) 网络模型和线性神经网络模型三种最重要的模型，是前馈型网络的核心部分[6]。在模式分类、识别、非线性映射、过程控制、复杂系统仿真等领域非常常见。所以，考虑到土地利用规划编制技术的切实需要。

神经系统的基本构造是神经元即神经细胞使构成神经系统的基本单元，同时也是信息传递的基本单元。在神经生物学中，神经元是由细胞体、轴突和树突构成的 (图 9-3)，其中轴突承担着本神经元信号 (兴奋) 输出传递功能，由于其末端的神经末梢较多，所以兴奋可同时传递给多个神经元。而树突用于接受来自其他神经元的兴奋，所有的信号在神经元细胞体内经过简单地处理，加以考虑，不同的信号重视程度有所不同，这点体现在加权比重上，所有处理后的信号由轴突输出。

参照生物学中的生物神经元，我们建立了人工神经网络 (artificial neural network)。其具有以下特点：操作程序简单，原理思路较为清晰，不用构造复杂的数理模型；处理范围较广，除了解决传统的线性问题，适合非线性问题的研究；能够模式化的解决问题，在构造成熟的神经网络模型中，可以较广泛的推广和使用，善于从处理对象中提取共性特征，获得信息。能够在规模化解决问题上体现其特色；具有泛化能力，经训练后的神经网络对具有相同属性的样本也能做出正确反应。其能够挖掘出隐藏在样本内部的有关属性的内在规律性，从而对没有接触过的对象，做出正确的反应。

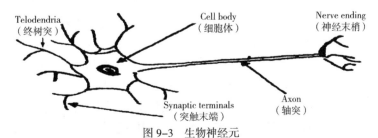

图 9-3 生物神经元

资料来源：王旭，王宏，王文辉. 人工神经元网络原理与应用 [M]. 沈阳：东北大学出版社，2000.

2）元胞自动机模型

元胞自动机（Cellular Automaton）（详见扩展阅读9-1-5）的建立是为了模拟城市问题中较为复杂的结构和过程。它是一种新的计算机模型，采用系统元胞化思想。同时，在它的算法核心中又采纳了系统演化的客观规律，这种规律可以概括为当完整的系统模型被分割，形成许多小元胞后，每个元胞的性能及表现之间会相互影响。元胞自动机系统因其具体时空特征，故其空间方面建模能力较为突出，它为城市问题解决提供了一个新的分析框架。与传统的数理分析相比较，其具有有效性、针对性、可行性等特点。在模拟城市空间结构方面具有较突出的优势：①元胞自动机在建模上采用的是"自下而上"的方式，在研究的城市空间结构较为复杂的时候，采取元胞自动机系统中元胞间的相互作用来灵活的效仿和推测其整体行为；②元胞自动机非常适合分析复杂系统行为，因其强大的计算能力和突出的建模能力，特别是模拟复杂系统的不对称特性、分形问题、复杂聚集等特点，元胞自动机模型的高度离散性模拟复杂的时空问题时，可以从元胞单体出发不考虑整个系统的影像，对分析局部城市空间问题有得天独厚的优势；③元胞自动机的空间数据结构可以较易的与地理信息系统GIS、遥感RS等地理信息技术系统数据进行结合。在较复杂的空间系统问题中，元胞自动机模型可以利用GIS、RS等地理信息系统为分析平台，分析结果可以导入空间数据中，进行进一步分析。

9.1.2　3S技术简介
9.1.2　Introduction of 3S

3S技术（详见扩展阅读9-1-6）是GPS（Global Positioning System，全球定位系统）、RS（Remote Sensing，遥感）和GIS（Geographic Information System，地理信息系统）的统称。

（1）全球定位系统（GPS）

1）概述

GPS的英文全称是Navigation Satellite Timing And Ranging Global Position System，意为导航卫星测时与测距全球定位系统，简称全球定位系统（GPS）[7]。GPS由美国建立，在全球范围内提供实时、连续、全天候的导航定位及授时服务。该系统自1973年开始筹建，历时20多年，1995年全面建成并投入运行，耗资200亿美元。

GPS由三部分组成：GPS卫星、地面监控系统和用户。发射入轨能正常工作的GPS卫星的集合称GPS卫星星座，GPS卫星星座为24颗，这24颗卫星分布在6个轨道面上，每个轨道均匀地分布4颗卫星，平均轨道高度20200公里，轨道倾角55°。上述卫星星座可以保证用户在每天24小时的任何时刻，当截止高度角在15°以上时，能够同时观测到4～8颗卫星。

地面监控系统包含1个主控站、5个监测站和3个注入站以及通信和辅助系统组成。主控站位于美国科罗拉多州法尔孔空军基地，是整个地面监控系统的行政管理中心和技术中心，其主要作用是：负责管理、协调地面监控系统中各部分的工作；收集各监测站的数据并编制导航电文送往注入站将卫星星历注入卫星；负责卫星维护与异常情况的处理。监测站是无人值守的数据自动采集中心，负责将收集到的卫星数据、气象信息等信息送到主控站。注入站负责将导航电文注入 GPS 卫星[8, 9]。

发展到现在，GPS 已经成为全方位、全天候、实时三维导航与定位的利器，与此同时也具备了测时、测速的能力。其精度不断提高，在定位方面，它的动态精度已经达到达米级和分米级，而静态相对定位精度甚至可以到达厘米或者毫米级，测时方面也达到了毫微秒级的测试能力，同时实现分米至厘米级的测速能力。

GPS 被广泛地运用在船舶、民航、车辆、旅行探险、交通运输方面的导航以及公路铁路的勘察、地形与工程测量、地震与灾害监测、石油与地质勘探及环境监测等领域。接收机成本的降低使得人们的日常生活越来越离不开 GPS。

目前美国正在推进 GPS 现代化进程，GPS 卫星正由第二代向第三代过渡。GPS 现代化的目标是极大地缓解当前 GPS 存在的脆弱性问题，为全球用户提供高抗干扰、高定位精度和高安全可靠的服务。第三代 GPS 将采用全新的系统设计方案，计划用 33 颗 GPSIII 卫星构建成高椭圆轨道（HEO）和地球静止轨道（GEO）相结合的混合星座，预计将耗时 20 年，第一颗 GPSIII 卫星于 2016 年发射[9, 10]，第二颗 GPS III 卫星已于 2019 年 8 月发射升空。

2）我国导航定位系统介绍

全球导航卫星系统（Global Navigation Satellite System, GNSS），除了美国的 GPS（详见扩展阅读 9-1-7），还有俄罗斯的 GLONASS（Global Navigation Satellite System）、欧洲的伽利略（Galileo）以及中国的北斗卫星导航系统（Beidou Navigation Satellite System，简称 BDS）。

北斗卫星导航系统是中国自主研发、独立运行的全球卫星导航系统。北斗一代是北斗卫星导航实验系统，由三颗定位卫星（两颗工作卫星、一颗备份卫星）、地面控制中心为主的地面部分以及用户终端三部分组成，可向用户提供全天候的即时定位服务。3 颗"北斗一号"卫星，已分别于 2000 年10 月 31 日、12 月 21 日和 2003 年 5 月 25 日发射升空[8, 9]。

2012 年 10 月 25 日，第十六颗北斗导航卫星发射升空并进入预定轨道，标志着北斗二号系统星座部署完成。2012 年 12 月 27 日，北斗二号系统正式向亚太地区提供区域服务。北斗二号系统作为北斗系统"三步走"战略的中的第二步，实现了承前启后的关键一步[10]。

目前，我国正在按计划实施北斗三号系统建设。截至 2019 年 9 月 23 日第47 颗和第 48 颗北斗导航卫星已成功发射升空。预计 2020 年完成所有北斗三号卫星发射，届时我国将如期完成北斗全球系统全面建设。

（2）遥感（RS）

1）概述

遥感即遥远感知，是在不直接接触的情况下，对目标或自然现象远距离探测和感知的一种技术[11]。遥感技术主要是建立在物体反射或发射电磁波的原理基础之上。反射和发射电磁波是地面物体的特性。物体种类差异造成同种物体所处环境差异以及物体自身的变化等因素，其反射、发射的电磁波信息差异。

例如，小麦与混凝土路面是不同的物体，小麦在不同时段受到的光照度不同，小麦在禾苗期与成熟期的颜色不同，这些不同都将使反射信息不同。

在遥感学中，收集目标物电磁波信息的设备，称为传感器，如航空摄影中的摄影仪等。遥感平台是搭载传感器的载体，如飞机和人造卫星等。通常来讲，人们把不直接接触物体，利用遥感平台上搭载的传感器收集目标物的电磁波信息，经处理分析后，识别目标物，揭示其几何与物理性质、相互关系及其变化规律的科学技术，称为遥感。

2）中高空间分辨率遥感技术进展

目前，航空航天遥感正向高空间分辨率、高光谱分辨率、高时间分辨率、多极化、多角度的方向迅猛发展[12]。在城市及区域层面，我们主要关注中高尺度空间分辨率遥感影像的应用，感知遥感的重要性（详见扩展阅读9-1-8）。

Landsat 是美国的陆地卫星计划系列卫星，自 1972 年 7 月发射 Landsat-1 开始，到目前已陆续发射 8 颗，当前服役的是于 2013 年 2 月发射成功的 Landsat-8。Landsat-8 卫星装备的陆地成像仪（Operational Land Imager，简称"OLI"）包括 9 个波段，空间分辨率为 15m（全色）和 30m（多光谱），成像宽幅为 185km×185km。

SPOT 系列卫星是法国研制的地球观测卫星系统，法国于 1986 年 2 月发射了第一颗陆地卫星，至今已发射了 7 颗 SPOT 卫星，SPOT-7 于 2014 年 6 月 30 日发射升空。SPOT5 的空间分辨率为 2.5m（全色）和 10m（多光谱），SPOT6/7 卫星空间分辨率可达 1.5m。

IKONOS 卫星是由 Space Imaging 公司于 1999 年 9 月 24 日发射的世界第一颗商用高分辨率成像卫星，空间分辨率分为 1m 和 4m 两种，1 景影像相当于地面约 11km×11km（km^2）的面积。IKONOS 卫星在超额服役 15 年后于 2015 年 3 月 31 日退役，工作时间超过最初设计日限的 2 倍。

QuickBird 卫星由美国 DigitalGlobe 公司于 2001 年 10 月 18 日发射，卫星影像分辨率为 0.61m（全色）和 2.44m（多光谱）；GeoEye 公司于 2008 年 9 月 6 日发射的 GeoEye-1 卫星空间分辨率已达到 0.41m（全色）和 1.65m（多光谱）；美国光学侦察卫星 KH-12 空间分辨率达到 0.1m。

我国高分辨率对地观测系统工程是中国《国家中长期科学和技术发展规划纲要（2006—2020 年）》确定的 16 个重大专项之一，由天基观测系统、临近空间观测系统、航空观测系统、地面系统、应用系统等组成。到 2020 年我国将研制和发射 14 颗高分辨率卫星，形成具有时空协调、全天时、全天候、全球范围观测能力的稳定运行系统。届时光学和雷达卫星遥感的分辨率将提高到 0.3m。

2013 年 4 月我国成功发射高分一号，该卫星搭载了两台 2m 分辨率全色／8m 分辨率多光谱相机，四台 16m 分辨率多光谱相机，总幅宽达到 800km。2014 年 8 月，高分二号卫星成功发射，这是我国自主研制的首颗空间分辨率优于 1m 的民用光学遥感卫星，搭载有两台高分辨率 1m 全色、4m 多光谱相机，具有亚米级空间分辨率、高定位精度和快速姿态机动能力等特点，有效地提升了卫星综合观测效能，达到了国际先进水平。截至目前，已有多颗高分卫星成功发射升空，2019 年 10 月 5 日，高分十号卫星成功发射升空。

（3）地理信息系统（GIS）

1）概述

GIS 英文全称 Geographical Information System。GIS 地理信息系统（详见扩展阅读 9-1-9）是用于回答地理学问题的艺术、科学、工程和技术的统称，是一种用计算机创建和描述地表的数字表达方法[13]。随着地理信息系统技术（GIS）的发展，其强大的空间处理能力被广泛应用于国土管理、环境评估 (Environmental Assessment)、城市规划、交通运输、资源调查、灾害预测、商业金融等众多领域。由于 GIS 最显著的特性是能够将各种与空间有关的数据与地理位置链接在一起，以区域要素的地理位置和形态为基础，以地学原理为依托，以空间数据运算为特征，提取与产生新的空间信息的技术和过程，从而可以从空间角度出发表达并分析数据[14]。如今有着成百上千的各种类别的 GIS 基础软件和应用软件。我国常用的 GIS 软件也很丰富，包含国内和国外的多种软件，如：由美国环境系统研究所（ESRI）研究开发的 ACR/INFO 系统、由美国 MapInfo 公司开发的桌面信息系统 MapInfo；北京超图地理信息技术有限公司研发的 SuperMapGIS，武汉吉奥信息工程技术有限公司研发的 Geostar 和武汉中地信息工程有限公司研发的 MapGIS。后三种为我国自主版权的主要 GIS 基础软件。它们执行的是我国的软件数据标准，同时价格便宜、信息保密、界面设计符合我国实际应用人员的语言习惯。这成为它们的优势。同时，这几种基础 GIS 软件功能强大，可以与 ACR/INFO 系统媲美，并形成系列产品，如美国 Autodesk 公司的 AutoCAD MAP、美国 Intergraph 公司的 MGE 等。

2）基本功能

GIS 基础软件由五个主要部分组成：空间数据输入子系统、空间数据库管理子系统、编辑与更新子系统、空间查询与分析子系统和输出子系统等，这五个基本处理系统，可以实现将原始空间数据转换为人们需要的各种空间信息[16, 17]。

①空间数据表达与获取

通过分类和编码，可以将地理空间中各种与空间位置相关的实体和问题转换为 GIS 硬件和软件系统所能描述的数据形式，进而将其采集、存储、处理和利用。在地理信息系统中最小单元称为空间实体。空间实体与地理现象一一对应，其中点实体与点对应、线实体与线对应、面实体与面对应、体实体与体状物体对应。以实体的方式表达和描述地球上各种物体的形状、大小、空间位置和属性，这是地理信息系统需要解决的。同时，更重要的是，它要解决与空间实体相关的各种空间问题[15]。

对原有地形图数字化、航空航天对地观测、地面测量和图形数据转换等是空间几何数据的采集方法；实地调查、现场统计、文档与报表数据转换等是属性数据采集。地图投影与坐标系统选择、数据录入与编辑、建立空间关系和空间数据与属性数据连接等则是数据编辑与处理。由于采集方法的不同，输入 GIS 也需要不一样的途径、过程、手段，这构成了空间数据。数据的正确性、精度、分辨率、完整性、一致性和现势性等空间数据的质量，会因为技术和设备等各种人为因素，在采集与传输的过程中被影响[16]。

②空间查询与空间分析

表达、存储和显示地理空间信息是地理信息系统的基本功能，而地理信息系统具有空间查询与空间分析能力则是地理信息系统最核心的功能。要想精准、方便地获取空间实体的各种信息以及空间指定区域中所存在的种种有需求的要素，这可以利用地理信息系统的量测方法、工具以及空间查询来进行（详见扩展阅读9-1-10）；通过一些空间分析方法如网络分析、缓冲分析、叠置分析以及三维分析，依据应用目的的需求，在对地理空间信息进行检索、分类、处理的基础上，可以提供科学依据给应用项目的预测、规划和决策等，把详实资料与最优方案提供给管理、资源利用、调配等。需要查询包括属性排查、重心测量和基本几何参数测量等一些内容时，就可以运用查询方式如区域选择查询、点击选择查询、SQL 查询等。

叠置分析是将代表不同主题的相同地理空间的两个或多个数据层面进行叠置产生一个新的数据层面的方法，叠置分析产生的结果综合了原来两个或多个层面要素所具有的属性。这在实际空间分析例如选址分析、预测或者现状分析以及比较分析中会常常遇到这样一种情况：某一空间问题和同一地理空间上的各种因素具有相关性。

缓冲区主要是在点、线、面等空间实体的周边按照指定的半径确定的区域。缓冲区分析指的是所分析的区域进行覆盖范围分析，或是对所覆盖区域进行统计分析。作为 GIS 的重要应用功能，缓冲区分析的方法在分析很多空间问题时，可以建立缓冲区来进行。利用实体分割、合并等 GIS 的特定函数功能是统计分析过程的一般手段。

网络分析是指在地理空间网络的最优化分析以及动力学状况的综合分析的技术方法。单向网络和双向网络这两大类是常见地理空间网络系统。单向网络包括自然形成的以及农田灌溉形成的河流网，还指电力输电网、城市给水排水管网、城市煤气管网、城市给水排水管网和电力输电网这些能源、资源传输与供给网络。双向网络则包括物资任意方向运载与流动的交通运输网、道路网，还有信息传播的通信网等，传输方向一般线段为双向，局部线段可能为单向，如城市道路的单行路段。

9.2　面向区域尺度的定量方法与技术
9.2　Quantitative method and technology for regional scale

9.2.1　基于 GIS 的区域空间分析
9.2.1　Analysis of regional space based on GIS

只有认识区域，才能发展区域；只有分析区域，才能协调区域[17]。定性分析与定量研究的紧密结合成为系统分析区域的主要研究方法。因而在区域分析的各类理论模型和决策模式中被引入，突破了传统范式中仅以时间作为基本要素的片面性。

以区域经济分析（Regional Economy Analysis）为例，区域经济分析主要研究经济活动的空间分布及其在空间中的相互关系。其研究的基本内容主要由两方面构成，一是关于经济活动空间分布和空间联系的载体，即区域分析；二是关于经济活动与其空间分布的相互关系，即经济分析[18]。传统的区域分析方法往往将关注点落在"时间"上，主要从区域经济现状、区域经济演化的角度出发探讨区域经济的发展态势并对其未来布局进行干预和规划，但在该过程中忽略地理空间因素去考察经济现象的做法可能导致分析结果存在局限性。可以说，GIS 的应用为理解区域要素活动的联系和互动提供了一种更具空间性、交互式（Interactive mode）和可视化（Visualization）的决策支持工具。目前，GIS 技术在区域分析中的应用主要可以从以下两方面进行考察。

（1）基础数据收集入库及其相关编辑

将与区域活动相关的基础数据进行整理和收集，并通过属性表的形式在GIS 中与地图空间属性表进行合并以建立空间信息数据库，完成基础数据的存储、管理、分析及相关描述。在此过程中所涉及的数据主要包括统计（属性）数据和空间数据，常见的统计（属性）数据如区域 GDP 情况、人口数量、城镇水平、三次产业总产值等。该类数据源涵盖调查观测数据、社会经济数据（年鉴、年报、普查等）、各种文字报告或立法文件等；而空间数据则主要包括区域边界、地形地貌、各类用地范围、交通路网等。该类型数据既可运用数字化测绘手段实测获取，也可通过卫星遥感资料获得。此外，在数据库建立后，还可根据实际需要对其进行统计和查询，以对区域发展综合实力、次区域发展详情、满足条件的区域单元查询等工作提供支撑。

（2）区域要素的空间分析及可视化表达

便捷的数据管理、强大的空间分析和高效的描述功能成为 GIS 在区域分析应用中有别于传统分析方法的优势。因此，基于 GIS 技术方法的相关研究颇为丰富，不仅如此，在实际规划实践如区域规划（图 9-4）、区域基础设施规划、区域环境资源评价等中被也同样被广泛应用以回答和解决各类区域空间决策与空间规划。在区域规划中运用并嵌入 GIS 技术，可以借助于其区域空间分析、多要素综合分析和动态预测等技术扩充空间分析和空间管理能力，同时与区域自然资源的合理利用以及区域基础设施的优化配置保持一致，以满足将生产要素按地域空间优化配置的核心要求，落实区域空间协调发展的关键性内容。例如在产业布局区位选择或重大工程建设选址（Site Selection）等区域经济活动中，选址的基本要素需要综合考虑自然环境、自然资源、社会经济活动等影响条件。可以运用 GIS 的查询、选择以及搜索功能，更加高效快速地匹配出满足以上区域经济要求的空间位置，并在此基础上，通过筛选比较或是实地考察的形式来确定最终的合适选址，为区域经济规划提供支撑和依据，有效地提高了规划制定的合理性和科学性。

9.2.2　区域空间演化分析
9.2.2　Regional spatial evolution analysis

（1）区域空间演化分析简介

区域空间演化（Regional Spatial Evolution）是指在时间维度下区域内组成要素的功能与结构等在自组织和他组织的作用下的变化，包括要素功能与结构

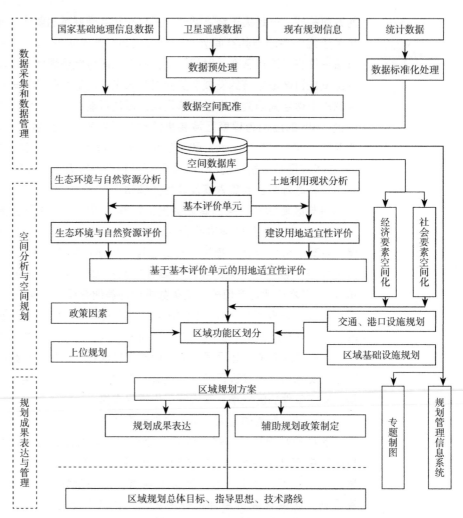

图 9-4　GIS 在区域规划中的应用

资料来源：何新东，宋迎昌，王丽明 .GIS 在区域规划中的应用初探 [J]. 地理信息世界，2008，03：43-47.

等空间格局的变化，也包括区域空间相互作用关系的变化，是与时间维度耦合而成的空间结构与空间组织的有机整合 [19]。对于区域空间演化的理解可以从以下三方面展开：①时空维度。时间与空间是区域空间演化分析中两个关键性的维度，时间维度是探讨演化的基础和意义所在；空间则成为承载区域节点、轴线、网络及面域等基本要素的载体。②要素空间格局的演化。即外在空间要素的层次、结构、功能等空间格局的发展变化过程，是区域内部要素布局特征的变化。③要素相互作用关系的演化。反映区域内部联系的时空过程，体现内在的要素间的相互作用强度和关系的变化。

区域空间演化的分析是对于区域空间格局、空间联系以及内部差异发展过程的解答，对于探索区域演化特征、规律以及机制有着重要意义。当前，随着我国实施城市群战略的不断深入，城市群正成为推进城镇化的主体形态、国家经济发展的重心以及区域经济的增长极。针对城市群空间而言，其空间演化阶段与特征的判读、演化发展模式的总结、演化机理及其动力机制的探究、演化趋势判断与发展策略响应等相关研究分析能够为区域发展战略的制定以及区域空间协调发展提供重要的理论支持和发展依据。在当前国内外相关研究分析和实践案例中，定性分析与定量分析相结合成为探究区域空间演化的主要研究方法。而在此过程中，GIS强大的空间分析模块及规划成果可视化功能则成为协助区域空间演化分析常用的重要工具。

（2）基于ArcGIS软件的分析实例

基于ArcGIS软件平台，并借助于Kernel空间分析方法，可以对区域空间演化进行分析（详见案例9-1）。Kernel空间分析法是借助一个移动的单元格对点格局密度进行估计，对城市分布的空间变化进行描述并生成等值线密度图，以此来反映空间分布的峰值区。利用ArcGIS9.3对搜索范围内的城市点对城市群的空间密度进行分析，以等值线形式表示城市分布的空间变化趋势，峰值区代表城镇密集分布的地区，反之则为稀疏地区。

本例的研究对象为中部地区城市群，以县域为基础统计单元，分别选取了中部地区6个省份1990年、2000年、2008年、2012年的非农人口比例4个断面数据展开研究。其中，1990年、2000年和2008年以125km为半径划分人口密度区间对城市群空间发展进行纵向分析；2008年以后，随着城市群发展和各城市群城镇人口的增加，之前的人口密度划分区间已经不能很好地反映城市群的空间分布与差异发展，因此2012年的相关分析在前期基础上进行深化，结合各城市群发展实际，重新定义人口密度划分区间，并以100km、125km和150km为半径，对六大城市群的空间发展进行横向研究[20]。

9.2.3 区域空间关联分析
9.2.3 Spatial correlation analysis

（1）区域空间关联分析简介

空间统计是认识空间关联分析的前提。所谓空间统计，即综合全面地考虑空间信息与属性信息，研究空间特定属性或属性之间与空间位置的关系。其核心是认识与地理位置相关的数据即空间数据间的空间依赖（Spatial Dependency）、空间关联或空间自相关，基于空间位置来揭示数据间的统计关系。空间依赖可以理解为空间中的事物并不是孤立存在，事物间因空间位置而产生相互影响，通常用空间关联性（Spatial Association）来表达空间事物在某一属性的依赖程度，在统计上理解为空间自相关（Spatial Autocorrelation）。可以认为，空间自相关是对于空间依赖的定量描述。

空间自相关的研究是空间关联的主要工作，随着空间统计方法在区域空间研究领域的应用不断深入，通过使用地理信息系统相关软件，如R软件、Spacestat软件、Geoda软件等，另外在ArcGIS和Matlab中有相应的空间统计功能模块。用户可以通过更加简洁高效、可视化的方式进行相关分析。由于将空间信息和属性信息进行统一处理，空间自相关分析为分析事物的空间发展状态提供了独特视角，它作为一个描述性指标，反映了某一属性的空间分布状况，提供了同一属性在不同空间位置上的相互关系。在区域研究的层面上，可以有效地解决和回答关于社会经济要素集聚、分布、分异等基本问题，而使传统统计在很多方面失效。

空间关联分析主要涉及空间权重矩阵的构建、空间自相关的度量与检验和空间关联的识别等。空间权重矩阵是用来反映空间链接或空间邻近关系的一种形式，以表示区域内各单元间在空间上的相互作用。通常定义一个二元对称空间权重矩阵 $W_{n \times n}$ 来表示 n 个空间单元的位置邻近关系（详见扩展阅读 9-2-1）。关于空间自相关的度量，根据考察范围的不同可以分为全局空间自相关（Global Spatial Autocorrelation）和局部空间自相关（Local Spatial Autocorrelation）。常用的全局度量方法包括：Moran's I 指数，Geary's C 比率；局部指标主要包括：LISA（包括局部 Moran's I 指数和局部 Geary 统计量）、局部 Gi（d）统计量、Moran 散点图（详见扩展阅读 9-2-2）。

（2）基于 Geoda 软件的分析实例

案例的研究区域为河南省，借助于 Geoda 软件进行空间相关性分析，其目的是为揭示出河南省非均衡空间经济演变格局以及县域经济带动性发展的格局特征（详见案例 9-2）。研究采用河南省 2010 年行政区划的划分，从 1 : 400 万的国家基础地理信息数据提取以县域为基本尺度的行政边界，并将各城市中心城区进行合并，最终将研究区域划分为 127 个县（市、市辖区）基本空间单元。在指标选取上，考虑到数据收集的平行性与可行性存在差异且多指标的计算方法受人为因素影响较大，因此主要采取单指标测算方法，选取各县市人均GDP 作为经济发展水平分异的主要观测指标，数据通过 2001—2011 年的《河南省统计年鉴》和《中国县（市）社会经济统计年鉴》获取。研究时间阶段为2000—2010 年。

9.2.4 区域时空压缩效应特征分析
9.2.4 Characteristic analysis of regional space time compression effect

交通网络建设使得空间上各点之间"通行距离"和"通行时间"缩短，区域空间沿交通线路出现各个方向不均匀的"时空压缩"。时空压缩可以改变区位条件、拓展腹地范围和加强空间联系，是影响城镇和区域发展的重要地理因素。因此，如何准确度量和分析交通设施建设给地理空间带来的时空压缩效应，一直是交通地理研究者关注的问题。

本案例构建了一个基于"时间－空间图（Time-space Map）"的技术方法模型，用于分析交通网络建设给地理空间带来的时空压缩效应（详见案例 9-3）。现有基于可达性评价模型的"空间格局分析法"只能描述网络整体效率变化，而"等时圈分析法"局限于节点分析，两者都无法完整展现区域时空压缩。本研究集成了网络大数据抓取技术、统计分析技术和可视化技术，通过绘制"时空图"实现区域时空压缩的可视化。首先，该方法利用网络大数据抓取技术，通过网络地图路径导航服务获取距离数据矩阵；然后，运用多尺度分析方法（Multidimensional Scaling），用通行时间（距离）取代欧氏距离计算求得最佳拟合空间，并对拟合误差进行估算和检验。最后，将拟合空间与地理空间在三维空间中叠加，观察和分析拟合空间的拉伸、延展、扭曲效果，总结区域时空压缩整体特点。在此基础上，以湖南省为案例绘制出了各地县级城市在现状公路网联系下的通行距离和通行时间时空图。研究验证了时空图在区域时空压缩格局可视化上的有效性和直观性，并在解读时空图集聚、偏移和皱起的基础上，提出改善省内公路网络可达性均衡的政策建议。

9.2.5 区域交通网络通达性空间格局演化分析
9.2.5 Spatial pattern evolution of regional transportation network accessibility

本案例以通达性为度量，结合全球化背景下长江三角洲巨型城市区（长江三角洲地区包括苏、浙、沪 67 县级市以上级别城市区域）城镇体系空间结构发展，分析快速交通建设与区域发展之间的互动关系（详见案例 9-4）。首先，本文运用网络分析和通达性评价方法，评价由 67 个县级以上城市和地区构成的高速公路网络发展，通过分析以各城镇为节点的拓扑网络通达水平描绘区域通达性空间结构演变。然后，通过比较通达性格局演变与长江三角城镇体系空间结构发展，结合 20 年间长三角地区巨型城市区建设及其逐步融入世界城市体系的全球化时代背景，总结概括 1995—2015 年间长三角区域发展与高速公路网络建设之间的几条基本作用关系和趋势。

9.3 面向城市尺度的定量方法与技术
9.3 Quantitative method and technology for urban scale

9.3.1 城市生态敏感性与土地适宜性分析
9.3.1 Analysis of urban ecological sensitivity and land suitability

城市生态敏感性分析与土地适宜性分析是确定城市进行保护或开发空间的有效途径，对于城市用地的合理开发和科学规划具有重要意义。基于 ArcGIS 软件平台，以鄂州市为例，尝试在城市总体规划中进行生态敏感性与土地适应性分析（详见案例 9-5）。

（1）城市生态敏感性分析

生态敏感性是指生态系统对自然环境变化和人类活动干扰的敏感程度，它反映区域生态系统在遇到干扰时，发生生态环境问题的难易程度和可能性的大小，并用来表征外界干扰可能造成的后果。即在同样干扰强度或外力作用下，各类生态系统出现区域生态环境问题可能性的大小[21]。敏感性高的区域，生态系统受到损害的程度和概率更大，应作为进行生态环境保护和限制开发的重点区域。因此，进行区域生态敏感性评价则成为一种确定需要优先或重点开展生态环境建设和保护区域的有效方法。

生态敏感性通常是在多因子作用下表现出的对环境变化的响应，因此指标体系的选取是评价工作的核心。以往研究结果表明，评价指标体系的选择需要综合考虑研究内容和研究区域的实际情况。在本例中，由于鄂州市的土地资源特征呈现出总体平坦，海拔多分布在 200m 以下，且湖泊众多，较少受荒漠化、水土流失等地质灾害威胁。因此水土流失、河流水量水质、土地沙化、泥石流等条件均不纳入主要指标体系内[22]。

（2）城市土地适宜性分析

土地适宜性评价是开展城市总体规划的一项重要的前期工作，即根据城市各项土地利用的要求，分析区域土地开发利用的适宜性，确定区域开发的制约因素，从而寻求最佳的土地利用方式和合理的规划方案。目前利用 GIS 进行定量的用地适应性评价在规划领域得到广泛的应用。在实际的应用中，主要对自然因素、社会经济因素、生态安全因素的各项要素先进行单项用地评价，进而利用地图叠加技术生成综合的用地适应性评价结构，即俗称的"千层饼模式"。

本例的鄂州市土地适宜性评价选择了基于德尔菲法的评价指标体系，将城市建设用地生态适宜性影响因素分为自然因素、社会经济因素、生态安全因素后并从三方面确定最终的评价指标。①确定具有生态保护价值、历史文化价值的区域范围，如基本农田保护、自然保护区、保护水域、人文景观等；②从自然因素考虑评价指标的选取，包括地形地质、水域、植被等因素；③从社会经济因素考虑评价指标的选取，包括土地利用现状、建成区、交通区位优势等。

9.3.2 创意产业区位选择与土地利用的模拟分析
9.3.2 Examining the dynamics by incorporating GIS data with the CID—USST model

创意产业是指工作者发挥个人创造力、技能和才华，并且可以通过知识产权的生成、利用财富来创造就业机会的行业。近十年来，创意产业在城市扩张中发展迅速。然而，很多都过分强调将投资集中于新生和旗舰项目上，而忽略了城市基础设施、网络和其他主导因子的影响。为了探索被忽视的这些方面，本例主要以南京市为例，通过多主体模型 CID—USST 探究创意企业和创意工作者在城市中区位选择的动态变化，该模型可以通过生成不同的场景进行创意企业和创意工作者的空间分布及空间聚类分析，也可以模拟在不同房屋和办公楼地租空间分布情况下创意企业和创意工作者的行为。

在本案例中，为增强 CID—USST 模型的适用性将其与 GIS 平台进行了有效结合（详见案例 9—6）。主要是将南京的真实 GIS 数据输入 CID—USST 模型，并且在 NetLogo 的程序环境内部进行动态模拟，并得到改进的 CID—USST—GIS 模型以及最终的多主体（创意产业企业、创意产业工作者、创意产业办公楼租金）空间分布的动态变化。

9.3.3 城市用地变化的分析和预测
9.3.3 Analysis and forecast of urban land use change

城市用地变化是世界各国特别是发展中国家城市研究中的一个焦点问题，本案例尝试建立了一个 MAS 与 GIS 集成的城市用地变化模型。选用 RePast 软件平台进行开发，利用 GIS 空间数据，初步建立了一个模拟城市用地变化的模型系统，希望据此为城市规划师和城市管理者提供决策依据（详见案例 9—7）。

模型实现主要基于 RePast 建模软件，用 Java 语言开发。模型由三个主要模块构成：Agent 模块、Main 模块以及 GIS 模块。本模型主要实现了两部分功能，一是实现了空间数据的输入、输出及简单的空间数据管理功能；二是构造了主体，模拟了主体的动态决策过程。Agent 模块负责主体的运行；Main 模块负责建立模型框架，同时也是模型的对外接口；GIS 模块负责空间数据的管理。本模型输入数据为 ESRI 的 Shape 文件格式，输出数据为 MapInfo 的外部格式 MIF/MID 文件格式。

9.3.4 气候变化对交通设施和土地利用的影响分析
9.3.4 Impact of climate change on transportation facilities and land use

气候变化（Climate Change）将极大地影响交通和城市基础设施的性能。频繁的降雨和风暴将显著增加洪水的频率和幅度，从而威胁到城市基础设施的可靠性。为了帮助决策者更好地理解降水增加所带来的影响，制定应对策略，本案例以美国佛罗里达州的彭萨科拉为例，提出了一种利用历史降雨量（Historical Rainfall）和排放量（Discharge）来预测未来的河流洪水发生的区域和频率的方法（详见案例 9-8）。

词汇表（Glossory）

geographical system：A system composed of different geographical elements under the effects of the flows of energy, substance and information.

principal component analysis (PCA)：A statistical procedure that uses an orthogonal transformation to convert a set of observations which possibly correlated variables into a set of values of linearly uncorrelated variables called principal components.

system dynamics：An approach to understand the nonlinear behaviour of complex systems over time using stocks and flows, internal feedback loops and time delays.

global positioning system (GPS)：A space-based navigation system that provides location and time information in all weather conditions, anywhere on or near the Earth where there is an unobstructed line of sight to four or more GPS satellites.

remote sensing：The acquisition of information about an object or phenomenon without making physical contact with the object and thus in contrast to one site observation.

geographical information system (GIS)：A system designed to capture, store, manipulate, analyze, manage, and present all types of spatial or geographical data.

讨论（Discussion Topics）

1. 结合本章内容以及已学专业知识，试论述上述城市分析方法与技术在城市规划中的应用领域。

2. 选择一个你熟悉的城市，分析其城市层面的重要点、线、面要素在城市空间层面的区域特征。

3. 以所处地的城市为例，收集近五年 3S 技术对其城市规划制定的帮助案例。

4. 概述人工神经网络、元胞自动机等模型引用，对城市地理学分析领域的益处。

5. 选择一个熟悉的城市，尝试分析其生态敏感性。

6. 针对不同区位环境的城市，土地适用性指标选取的时候，应该注意哪些领域？

扩展阅读（Further Reading）

本章扩展阅读见二维码 9。

二维码 9　第 9 章扩展阅读

参考文献（References）

[1] 徐建华. 现代地理学中的数学方法 [M]. 北京：高等教育出版社，2002.

[2] 余映，王斌，张立明. 一种面向数据学习的快速 PCA 算法 [J]. 模式识别与人工智能，2009（4）：567-573.

[3] 唐登斌. 基于层次分析法的城市综合体选址研究 [D]. 杭州：浙江大学，2013.

[4] 袁嘉祖. 灰色系统理论及其应用 [M]. 北京：科学出版社，1991.

[5] 龙昱. 城市地理分析 [M]. 武汉：中国地质大学出版社有限责任公司，2012.

[6] 汤江龙. 土地利用规划人工神经网络模型构建及应用研究 [D]. 南京：南京农业大学，2006.

[7] 黄劲松，李征航. GPS 测量与数据处理 [M]. 武汉：武汉大学出版社，2005.

[8] 刘祖文. 3S 原理与应用 [M]. 北京：中国建筑工业出版社，2006.

[9] 宁津生，姚宜斌，张小红. 全球导航卫星系统发展综述 [J]. 导航定位学报，2013（1）.

[10] 杨元喜. 北斗卫星导航系统的进展、贡献与挑战 [J]. 测绘学报，2010，39（1）：1-6.

[11] 孙家柄. 遥感原理与应用 [M]. 武汉：武汉大学出版社，2003.

[12] 李德仁，童庆禧，李荣兴等. 高分辨率对地观测的若干前沿科学问题 [J]. 中国科学：地球科学，2012，42（6）：805-813.

[13] 郎利，唐中实. 地理信息系统（上卷）——原理与技术 [M]. 北京：电子工业出版社，2004.

[14] 涂淑丽，陈斐. GIS 在区域经济分析中的应用 [J]. 理论导报，2005，11：26-27.

[15] 龚健雅. 地理信息系统基础 [M]. 北京：科学出版社，2001.

[16] 汤国安．ArcView 地理信息系统空间分析方法 [J]. 科学出版社，2002.

[17] 汪鑫．区域规划中经济地理空间格局分析方法研究——以河北省冀中南区域为例 [A]. 中国城市规划学会．城乡治理与规划改革——2014 中国城市规划年会论文集（13 区域规划与城市经济）[C]. 中国城市规划学会：中国城市规划学会，2014：15.

[18] 黄芳芳．基于 GIS 的区域经济分析系统设计与实现 [D]. 赣州：江西理工大学，2011.

[19] 毕秀晶．长三角城市群空间演化研究 [D]. 上海：华东师范大学，2014.

[20] 彭翀，王静．中部地区城市群空间演化及其机理 [J]. 规划师，2015，31（5）：79—85.

[21]Yun O.Z.，Ke W.X.，Hong M.China's eco-environmental sensitivity and its spatial heterogeneity [J].Acta Ecologica Sinica，2000，1：001.

[22] 岳文泽，姚赫男，郑娟尔．基于生态敏感性的土地人口承载力研究——以杭州市为例 [J]. 中国国土资源经济，2013，26（08）：52—56.